mathematics

대학수학의 기초

김판수 · 박종서 · 최창우 지음

mathematics

KYOWOOSA 教友社

머 리 말

오랜 역사를 가진 학문으로서 수학은 과학기술의 모든 분야에 응용되고 있고, 우주과학과 전자통신 분야의 급속한 발달로 인하여 수학의 역할과 필요성은 세월이 갈수록 증대될 수밖에 없다. 또한 인문이나 사회계통에서도 수학적 이론과 사고를 바탕으로 문제를 해결하려는 경향이 뚜렷이 나타나고 있는 실정이다. 이와 같이 지식정보화 사회에서 요구하는 상황에 적절히 대처하기 위해서는 대학에서도 능동적이고 적극적인 수학교육이 필요하다.

학문으로서 수학은 이론전개가 강조되는 특성 때문에 학생의 입장에서 개념을 정확히 이해하고 활용하는데 어려움이 있을 것을 감안하여 필자들은 초등학교 수학지도를 위해 필요한 수학의 기초적인 이론들을 체계적으로 알기 쉽게 다루어 초등수학교육을 담당할 교육대학교 학생들을 위한 교재 및 현장교사들의 참고도서로도 활용될 수 있도록 내용을 구성하였다. 이 책은 제1장부터 제3장까지를 진주교육대학교 박종서 교수, 제4장, 제6장은 대구교육대학교 최창우 교수, 그리고 제5장, 제7장부터 제9장까지는 부산교육대학교 김판수 교수께서 집필하였다.

이 책에서 다루는 내용은 직관적인 개념을 탈피하고 이론적인 엄밀성을 약간 강조하였지만 각 단락마다 단계적인 예를 가능한 많이 제시하여 학습자 스스로 이해할 수 있도록 집필하였으며 적절한 연습문제를 가능한 많이 수록하였다. 책의 내용 구성은 제1장부터 제3장까지는 집합과 논리, 관계, 함수 등을 다루었고, 제4장부터 제6장에서는 수 체계, 정수론 및 대수계를, 제7장부터 제9장까지는 유클리드 기하, 도형의 변환 및 도형과 관계된 몇 가지 주제를 다루었다.

이 책의 내용은 주당 두 시간 강의로서 2학기용으로 구성하였으나 배정된 강의시수 및 여러 가지 요인에 따라 내용을 적절히 선택하여 활용하길 바란다.

마지막으로 저자들로서는 최선을 다하였으나 뜻하지 않은 이론의 결함이나 미비점이 발견되면 독자 여러분의 기탄없는 충고와 관심을 부탁드리며, 아울러 이 책이 나오기 까지 진주, 대구, 부산을 오가면서 고생한 집필진 스스로에게도 감사하지만 기꺼이 출판에 응해주신 교우사 사장님께 감사를 드린다.

2010년 2월

저자 일동

차 례

Chapter 1

집합과 논리

이 책의 서두에서 다룰 집합과 논리는 수학의 가장 기초적인 개념이므로 우선적으로 집합(합집합, 교집합, 여집합 등)의 기본적인 개념과 그들의 연산에 관한 내용들을 살펴보고, 명제 및 명제의 논리적 관계를 간단히 다뤄 보고자 한다.

<<< 집 합

1.1 집합의 개념

먼저 집합이라는 용어의 개념부터 살펴보면, 일반적인 집합론은 1895년 G. Cantor(독일, 1845~1918)에 의해 주장한 이후 집합을 수학의 한 분야로 인정하기 시작했다. G. Cantor가 생각한 직관적 의미로 집합을 "우리의 직관 또는 사고의 대상이며, 명확하고 또 식별할 수 있는 물건 m을 모은 전체 M을 집합이라고 한다"로 정의하였다.

집합에 대한 기초적인 개념은 G. Cantor 이전에도 있었지만 무한의 개념을 수학적 대상으로 생각하는 등 그 당시로서는 놀라운 이론들을 주장하여 학계에 논란의 대상이 되기도 하였다. G. Cantor의 생각을 토대로 하여, 집합에서 원소의 개수가 유한일 때에는 그 개수로 집합의 대소를 비교할 수 있으나 원소가 무한히 많을 때에는 대소 관계를 파악할 수 없으므로, 두 개의 집합의 원소 사이에 1 대 1 대응이 가능할 때 이 두 집합은 같은 농도를 갖는다고 정의함으로써, 개수에 대응해서 농도의 개념을 도입하였다. 또 자연수의 집합과 같은 농도를 가진 집합을 가부번집합이라고 정의하였으며 아울러 비가부번 집합이 있음을 밝혔다. 또한 0과 1 사이에 있는 모든 실수의 집합은 가부번이 아니라는 것을 보였고, 이와 같은 농도를 갖는 집합을 연속체라고 하였다.

위와 같이 G. Cantor가 주장한 내용들이 그 당시의 수학에 있어서 여러 가지 문제를 일으켰고, 거센 반박과 비난을 받았지만, G. Cantor는 자신의 주장에 반대하는 학자들에게 "수학의 본질은 자유에 있다"라고 선언하여 이것이 현대수학의 시작을 알리는 계기가 되었다. 결국 관념적인 것에 불과했던 무한이 G. Cantor에 의하여 비로소 수학의 대상이 되었고 계산할 수 있는 것이 되었으며, 집합론의 도입에 따라 수학의 한 분야인 해석학이 그 양상을 달리해야 했음을 생각할 때 G. Cantor가 수학의 한 분야인 집합론에 큰 공헌을 했음을 부인할 수 없을 것이다.

1.2 집합들의 정의 및 여러 가지 연산

1) 집합들의 정의

집합 A에 x가 속해 있을 때, x를 집합 A의 **원소**라 하고 '$x \in A$'로 표현하고, x가 A에 속하지 않을 때 '$x \notin A$'로 나타낸다.

집합을 표현하는 방법으로는 $A=\{x, y, z, \cdots\}$와 같이 원소를 하나하나 차례로 나열하면서 순서를 무시한 **원소나열법**과 $\{x \in A \mid p(x)\}$와 같이 술어형식으로 표현하는 **조건제시법**이 있으며, 직관적 표현으로 벤다이어그램을 이용하기도 한다.

정의 1.1

두 집합 A, B에 대하여 A의 모든 원소가 B에 속할 때, A를 B의 **부분집합**(subset)이라 하고 $A \subseteq B$ 또는 $B \supseteq A$로 나타낸다. 두 집합 A, B에 대하여 $A \subset B$이고 $A \neq B$일 때 A를 B의 **진부분집합**(proper subset)이라고 한다. 또한, 두 집합 A, B에 대하여 $A \subseteq B$이고 $A \supseteq B$일 때, A와 B는 **같다**(equal) 또는 **상등**이라 하며 $A=B$로 표현한다.

정리 1.1 다음 식이 성립함을 알 수 있다.

(a) $A \subset A$

(b) $A \subset B$이고 $A \supset B$이면 $A=B$

(c) $A \subset B$, $B \subset C$이면 $A \subset C$

정리 1.2 다음의 식이 성립한다.

(a) $A = A$

(b) $A = B$이면 $B = A$

(c) $A = B$, $B = C$ 이면 $A = C$

정의 1.2

집합 A, B, $\cdots$ 는 주어진 집합 U안에서 생각하는데, 대상의 모든 원소를 갖는 집합 U를 **전체집합**(universal set)이라 한다. 또한, 원소를 하나도 갖지 않는 집합을 **공집합**(empty set)이라 하고 $\varnothing$ 또는 $\{\}$로 표현한다. 집합은 대문자 A, B, $\cdots$로 표현하고, 원소는 소문자 a, b, $\cdots$

정리 1.3 공집합 $\varnothing$는 임의의 집합의 부분집합이다.

증명 임의의 집합 A에서, $\forall x$, $x \in \varnothing \rightarrow x \in A$라는 명제가 참임을 보이면 된다. 공집합 $\varnothing$에는 원소를 하나도 가지지 않으므로 임의의 변수 x에 대하여 $x \in \varnothing$는 항상 거짓인 상황에서 $x \in A$는 참이거나 거짓이다. 어떤 경우에도 조건문 $x \in \varnothing \rightarrow x \in A$의 진리값은 참이다. 그러므로 임의의 집합 A에 대하여 $\varnothing \subseteq A$가 성립한다. ■

정의 1.3

전체집합 U의 부분집합 A, B에 대하여 다음을 정의한다.

(a) **합집합** : $A \cup B = \{x \mid x \in A \text{ 또는 } x \in B\}$

(b) **교집합** : $A \cup B = \{x \mid x \in A \text{ 그리고 } x \in B\}$

(c) **차집합** : $A - B = \{x \mid x \in A \text{ 그리고 } x \notin B\} = A \cap B^c$

(d) **여집합** : $A^c = \{x \in U \mid x \notin A\} = U - A$

(e) **대칭차집합** : $A \triangle B = (A \cup B) - (A \cap B) = (A - B) \cup (B - A)$

또한, $A \cap B = \varnothing$일 때, 두 집합 A, B는 **서로소**이다.

위의 정의들을 이용하여 문제를 해결하여 보자.

예제 1.1

전체집합 $U=\{1, 2, 3, 4, 5, 6, 7, 8\}$와 그 부분집합 $A=\{1, 3, 4, 6, 7\}$, $B=\{2, 3, 5, 6, 8\}$일 때, 다음을 구하시오.

(a) $A\cup B$ (b) $A\cap B$ (c) A^c (d) $A\triangle B$

(e) $(A\cup B)^c$ (f) $(B-A)^c$ (g) $A-B$ (h) $(A\cap B)^c$

2) 집합연산의 몇 가지 성질들

지금까지 집합, 원소, 부분집합, 교집합, 합집합, 여집합, 차집합, … 등을 학습한 내용을 바탕으로 하여 대수 법칙에 대한 몇 가지 성질들을 다뤄 보도록 한다.

정리 1.4 전체집합 U의 부분집합 A, B, C에 대하여 다음의 성질을 만족한다.

(a) $A\cup\varnothing=A$, $A\cap U=A$
$A\cup U=U$, $A\cap\varnothing=\varnothing$ 항등법칙(identity law)

(b) $A\cup A=A$, $A\cap A=A$ 멱등법칙(idempotent law)

(c) $(A\cup B)\cup C=A\cup(B\cup C)$,
$(A\cap B)\cap C=A\cap(B\cap C)$ 결합법칙(associative law)

(d) $A\cup B=B\cup A$, $A\cap B=B\cap A$ 교환법칙(commutative law)

(e) $A\cup(B\cap C)=(A\cup B)\cap(A\cup C)$,
$A\cap(B\cup C)=(A\cap B)\cup(A\cap C)$ 배분법칙(distributive law)

(f) $A\cup A^c=U$, $A\cap A^c=\varnothing$
$(A^c)^c=A$, $U^c=\varnothing$, $\varnothing^c=U$ 보법칙(complement law)

(g) $(A\cup B)^c=A^c\cap B^c$, $(A\cap B)^c=A^c\cup B^c$ De Morgan의 법칙

다음의 예제는 주어진 명제를 증명할 때, 위의 성질들이 어떻게 적용되었는지를 상세히 제시하고 있다.

예제 1.2

$A-B=A\cap B^c$임을 보이시오.

증명 $x \in (A-B) \Leftrightarrow (x \in A) \wedge (x \notin B)$ 차집합 정의에 의해서

$\Leftrightarrow (x \in A \cap U) \wedge (x \notin B)$ $A \cap U = A$

$\Leftrightarrow [(x \in A) \wedge (x \in U)] \wedge (x \notin B)$ $\cap$의 정의에 의해

$\Leftrightarrow (x \in A) \wedge [(x \in U) \wedge (x \notin B)]$ 결합법칙에 의해

$\Leftrightarrow (x \in A) \wedge (x \in U-B)$ 차집합 정의에 의해

$\Leftrightarrow (x \in A) \wedge (x \in B^c)$

$\Leftrightarrow x \in A \cap B^c$ $\cap$의 정의에 의해

그러므로 임의의 원소 $x \in (A-B) \Leftrightarrow x \in A \cap B^c$. 즉, $A-B = A \cap B^c$ ■

예제 1.3

$(A \cup B) \cap (A \cup B^c) = A$를 증명하시오.

증명

$(A \cup B) \cap (A \cup B^c) = A \cup (B \cap B^c)$ (배분법칙)

$B \cap B^c = \varnothing$ (보법칙)

그러므로 $(A \cup B) \cap (A \cup B^c) = A \cup \varnothing$ (대치)

$A \cup \varnothing = A$ (항등법칙)

그러므로 $(A \cup B) \cap (A \cup B^c) = A$ (대치)

■

예제 1.4

두 집합 A, B가 전체집합 U의 부분집합일 때, 다음을 증명하시오.

$$B = A^c \Leftrightarrow A \cup B = U,\ A \cap B = \varnothing$$

증명

($\Longrightarrow$) 만약 $B = A^c$이면 $A \cup B = A \cup A^c = U$이며

$A \cap B = A \cap A^c = \varnothing$ (대치 및 여법칙)

($\Longleftarrow$) $A \cup B = U$, $A \cap B = \varnothing$이면 $B = U \cap B$ (항등법칙)

$= (A \cup A^c) \cap B$ (여법칙)

$= (A \cap B) \cup (A^c \cap B)$ (배분법칙)

$=\varnothing \cup (A^c \cap B)$ (대치)

$=(A^c \cap A) \cup (A^c \cap B)$ (여법칙)

$=A^c \cap (A \cup B)$ (배분법칙)

$=A^c \cap U$(대치)$=A^c$ (항등법칙) ■

주어진 어떤 집합의 명제에서 $\cup$와 $\cap$을 바꾸고 또 U와 $\varnothing$을 서로 바꿔서 얻어진 명제를 처음 명제의 **쌍대**(dual)라고 한다.

위의 [정리 1.4]에서 왼쪽 식의 쌍대는 오른쪽 식이 된다. 어떤 공리가 참이면 그 쌍대인 공리도 참이 되고, 정리에서도 마찬가지로 쌍대로 된 정리는 참이 된다. 또 어떤 정리의 증명도 처음 정리의 증명의 순서에 따라 그 쌍대를 설명함으로써 밝힐 수 있는데, 이러한 원리를 **쌍대의 원리**(principle of duality)라고 한다.

정의 1.4

주어진 집합 A의 부분집합 전체의 집합을 A의 **멱집합**(power set)이라 하고 2^A 또는 $P(A)$로 나타낸다. 즉,

$$P(A)=2^A=\{B \mid B \subset A\}$$

예제 1.5

집합 $A=\{a\}$의 멱집합 $P(A)=\{\varnothing, \{a\}\}$이고, $B=\{a, b\}$의 멱집합 $P(B)=\{\varnothing, \{a\}, \{b\}, \{a, b\}\}$이다.

3) 첨수족

어떤 집합 I의 각 원소 $i \in I$에 대해 집합 A_i가 하나씩 대응할 때, 모든 A_i의 집합족을 **첨수족**(indexed family)이라 하고 $A=\{A_i \mid i \in I\}$로 표현한다. 여기서 I를 **첨수집합**(index set)이라 한다.

예로서, 집합 $A_1=\{a, d, e\}$, $A_2=\{b, d, h\}$, $A_3=\{c, f, g\}$, $A_4=\{d, h\}$에서 첨수집합 $I=\{1, 2, 3, 4\}$이고, 첨수족 $A=\{A_1, A_2, A_3, A_4\}$이다.

정의 1.5

첨수족 $\{A_i \mid i \in I\}$에서 다음을 정의한다.

(a) $\cup A_i=\{x \mid$ 적어도 한 $i \in I$ 에 대하여 $x \in A_i\}=\{x \mid \exists i \in I, x \in A_i\}$

(b) $\cap A_i=\{x \mid$ 모든 $i \in I$ 에 대하여 $x \in A_i\}=\{x \mid \forall i \in I, x \in A_i\}$

특히, $A=\{A_1, A_2, \cdots, A_n\}$일 때,

(c) $\cup_{i\in I} A_i = A_1 \cup A_2 \cup A_3 \cup \cdots \cup A_n$

(d) $\cap_{i\in I} A_i = A_1 \cap A_2 \cap A_3 \cap \cdots \cap A_n$

예제 1.6

첨수족 $A_1=\{1, 2, 3\}$, $A_2=\{3, 4\}$, $A_3=\{4, 5\}$, $A_4=\{4, 5, 6\}$일 때, 다음 집합을 구하시오.

(a) $\cup_{i=1}^{4} A_i$ (b) $\cup_{i=3}^{4} A_i$ (c) $\cap_{i=1}^{4} A_i$ (d) $\cap_{i=3}^{4} A_i$

예제 1.7

첨수족 $\{A_n=\{n, 2n, 3n, \cdots\} \mid n \in N\}$일 때, 다음 값을 구하시오.

(a) $A_2 \cup A_8$ (b) $A_2 \cap A_8$ (c) $\cup_{n\in N} A_n$ (d) $\cap_{i=1}^{n} A_i$

정리 1.5 첨수족 $\{A_i \mid i \in I\}$와 임의의 집합 B에 대한 일반화된 배분법칙은 다음과 같다.

(a) $B\cap(\cup A_i)=\cup(B\cap A_i)$

(b) $B\cup(\cap A_i)=\cap(B\cup A_i)$

4) 분할

집합 $A=\{a, b, c, d, e\}$와 그 부분집합 $A_1=\{a, c\}$, $A_2=\{b, e\}$, $A_3=\{d\}$과 집합 $I=\{1, 2, 3\}$에서 첨수족 $\{A_i \mid i \in I\}$는 다음 조건을 만족한다.

$$A=A_1\cup A_2\cup A_3,\quad A_i\neq A_j \text{ 또는 } A_i\cap A_j=\varnothing$$

첨수족 $\{A_i \mid i \in I\}$에서 다음과 같이 집합 A의 분할을 정의한다.

정의 1.6

집합 A에서 공집합이 아닌 A의 부분집합 A_i로 이루어진 첨수족 $A=\{A_i \mid i \in I\}$가 다음 조건을 만족할 때 $\{A_i \mid i \in I\}$를 A의 **분할**(partition)이라 한다.

(a) $A = \cup A_i,\ i \in I$

(b) $\forall i, j \in I$, $A_i \cap A_j = \varnothing$ 이거나 $A_i = A_j$

이 때, 각 A_i를 A의 **동치류**(equivalence class)라 한다.

예제 1.8

자연수 집합 N의 부분집합, $A=\{1,\ 3,\ 5,\ \cdots\}$, $B=\{2,\ 4,\ 6,\ \cdots\}$일 때, $\{A,\ B\}$는 N의 분할이다.

예제 1.9

집합 $U=\{1,\ 2,\ 3,\ 4,\ \cdots,\ 8\}$에서, $A=\{1,\ 3,\ 5\}$, $B=\{2,\ 4,\ 6\}$, $C=\{8\}$일 때, $U \neq A \cup B \cup C$이므로 $\{A,\ B,\ C\}$는 U의 분할이 아니다.

5) 수직선 위의 집합

실수집합의 부분집합은 네 가지 형태가 있는데, 이를 수직선 위에 그림으로 표현하면 다음과 같다.

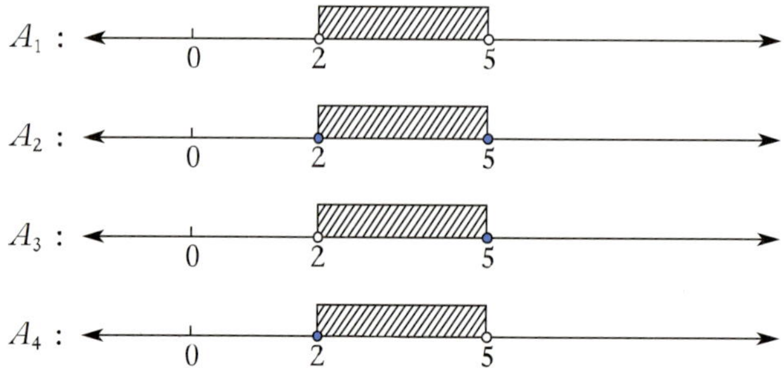

<그림 1.1>

(a) $A_1 = \{x \mid 2 < x < 5\} = (2, 5)$: **개구간**(open interval)

(b) $A_2 = \{x \mid 2 \le x \le 5\} = [2, 5]$: **폐구간**(closed interval)

(c) $A_3 = \{x \mid 2 < x \le 5\} = (2, 5]$: **반개구간**(open-closed interval)

(d) $A_4 = \{x \mid 2 \le x < 5\} = [2, 5)$: **반폐구간**(closed-open interval)

또한, 다음과 같은 구간들은 **무한구간**(infinite interval)이라고 한다.

$\{x \mid x > 5\} = (5, \infty)$ $\quad$ $\{x \mid x \ge 5\} = [5, \infty)$

$\{x \mid x < 5\} = (-\infty, 5)$ $\quad$ $\{x \mid x \le 5\} = (-\infty, 5]$

$\{x \mid -\infty < x < \infty\} = (-\infty, \infty)$

집합 A에 대하여 A가 유한구간(finite interval)의 부분집합인 경우 A를 유계인 집합(bounded set)이라고 한다. 즉, 모든 $x \in A$에 대하여 $|x| \le M$인 양수 M이 존재할 때 A를 **유계집합**(bounded set)이라 하고, 그렇지 않은 경우 유계가 아니다(unbounded)라고 한다. 따라서 A는 구간 $[-M, M]$의 부분집합이다. 또 어떤 집합 A가 유한집합이면 반드시 유계이다. 만약 무한집합이면 유계일 때도 있고 유계가 아닐 때도 있다.

예제 1.10

유한집합 $\{1, 2, 3, 4, 5\}$는 당연히 유계이며, 무한집합인 구간 $[3, 5]$와 집합 $\{1/n \mid n \in N\}$은 유계이고, 집합 $\{2, 4, 6, 8, \cdots\}$은 유계가 아니다.

$\{x \mid x > 5\} = (5, \infty)$ $\quad$ $\{x \mid x \ge 5\} = [5, \infty)$

$\{x \mid x < 5\} = (-\infty, 5)$ $\quad$ $\{x \mid x \le 5\} = (-\infty, 5]$

$\{x \mid -\infty < x < \infty\} = (-\infty, \infty)$

등 무한구간도 유계가 아님을 알 수 있다.

연습문제 1.2

1. 다음 주어진 명제의 쌍대 명제를 만들어 보시오.
   (a) $A \cap (B \cup C) = (A \cap B) \cup (A \cap C)$
   (b) $A \cup U = U$
   (c) $(A \cup B^c)^c = A^c \cap B$
   (d) $(\varnothing \cap B) \cup (A \cap U) = A$

2. De Morgan의 법칙 $(A \cap B)^c = A^c \cup B^c$를 증명하고, 그 쌍대가 참임을 밝히시오.

3. 집합 $A_n = \{n, 2n, 3n, \cdots, n \in N\}$일 때, 다음 값을 구하시오. 단, 여기서 n, m은 자연수이다.
   (a) $A_3 \cup A_6$
   (b) $A_3 \cap A_4$
   (c) $A_{nm} \cup A_n$
   (d) $A_{nm} \cap A_n$

4. 집합 $A_n = \{n, n+1, n+2, \cdots, n \in N\}$일 때, 다음 값을 구하시오.
   (a) A_5
   (b) $\cup_{i=2}^{6} A_i$
   (c) $\cap_{i=4}^{9} A_i$
   (d) $\cup_{i \in N} A_i$

5. 집합 $A = \{1, 2, 3, 4, 5, 6, 7\}$일 때, 다음 집합이 A의 분할인지를 알아보시오.
   (a) $\{A_1 = \{1, 3, 5\}, A_2 = \{2, 7\}, A_3 = \{5, 6\}\}$
   (b) $\{A_1 = \{2, 3, 6\}, A_2 = \{1, 4\}, A_3 = \{5, 7\}\}$
   (c) $\{A_1 = \{1\}, A_2 = \{2\}, A_3 = \{3\}, A_4 = \{4\}, A_5 = \{5\}, A_6 = \{6\}, A_7 = \{7\}\}$
   (d) $\{A_1 = \{1, 7\}, A_2 = \{2, 5\}, A_3 = \{3, 4\}\}$
   (e) $\{A_1 = \{1, 2, 3, 4\}, A_2 = \{5, 6, 7\}\}$

6. 집합 $A=\{a,\ b,\ c,\ d,\ e,\ f,\ g\}$라 할 때, 다음 각 집합은 A의 분할인지 확인하시오.
   (a) $\{A_1=\{a,\ c,\ e\},\quad A_2=\{b\},\quad A_3=\{d,\ g\}\}$
   (b) $\{A_1=\{a,\ e,\ g\},\quad A_2=\{c,\ d\},\quad A_3=\{b,\ e,\ f\}\}$
   (c) $\{A_1=\{a,\ e,\ g\},\quad A_2=\{c,\ d\},\quad A_3=\{b,\ f\}\}$
   (d) $\{A_1=\{a,\ b,\ c,\ d,\ e,\ f,\ g\}\}$

7. 집합 $A=\{a,\ b,\ c\}$의 분할을 모두 구하시오.

8. 집합 $A_i=[i,\ i+1]$은 수직선 위의 집합이고 $i\in Z$를 정수라 할 때, 다음을 구하시오.
   (a) $A_2\cup A_3$ (b) $A_3\cap A_4$
   (c) $\cup_{i=5}^{10} A_i$ (d) $\cap_{i\in Z} A_i$

9. $A_n=(0,\ 1/n)$는 수직선 위의 집합이고 $n\in N$을 자연수라 할 때, 다음을 구하시오.
   (a) $A_2\cup A_3$ (b) $A_3\cap A_4$
   (c) $\cup_{i=5}^{10} A_i$ (d) $A_8\cap A_6$
   (e) $A_{nm}\cup A_n$ (f) $A_{nm}\cap A_n$

>>> 논리

논리학에는 그리스 태생인 아리스토텔레스의 철학적인 고전 논리학과 최근 수학의 모든 부분에 필수적인 추론을 기호로 표현하는 기호논리학이 있는데, 인간의 사고에 의해 창조되는 학문인 수학 또한 논리가 기본적인 바탕이 된다. 논리적 사고의 학습은 연역적 사고, 귀납적 사고, 유추적 사고 등의 사고력 신장과 문제해결력 향상에 중요한 역할을 하므로, 본 절의 학습에 앞서서 사고활동의 근원인 논리적 사고에 대하여 살펴보도록 하자.

첫째, 어떤 문제에 직면했을 때, 그 문제의 전체를 예감하거나 통찰로서 본질을 파악하려는 인지활동이 직관이며, 이와 같은 직관과 동시에 의문, 불안 등을 해소하고 문제를 해결하려는 사고 작용이 논리이다.

심리학자들에 의하면 직관은 미분화된 상태로 있는 잠재적 의식이며 직관이 있음으로써 사고를 낳게 한다고 주장하고 있다. 즉, 직관은 사고의 대상을 인지하는 활동으로서 막연하게 전체를 파악하는 활동이며, 논리의 방향과 기틀을 마련해 주는 역할을 하는 것이고, 논리는 판단의 근거 속에 추론의 정당한 과정을 단계적으로 향상시키는 역할을 한다. 즉, 모든 사상을 감정적인 생각과 자기중심성에서 탈피하여 인과관계라는 입장에서 미지인 사상의 연쇄를 발견하는 심적인 기능을 말한다. 또한 논리는 직관적인 판단에 대하여 의문이나 불안이 생길 때 작용하는데, 직관은 논리를 통하여 정당성을 보장받게 됨을 알 수 있다. 이처럼 직관과 논리는 분리할 수 없으며, 이 과정에서 연역적 추리가 개입하게 된다.

둘째, 사고활동의 방향을 정하는 것으로서, 이론의 발전이나 사상을 통합시키는데 하나의 형식을 가능한 보존하여 응용범위를 확대하거나 형식자체를 추상화하여 포괄적으로 변형시키는 작용을 귀납적 사고라고 하며, 일반적인 명제를 전제로 보다 특수하고 개별적인 명제를 이끌어 내는 사고가 연역적 사고이다.

셋째, 몇 가지 비슷한 사실을 기초로 하여 어느 특수한 사실의 성격에서 그와 유사한 다른 특수한 사실을 추리하는 사고가 유추적 사고이다.

논리학습은 타당하지 않은 주장으로부터 타당한 주장을 구별하는데 사용되는 원리나 방법을 알아보는 것이다. 여기서는 학생들로 하여금 타당성을 밝히는 각 단계에서 활용하는 원리와 방법을 이해할 수 있도록 하기 위해서 우선적으로 명제, 명제의 종류 및 그에 따른 추론에 대해 알아보도록 하자.

1.3 명제

논리에서 전문적으로 사용되는 **명제**(proposition)란 참 또는 거짓을 판단할 수 있는 문장 또는 식을 말한다. 일반적으로 생활 속에서 사용하는 언어 중에는 명제도 있으며, 그렇지 않은 문장도 있다. 여기서는 명제란 수학적 사실을 기술한 문장으로 제한하여 생각하기로 한다. 명제의 참 거짓을 곧바로 판정할 수 있으나 경우에 따라서는 판정하는데 다소의 노력이 필요할 때가 있고, 때로는 결론을 내리지 못할 때도 있다. 몇 가지 주장에 대한 내용을 다음의 예를 통해서 살펴보도록 하자.

예제 1.11

다음에 주어진 문장이나 식이 명제인지를 알아보시오.

(a) 경상남도에는 울산시가 없다.

(b) 경주시는 경상북도의 도시이다.

(c) 3 + 4=9

(d) 현재 비가 오고 있다.

(e) 화성에는 지능을 갖고 있는 생명체가 존재하지 않는다.

위의 예제에서 (a), (b)는 참이며, (c)는 거짓이다. (d)는 그 당시의 일기에 달려 있으며, (e)는 참, 거짓이 분명하지 않으나 우리의 지식이 부족하기 때문이지 결국은 판정이 가능하다. 그러므로 모두 명제임을 알 수 있다.

예제 1.12

다음의 문장이 명제인지 설명하시오.

(a) 몸무게가 무겁다.

(b) 선생님은 멋있다.

(c) 사람은 꽃보다 아름답다.

(d) 우리가 개최하는 파티에 참석하시오.

(e) 친구여, 안녕.

위와 같은 문제의 (a), (b), (c)에서 표현한 "무겁다, 멋있다, 아름답다" 등은 상대적이므로 참, 거짓을 판단할 수 없다. 그러므로 명제가 아니다. 또한, (d)와 (e)는 참, 거짓을 묻는다는 것이 의미가 없으므로 이들은 명제가 아니다.

어떤 명제의 참(True) 또는 거짓(False)을 그 명제의 **진리값**(truth value)이라 하며, 이들을 각각 T, F로 표현한다.

명제는 대부분이 '3=4이고 2 + 4=6이다'와 같이 '그리고' '또는' '아니다' '이면' 등과 같은 용어로 연결되어 있는 명제를 **합성명제**(composite proposition)라 하고 '3=4'와 같이 다른 명제를 포함하고 있지 않는 명제를 **단순명제**(simple proposition) 또는 기본명제라고 한다. 이제 합성명제의 진리값에 대해서 살펴보도록 하자.

1) 논리곱

두 명제가 '그리고'로 연결된 합성명제를 **합접**(conjunction) 또는 **논리곱**(logical product)이라 한다. 그 예로서 두 명제

'p : 비가 내린다', 'q : 바람이 분다'

에 대하여 논리곱은

'비가 내리고 바람이 분다'

이다. p와 q의 두 명제의 합접은 $p \wedge q$로 나타낸다. $p \wedge q$의 진리값은 p, q가 모두 참일 때 참이고, 그 외의 경우는 모두 거짓이다.

2) 논리합

두 명제가 '또는'으로 연결된 합성명제를 **이접**(disjunction) 또는 **논리합**(logical sum)이라 한다. 그 예로서

'비가 내리거나 바람이 분다'

이다. p와 q의 두 명제의 논리합은 $p \vee q$로 나타낸다. $p \vee q$의 진리값은 p, q 중 어느 한쪽이 참이거나 p, q가 동시에 참일 때 $p \vee q$는 참이고 p, q가 동시에 거짓일 때만 거짓이다.

3) 부정

명제 p에 대하여 'p가 아니다'를 $\sim p$로 나타내고 이를 p의 **부정**(negation)이라 한다. 그 예로서

'바람이 분다'의 부정은 '바람이 불지 않는다'

이다. $\sim p$의 진리값은 p가 참이면 $\sim p$는 거짓이고, p가 거짓이면 $\sim p$는 참이다.

위에서 정의한 두 명제 p, q로부터 얻어지는 $p \wedge q$, $p \vee q$, $\sim p$을 종합하여 진리값을 구할 수 있는데, 이것을 표로 나타낸 것을 진리표라고 한다.

p	q	$p \wedge q$	$p \vee q$	$\sim p$
T	T	T	T	F
T	F	F	T	F
F	T	F	T	T
F	F	F	F	T

4) 조건문

두 명제를 '이면'으로 연결된 합성명제를 p와 q의 **조건문**(conditional statement)이라 하고, 기호 $p \rightarrow q$로 나타낸다. 그 예로서

'비가 내리면 바람이 분다'

로 표현된 문장이 조건문이다. 조건문의 진리값은 p가 참이고 q가 거짓일 때만 $p \rightarrow q$는 거짓이고 그 외는 모두 참이다. 그러므로 $p \rightarrow q$가 참일 때 $p \Rightarrow q$로 표현하며, $p \rightarrow q$의 진리표는 다음과 같다.

p	q	$p \rightarrow q$
T	T	T
T	F	F
F	T	T
F	F	T

5) 쌍조건문

두 명제가

'p이면 그 때에 한해서만 q이다'

를 기호 $p \leftrightarrow q$로 표현하고, p와 q의 **쌍조건문**(biconditional statement)이라고 한다. 이것은 $(p \rightarrow q) \wedge (q \rightarrow p)$에 의해서 정해진다. 따라서 $(p \rightarrow q) \wedge (q \rightarrow p) = p \leftrightarrow q$ 진리값은 p, q가 동시에 참, 동시에 거짓일 때에 한해서 $p \leftrightarrow q$는 참이고 그 외는 거짓임을 알 수 있다. $p \leftrightarrow q$가 참일 때 $p \Leftrightarrow q$로 표현하며, 쌍조건문의 진리표는 다음과 같다.

p	q	$p \to q$	$q \to p$	$(p \to q) \wedge (q \to p)$
T	T	T	T	T
T	F	F	T	F
F	T	T	F	F
F	F	T	T	T

p	q	$p \leftrightarrow q$
T	T	T
T	F	F
F	T	F
F	F	T

6) 합성명제의 진리값

지금까지는 간단한 합성명제의 진리값을 표로 작성하였으나, 다음은 여러 가지가 혼합된 합성명제의 진리표를 단계별로 만들어 보자.

예제 1.13

$\sim p \vee q$의 진리값은 다음과 같이 구할 수 있다.

p	q	$\sim p$	$\sim p \vee q$
T	T	F	T
T	F	F	F
F	T	T	T
F	F	T	T

예제 1.14

$\sim(p \vee q) \wedge \sim(p \leftrightarrow q)$의 진리값은 다음의 단계별로 구할 수 있다.

p	q	$\sim$	$(p$	$\vee$	$q)$	$\wedge$	$\sim$	$(p$	$\leftrightarrow$	$q)$
T	T	F	T	T	T	F	F	T	T	T
T	F	F	T	T	F	F	T	T	F	F
F	T	F	F	T	T	F	T	F	F	T
F	F	T	F	F	F	F	F	F	T	F
단 계		3	1	2	1	4	3	1	2	1

예제 1.15

$p \to (q \to r)$과 $(p \to q) \to r$의 진리값을 표로 작성하시오.

두 개의 명제 p, q의 합성명제 $p \rightarrow (p \vee q)$의 진리값을 구해 보면 p, q의 참, 거짓에 관계없이 그 명제 $p \rightarrow (p \vee q)$는 항상 참임을 알 수 있다.

p	q	p	$\rightarrow$	$(p$	$\vee$	$q)$
T	T	T	T	T	T	T
T	F	T	T	T	T	F
F	T	F	T	F	T	T
F	F	F	T	F	F	F
단 계		1	3	1	2	1

이처럼 합성명제를 구성하는 단순명제의 참, 거짓에 관한 모든 논리적 가능성에 대하여 항상 참인 합성명제를 **항진명제**(tautology)라고 한다. 또한, 단순명제의 참, 거짓에 관계없이 항상 거짓인 합성명제를 **모순명제**(contradiction)라고 한다. 수학이나 논리에서 사용되는 **정리**(theorem)는 참인 명제인데, 이러한 참인 명제의 정당성을 보이는 것을 **증명**(proof)이라고 한다.

예제 1.16

명제 $p \vee \sim p$는 항진명제이고, 명제 $p \wedge \sim p$은 모순명제이다.

p	$\sim p$	$p \vee \sim p$
T	F	T
F	T	T

p	$\sim p$	$p \wedge \sim p$
T	F	F
F	T	F

명제 p, q, r, … 등으로 이루어지는 합성명제를 $P(p, q, r, \cdots)$, $Q(p, q, r, \cdots)$, … 등으로 표현하는데, 이것을 간략하게 P, Q, … 등으로 나타내기도 한다.

7) 동치 및 함의

두 합성명제 $\sim(p \vee \sim q)$와 $\sim p \wedge q$의 관계가 어떠한지 알아보기 위하여 진리표를 만들어 보면 다음과 같다.

p	q	$\sim$	$(p$	$\vee$	$\sim q)$	$\sim p$	$\wedge$	q
T	T	F	T	T	F	F	F	T
T	F	F	T	T	T	F	F	F
F	T	T	F	F	F	T	T	T
F	F	F	F	T	T	T	F	F

표에서 알 수 있는 것과 같이 $\sim(p \vee \sim q)$가 참이면 $\sim p \wedge q$도 참이 되고, $\sim(p \vee \sim q)$가 거짓이면 $\sim p \wedge q$도 거짓이 됨을 알 수 있다. 이와 같이, 두 합성명제 P, Q에 있어서 P가 참이면 Q도 참이고, P가 거짓이면 Q도 거짓이 될 때, 두 합성명제 P와 Q는 **동치**(equivalence)라 하고

$$P \Leftrightarrow Q \text{ 또는 } P \equiv Q$$

와 같이 표현한다. 위의 예에서 $\sim(p \vee \sim q)$와 $\sim p \wedge q$의 관계가 동치이므로

$$\sim(p \vee \sim q) \Leftrightarrow \sim p \wedge q \text{ 또는 } \sim(p \vee \sim q) \equiv \sim p \wedge q$$

로 나타낸다.

합성명제 P인 $p \leftrightarrow q$와 Q인 $p \rightarrow q$ 두 명제의 진리표를 만들면 다음과 같다.

p	q	$p \leftrightarrow q$	$p \rightarrow q$
T	T	T	T
T	F	F	F
F	T	F	T
F	F	T	T

표에서와 같이 $p \leftrightarrow q$가 참일 때 $p \rightarrow q$도 참이다. 이와 같은 경우에 합성명제 P는 Q를 **함의**(implication)라고 하고, $P \Rightarrow$ Q('P는 Q를 함의한다'라고 읽는다)와 같이 표현한다.

연습문제 1.3

1. 각 문장 p를 '그녀는 아름답다', q를 '그녀는 솔직하다'라고 할 때, 다음을 문장으로 나타내시오.
   (a) $p \wedge q$　(b) $p \vee q$　(c) $\sim(\sim q)$　(d) $\sim p \vee q$　(e) $\sim q \vee \sim p$

2. 문장 p를 '아름이는 키가 크다.' q를 '아름이는 행복하다'라고 할 때, 다음에 주어진 각 문장을 기호로 나타내어 보시오.
   (a) 아름이는 키가 크고 행복하다.
   (b) 아름이는 행복하지 않다.
   (c) 아름이는 키가 크지만 행복하지 않다.
   (d) 아름이는 키가 크거나 행복하다.
   (e) 아름이는 행복하다. 그러나 키가 크지 않다.

3. 다음 두 단순명제의 논리합, 논리곱, 부정, 조건문, 쌍조건문을 만들어 보시오.
   (a) p : '지금 눈이 온다.'　q : '지금 바람이 분다.'
   (b) p : '$2<3$',　q : '$2=3$'

4. 단순명제 p를 '오늘 바람이 분다.' q를 '오늘 비가 온다'라고 할 때, 다음에 주어진 각 명제를 간단한 문장으로 만들어 보시오.
   (a) $p \leftrightarrow q$　(b) $\sim p \rightarrow \sim q$　(c) $\sim p \leftrightarrow \sim q$　(d) $(\sim p \wedge \sim q) \rightarrow p$

5. 다음 각각의 합성명제의 진리값을 구하시오.
   (a) $3+5=8$이면 $2+3=5$
   (b) 포항은 경남에 있거나 진주는 경북에 있다.
   (c) '$3+5=8$ 또는 $3+2=6$'이 아니다.
   (d) '파리가 영국에 있으면 런던은 프랑스에 있다'는 아니다.

6. 결합법칙과 분배법칙의 진리값을 표를 이용하여 보이시오.

7. 다음의 합성명제가 항진명제임을 보이시오.
   (a) $(p \rightarrow \sim q) \rightarrow [(\sim p) \vee (\sim q)]$　(b) $(p \rightarrow (\sim q)) \leftrightarrow [(\sim p) \vee (\sim q)]$

8. 삼단논법을 기호로 표현하면 $[(p \to q) \wedge (q \to r)] \to [p \to r]$이다. 이 합성명제가 항진명제가 됨을 밝히시오.

9. 다음을 증명하시오.
   (a) $\sim q \to \sim p \Leftrightarrow p \to q$ (b) $q \to p \Leftrightarrow \sim p \to \sim q$ (c) $\sim(p \vee q) \Leftrightarrow \sim p \wedge \sim q$

10. 다음에 주어진 명제에 대한 동치인 명제를 만드시오.
   (a) $p \to q$ (b) $\sim p \to \sim q$ (c) $(\sim p \wedge \sim q) \to p$

1.4 한정기호

1) 명제함수와 해집합

전체집합 U가 주어져 있을 때, $x \in U$인 한 원소 x를 포함한 문장 또는 식 $p(x)$에 x를 만족하는 어떤 원소 x_0를 대입하여 $p(x_0)$의 진리값이 정해진다면, $p(x)$를 U에서의 **명제함수**(propositional function)라고 하고, x를 변수라 한다. 특히 U의 원소 중 $p(x)$를 참으로 만드는 x의 집합을 **진리집합**(truth set) 또는 **해집합**이라 하며, 대문자 P를 사용하여 다음과 같이 표현한다. 즉,

$$P=\{x \in U \mid p(x)\text{는 참}\} \text{ 또는 } P=\{x \in U \mid p(x)\}$$

예제 1.17

집합 N을 자연수의 집합이라 하고, 변수를 $n \in N$이라 할 때 $p(n)$: $n+3<8$는 N에서 명제함수이고, 해집합은 $P=\{1,\ 2,\ 3,\ 4\}$이다.

두 개의 명제함수 $p(x)$, $q(x)$에서 논리곱 $p(x) \wedge q(x)$는 명제함수가 되고, 이 명제함수의 해집합

$$P \cap Q = \{x \in U \mid p(x) \wedge q(x)\text{는 참}\}$$

으로 정의한다. 같은 방법으로 논리합의 해집합 $P \cup Q$와 $\sim p(x)$의 해집합 P^c를 정의할 수 있다.

2) 전칭기호와 존재기호

전체집합 U에서 하나의 명제함수를 $p(x)$라 하고 U에 속하는 모든 원소 x에 대해서 p (x)는 참이다'를

$$(\forall x \in U) \quad p(x) \text{ 또는 } \forall x,\ p(x)$$

로 나타내고 기호 $\forall$를 **전칭기호**(universal quantifier)라 한다. 또 전칭기호를 갖는 명제를 **전칭명제**라 한다. $\forall x,\ p(x)$는 모든 x에 대해서 $p(x)$가 참임을 뜻하므로 $p(x)$의 해집합 P는

$$P = \{x \in U \mid p(x)\text{는 참}\} = U$$

임을 알 수 있다. 역으로

$$P = \{x \in U \mid p(x)\text{는 참}\} = U\text{이면} \quad \forall x,\ p(x)\text{는 참}$$

이고, 또

$$P = \{x \in U \mid p(x)\text{는 참}\} \neq U\text{이면} \quad \forall x,\ p(x)\text{는 거짓}$$

이다.

예제 1.18

집합 $\{n \in N \mid n+6 > 6\} = \{1, 2, 3, \cdots\} = N$ 이므로 명제 전칭명제 $(\forall n \in N)$ $(n+6 > 6)$은 참이다. 또 $\{n \in N \mid n-3 > -2\} = \{2, 3, 4, 5, 6, \cdots\} \neq N$ 이므로 $(\forall n \in N)(n-3 > -2)$는 거짓인 명제이다.

예제 1.19

전체집합 $U=\{-2, -1, 0, 1, 2\}$가 주어져 있을 때, $(\forall n \in U)(n > 0$이면 $n^2 > 0)$이 항상 참임을 증명하시오.

예제 1.20

실수집합 R에서 $(\forall x \in R)(x^2 \geq 0)$임을 증명하시오.

전체집합 U에서 하나의 명제함수를 $p(x)$라 하면 U에 속하는 원소 x에 대해서 $p(x)$는 참이다. 즉, $p(x)$가 참이 되는 원소 x가 U안에 반드시 존재한다. 이 사실을 다음과 같이 표현한다.

$$(\exists x \in U) \quad p(x) \text{ 또는 } \exists x,\ p(x)$$

존재한다는 것을 나타내는 기호 $\exists$를 **존재기호**(existential quantifier)라 하고, 존재기호를 가진 명제를 **존재명제**라 한다. 존재명제 $\exists x,\ p(x)$는 어느 한 원소 x에 대해서 $p(x)$가 참임을 뜻하므로 $p(x)$의 해집합은 공집합이 아니다. 즉,

$$P=\{x \in U \mid p(x)\text{는 참}\} \neq \varnothing$$

역으로

$$P=\{x \in U \mid p(x)\text{는 참}\} \neq \varnothing \text{ 이면 } \exists x,\ p(x)\text{는 참이고,}$$

또한,

$$P=\{x \in U \mid p(x)\text{는 참}\} = \varnothing \text{ 이면 } \exists x,\ p(x)\text{는 거짓}$$

이다.

예제 1.21

자연수의 집합 N에서 $\{n \mid n-7 < -3\}=\{1, 2, 3\} \neq \varnothing$이므로 존재명제 $(\exists n \in N)(n-7<-3)$는 참인 명제이고, $\{n \mid n+7 < 3\}=\varnothing$이므로 $(\exists n \in N)(n+7 < 3)$는 거짓인 명제이다.

예제 1.22

정수집합 Z에서 주어진 명제함수의 참 또는 거짓을 밝히시오.

(a) $\exists x \in Z,\quad x^2 - 3x - 4 = 0$

(b) $\exists x \in Z,\quad x^2 - 2x - 1 = 0$

예제 1.23

실수집합 R에서 $\exists x \in R,\ \sqrt{x+3} = -5$가 참인지 밝히시오.

3) 전칭명제와 존재명제의 부정

전체집합 U에서의 한 전칭명제 $\forall x \in U,\ p(x)$는 U의 모든 x에 대해서, $p(x)$는 참이므로 그 부정은 U의 어떤 x에 대해서 $p(x)$는 거짓이다. 다시 말하면 집합 U의 원소 x에 대해서 $\sim p(x)$가 참이고, 기호로 나타내면

$$\exists x \in U,\ \sim p(x)$$

가 된다. 따라서

$$\sim[\forall x \in U,\ p(x)] \Leftrightarrow \exists x \in U,\ \sim p(x)$$

또 집합 U의 한 존재명제

$$\exists x \in U,\ p(x)$$

의 부정은

$$\sim[\exists x \in U,\ p(x)] \Leftrightarrow \forall x \in U,\ \sim p(x)$$

가 된다. 이러한 내용을 정리하여 다음과 같은 정리를 얻는다.

정리 1.6 지금까지의 결과에 의해서 다음 두 식이 성립한다.

(a) $\sim[\forall x \in U,\ p(x)] \Leftrightarrow \exists x \in U,\ \sim p(x)$

(b) $\sim[\exists x \in U,\ p(x)] \Leftrightarrow \forall x \in U,\ \sim p(x)$

▶ 연습문제 1.4

1. 전체집합이 다음과 같은 집합일 때, $p(x)$는 $x+4>8$이라고 주어진 식이 각 집합 상에서 명제함수가 되는지를 서술하시오.
   (a) 자연수의 집합　　(b) 정수의 집합
   (c) 유리수의 집합　　(d) 실수의 집합

2. 실수의 집합 R에서 다음 주어진 명제의 참, 거짓을 판단하시오.
   (a) $\exists x \in R,\ x^2+8=x+3$　　(b) $\forall x \in R,\ x^2+8=x+3$
   (c) $\exists x \in R,\ x+3=0$　　(d) $\forall x \in R,\ x+3=0$
   (e) $\exists x \in R,\ |x|=x$　　(f) $\forall x \in R,\ |x|=x$

1.5 추 론

인간의 사고 기능으로서 개념, 판단, 추리 등이 있다. 판단은 개념사이에 관계를 짓는 작용이며 판단과 판단의 결합으로 추리가 성립하는데, 이 경우 상황이 복잡하게 되면 관계파악이 어렵게 되어 추리가 작용한다. 즉, 추리는 전제에서 새로운 판단 또는 결론에 도달하는 과정으로 볼 수 있으며, 이 과정이 어떻게 일어나느냐에 따라 문제해결이 필요하다.

수학에서 취급하는 증명이라는 것은 주어진 명제의 참, 거짓을 밝히는 과정 전체를 의미한다. 주어진 명제가 참임을 밝히기 위해서는 몇 개의 참인 가정을 근거로 하여 다른 명제가 참이라는 것을 바탕으로 논리적 유도과정이 있어야 하는데, 이 과정 하나하나를 추론이라 하고, 과정전체를 우리는 증명이라 한다. 논리적 유도과정을 통하여 완벽한 참, 거짓이 밝혀졌을 때 수학의 아름다움을 발견할 수 있다.

이제부터 추론에 필요한 내용들을 학습해 보도록 하자.

1) 조건문의 변형

정의 1.7

조건문 $p \to q$에 대해서

(a) $q \to p$를 $p \to q$에 대한 **역**이라 하고,

(b) $\sim p \to \sim q$를 $p \to q$에 대한 **이**라고 하며,

(c) $\sim q \to \sim p$를 $p \to q$에 대한 **대우**라고 한다.

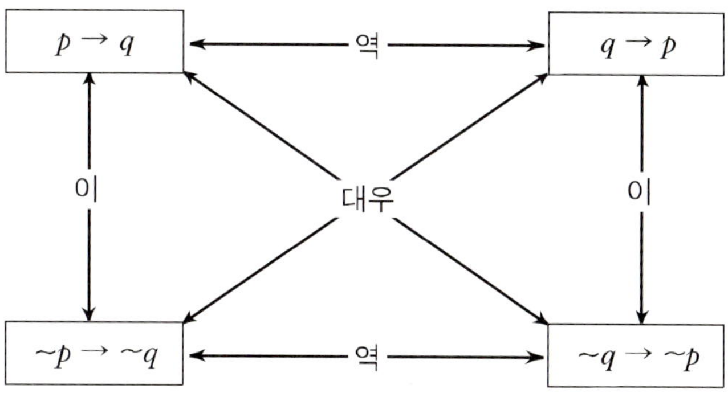

<그림 1.2>

예제 1.24

'두 삼각형이 합동이면 넓이는 같다'에 대한 역, 이, 대우를 설명하고 진리값을 구하시오.

두 명제를 각각 p, q라 할 때, 명제의 논리합과 논리곱은 p와 q에 대해서 대칭이다. 즉, $p \vee q \Leftrightarrow q \vee p$, $p \wedge q \Leftrightarrow q \wedge p$. 그러나 조건문 $p \to q$는 대칭이 아니다.

p	q	$p \to q$	$q \to p$	$\sim p \to \sim q$	$\sim q \to \sim p$
T	T	T	T	T	T
T	F	F	T	T	F
F	T	T	F	F	T
F	F	T	T	T	T

이 표에 의하면 $p \to q$와 그 역 $q \to p$, 이 $\sim p \to \sim q$와는 진리값이 일치하지 않지만, $p \to q$와 그 대우 $\sim q \to \sim p$는 진리값이 일치함을 알 수 있다.

명제 $p \rightarrow q$가 참임을 알기 위해서는 때로는 그 대우인 명제 $\sim q \rightarrow \sim p$가 참임을 밝히면 되는데, 이와 같은 증명방법을 **간접증명법**이라 한다.

예제 1.25

'n이 자연수일 때, n^2이 홀수이면 n도 홀수이다'를 증명하시오.

증명 위의 명제가 성립함을 보이기 위해서는 간접증명법인 그 명제의 대우를 이용하여 밝혀보자. n이 홀수가 아니라고 하면 $n=2k$(k는 자연수)로 둘 수 있다. 그러면

$$n^2=(2k)^2=2(2k^2)$$

이 짝수가 되어 n^2이 홀수가 아니므로 주어진 명제는 참임을 알 수 있다. ■

예제 1.26

'x, $y>0$인 정수일 때, $x \times y$가 홀수이면 x, y는 모두 홀수이다'를 증명하시오.

증명 ($x \times y$가 홀수) $\rightarrow$ (x가 홀수) $\wedge$ (y가 홀수)이 명제가 참임을 밝히려면 그 대우인 명제가 참임을 증명하면 된다. 즉 $\sim$[(x가 홀수) $\wedge$ (y가 홀수)]$\Leftrightarrow$$\sim$($x$가 홀수) $\vee$ $\sim$(y가 홀수)$\Leftrightarrow$(x가 짝수) $\vee$ (y가 짝수)이므로 (x가 짝수) $\vee$ (y가 짝수) $\rightarrow$ ($x \times y$가 짝수)가 되는 것이 명백하므로 이 명제는 참임을 알 수 있다. ■

또 다른 증명방법으로서, 문장에서 결론의 부정을 하나의 새로운 전제로서 주어진 가정에 덧붙임으로서 모순을 이끌어 내는 방법인 **귀류법**이 있다.

예제 1.27

$x \neq 0$이면 $x^{-1} \neq 0$임을 증명하시오.

증명 $x^{-1}=0$이라 하면 $1=x \times x^{-1}=x \times 0=0$이므로 모순이다. 그러므로 귀류법의 원리에 의하여 주어진 식이 성립함을 알 수 있다. ■

2) 유효한 추론

두 명제 p, q에 대해서 $p \to q$가 항상 참(항진명제)일 때 이것을 '$p \Rightarrow q$'로 표현한다. 예로서 $p \wedge q \to p$는 항진명제이므로 $p \wedge q \Rightarrow p$로 나타낸다. 이 때, 추론을 **유효한 추론** 또는 **유효하다**고 하고, 유효하지 않은 추론은 **오진**이라 한다. 유효한 추론을 다음 예와 같이 나타낸다.

예제 1.28

$p \wedge q \to p$는 항상 참이므로 추론형식으로 나타내면 다음과 같다.

$$\begin{array}{l} p \wedge q \\ \hline \therefore \ \ p \end{array}$$

유효한 추론과 오진에 대한 또 다른 예를 살펴보자.

p	q	$p \to q$	q	p
T	T	T	T	T
T	F	F	F	T
F	T	T	T	F
F	F	T	F	F

p	q	$p \to q$	$\sim q$	$\sim p$
T	T	T	F	F
T	F	F	T	F
F	T	T	F	T
F	F	T	T	T

위의 왼쪽 표에서 알 수 있듯이, 명제 $p \to q$가 참이고 q가 참인 경우는 1행과 3행인데 3행에서는 p가 거짓이 되므로 유효하지 않은 추론 즉, 오진이다. 그러나 위의 오른쪽 표를 살펴보면

$$\begin{array}{r} p \to q \\ \sim q \\ \hline \therefore \ \sim p \end{array}$$

는 유효하다.

$p \Rightarrow q$'일 때, p는 q가 성립하기 위한 **충분조건**이라 하고, q는 p가 성립하기 위한 **필요조건**이라 한다. $p \leftrightarrow q$가 항진명제일 때는 $p \Leftrightarrow q$로 표현하고 q는 p가 성립하기 위한 **필요충분조건**이라 한다.

다음과 같은 명제들은 추론에서 많이 사용되는 항진명제들이다.

(a) $(p \to q) \wedge p \Rightarrow q$

(b) $(p \to q) \wedge \sim q \Rightarrow \sim p$

(c) $p \Rightarrow (p \vee q)$

(d) $p \wedge q \Rightarrow p$

(e) $(p \to q) \wedge (q \to r) \Rightarrow (p \to r)$

(f) $p \to (q \to r) \Rightarrow p \wedge q \to r$

(g) $p \vee q \to r \Rightarrow (p \to r) \wedge (q \to r)$

(h) $p \to q \wedge r \Rightarrow (p \to q) \wedge (p \to r)$

예제 1.29

합성명제 '(자연수는 정수이다) ∧ (정수는 유리수이다) → (자연수는 유리수이다)'는 유효한 추론인지 확인하시오.

연습문제 1.5

1. 다음과 같은 합성명제의 역, 이, 대우를 말하시오.
   (a) A가 사람이면 A는 동물이다.
   (b) n이 자연수일 때, n^2이 홀수이면 n도 홀수이다.

2. 다음 조건문의 참, 거짓을 밝히시오.
   (a) $(p \to q) \wedge \sim p \to \sim q$
   (b) $(p \vee q) \wedge \sim p) \to q$
   (c) $(p \wedge \sim q) \to \sim p$
   (d) $(p \wedge \sim q) \to q$

3. 다음 명제를 추론하고, 그 추론이 유효한가를 진리표를 만들어 조사하시오.
   (a) $(p \to q) \wedge \sim p \to \sim q$
   (b) $(p \vee q) \wedge \sim p) \to q$
   (c) $(p \wedge \sim q) \to \sim p$
   (d) $(p \wedge \sim q) \to q$

4. 다음의 추론이 유효한지 유효하지 않은지를 조사하시오.

(a)
$$\begin{array}{l} p \to q \\ \sim r \to \sim q \\ \hline \therefore\ p \to r \end{array}$$

(b)
$$\begin{array}{l} p \to q \\ \sim q \to \sim r \\ \hline \therefore\ r \to p \end{array}$$

(c)
$$\begin{array}{l} p \to q \\ \sim p \\ \hline \therefore\ \sim q \end{array}$$

(d)
$$\begin{array}{l} p \leftrightarrow q \\ p \\ \hline \therefore\ q \end{array}$$

Chapter

2 관 계

우리의 생활 속에서 관계라는 용어는 여러 가지 현상의 관련성을 갖는 집합에서 사용되는 것으로서, 사전적인 의미는 한 사물이 다른 사물에 미치는 영향 또는 교섭을 가리키는 언어로 두 사물의 결합이나 차별의 의미도 있지만 감각과 이에 대응한 객관적 실재와 일치하지 않는다. 수학에서 '관계'라는 용어가 사용되는 몇 가지 예를 들어보면, 수에서의 대소, 상등, 약수, 배수, 비례, 반비례 관계 등과 도형에서의 평행, 닮음, 위치, 합동, 포함관계 등 여러 가지로 관계개념이 표현된다. 이 장에서는 이러한 관계의 의미를 학습하고 관계 사이의 공통적인 성질 및 적용 방법을 알아보도록 하자.

2.1 곱집합

임의의 두 대상인 원소 a, b에 대하여 새로운 대상 (a, b)를 구성할 수 있는데, 이 새로운 대상 (a, b)를 **순서쌍**(ordered pair)이라고 한다. 여기서 순서쌍 (a, b)는 집합 $\{a, b\}$와 개구간 (a, b)와는 구분되어야 한다. 순서쌍에서 a를 첫째의 원소, b를 둘째의 원소라고 할 때 a, b의 순서쌍을

$$(a, b)$$

이라 표시하고, 순서쌍 (a, b)에서 a를 첫째 좌표, b를 둘째 좌표라 한다. 두 순서쌍 (a, b), (c, d)의 **상등**은 다음과 같이 정의한다.

$$(a, b)=(c, d) \Leftrightarrow (a=c) \wedge (b=d)$$

예제 2.1

두 순서쌍이 $(2x+3,\ 4y-7)=(7,\ 5)$이면, $2x+3=7$, $4y-7=5$이므로 $x=2$, $y=3$이다.

정의 2.1

두 집합 A, B의 **곱집합**(product set) 또는 **Cartesian 곱** 또는 **데카르트 곱** $A\times B$ 란 $a\in A$ 이고 $b\in B$ 인 순서쌍 (a, b) 전체의 집합을 뜻한다. 즉, A, B 의 곱집합은

$$A\times B=\{(a,\ b)\mid a\in A\wedge b\in B\}$$

로 나타내며, 'A cross B'라 읽는다.

우리가 표현하는 직교좌표평면상의 점들의 집합은 실수의 모든 순서쌍 $(a,\ b)$의 집합임을 알고 있다. 즉, $a,\ b\in R$일 때 순서쌍 $(a,\ b)$는 평면상의 점으로 표시된다. 이러한 점으로 이루어진 평면을 **Cartesian 평면**이라고도 한다.

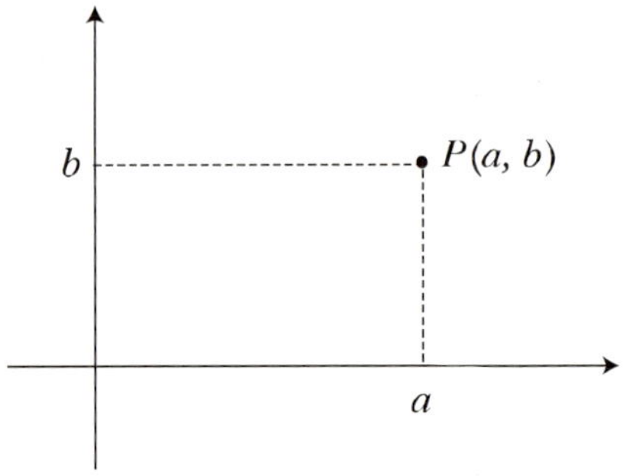

<그림 2.1>

<그림 2.1>에서 알 수 있듯이 각 점 P는 실수의 순서쌍 $(a,\ b)$를 나타내고 있다. 이 그림에서 P를 지나 좌표축에 그은 수직선은 x축과 a에서 만나고, y축과는 b에서 만난다.

임의의 두 집합의 곱집합은 그 집합의 원소가 아주 많지 않을 때 이와 같은 방법을 써서 좌표 diagram으로 나타낼 수 있다.

그 예로서 $A=\{a,\ b,\ c,\ d\}$, $B=\{x,\ y,\ z\}$이면 $A\times B$의 좌표 diagram은 <그림 2.2>와 같다.

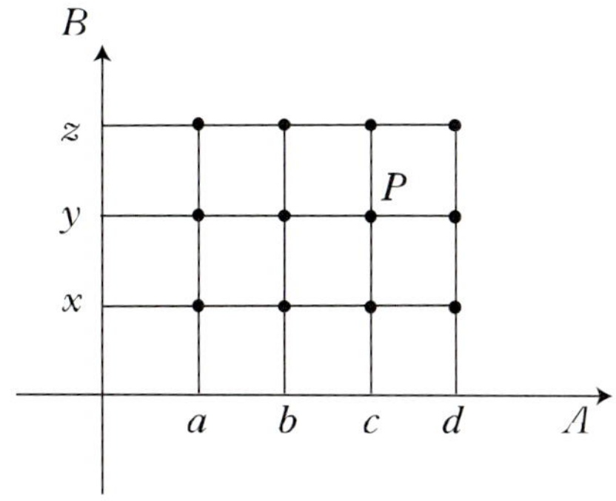

<그림 2.2>

여기서 A의 원소는 수평축에, B의 원소는 수직축에 각각 표시되어 있다. A의 원소를 지나는 수직선과 B의 원소를 지나는 수평선은 모두 12개의 점에서 만난다. 이런 점들의 집합을 $A\times B$로 표현하는데, <그림 2.2>에서 점 P는 순서쌍 (c, y)이다.

집합 A의 원소의 개수를 $n(A)$로 표시하면 다음과 같은 곱집합의 성질이 성립함을 알 수 있다.

정리 2.1 임의의 두 집합 A, B의 곱집합 원소의 개수는 각 집합의 원소 개수의 곱과 같다. 즉,

$$n(A\times B)=n(A)\times n(B)$$

정리 2.2 공집합이 아닌 두 집합 A, B에 대해서 $A\neq B$이면

$$A\times B \neq B\times A$$

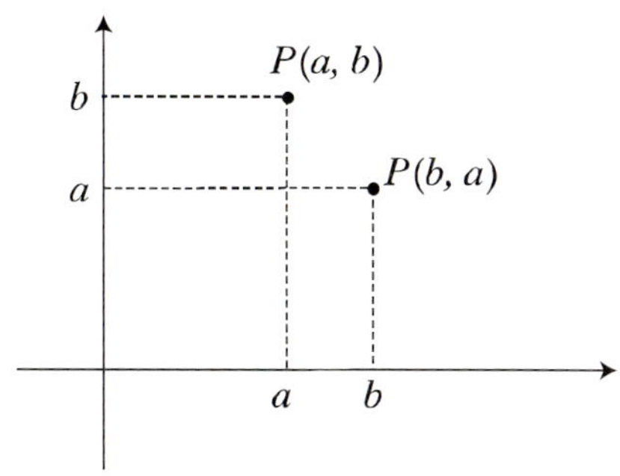

<그림 2.3>

예제 2.2

집합 $A=\{a,\ b,\ c\}$, $B=\{1,\ 2\}$라고 할 때, 다음을 구하시오.

① $A\times B$ ② $A\times A$ ③ $B\times A$ ④ $B\times B$

예제 2.3

임의의 집합 A에서 $\varnothing\times A$와 $A\times\varnothing$를 구하시오.

[풀이] $\varnothing\times A$는 $a\in\varnothing$와 $b\in A$인 모든 순서쌍 (a,b)의 집합을 의미하는데, 공집합 $\varnothing$에 속하는 원소는 존재하지 않기 때문에 a라는 원소가 없다. 그러므로 $\varnothing\times A=\varnothing$이다. 역시 $A\times\varnothing$도 마찬가지임을 알 수 있다.

예제 2.4

임의의 세 집합 A, B, C에 대하여 다음 식이 성립함을 증명하시오.

(a) $A\times(B\cap C)=(A\times B)\cap(A\times C)$

(b) $A\times(B\cup C)=(A\times B)\cup(A\times C)$

증명 (a)
$$\begin{aligned}(a,\ b)\in A\times(B\cap C) &\Leftrightarrow a\in A\wedge b\in(B\cap C)\\ &\Leftrightarrow a\in A\wedge(b\in B\wedge b\in C)\\ &\Leftrightarrow (a\in A\wedge b\in B)\wedge(a\in A\wedge b\in C)\\ &\Leftrightarrow (a,\ b)\in A\times B\wedge(a,\ b)\in A\times C\\ &\Leftrightarrow (a,\ b)\in(A\times B)\cap(A\times C)\end{aligned}$$

(b) (a)와 같은 방법으로 밝힐 수 있다. ■

임의의 세 집합 A, B, C의 곱집합을 다음과 같이 정의한다.

$$A\times B\times C=\{(a,\ b,\ c)\mid a\in A\wedge b\in B\wedge c\in C\}$$

마찬가지로 n개의 집합 A_1, A_2, $\cdots$, A_n의 Cartesian 곱은

$$A_1\times A_2\times\cdots\times A_n$$

으로 표시하고,

$$A_1 \times A_2 \times \cdots \times A_n = \{(a_1,\ a_2,\ \ \cdots,\ a_n) \mid a_1 \in A_1,\ a_2 \in A_2,\ \cdots,\ a_n \in A_n\}$$

으로 정의한다.

예제 2.5

집합 $A=\{a,\ b\}$, $B=\{1,\ 2\}$라고 할 때, 다음을 구하시오.

(a) $A \times B \times A$ (b) $B \times A \times B$ (c) $B \times A \times B \times A$

▶ 연습문제 2.1

1. 두 순서쌍 $(2x+3y,\ -9)$, $(5,\ 2x-3y)$가 상등일 때, x, y 값을 구하시오.

2. 다음 두 집합의 곱집합을 좌표평면 위에 표시하시오.

   (a) $\{x \mid 2 \le x \le 5\} \times \{y \mid 3 \le y \le 6\}$ (b) $(2,\ 5] \times [-5,\ 2)$

   (c) $(-2,\ 2) \times (-1,\ \infty)$ (d) $\{1,\ 2,\ 3,\ 4,\ 5\} \times \{a,\ b,\ c\}$

3. $A=\{1,\ 2,\ 3,\ 4\}$, $B=\{4,\ 5\}$라고 할 때 다음을 구하시오.

   (a) $A \times B$ (b) $A \times A$ (c) $B \times A$

   (d) $B \times B$ (e) $(A \times B) \cap (B \times A)$ (e) $(A \times A) \cap (B \times B)$

4. $A=\{a,\ b,\ c\}$, $B=\{1,\ 2\}$, $C=\{1,\ 2,\ 3\}$이라고 할 때 다음을 구하시오.

   (a) $A \times (B \cap C)$ (b) $(A \times B) \cap (A \times C)$

   (c) $A \times (B \cup C)$ (d) $(A \times B) \cup (A \times C)$

2.2 관 계

앞의 제1장에서 다룬 것으로서, 명제라는 것은 어떤 주장을 나타낸 문장 또는 식으로서 반드시 참 또는 거짓을 판정할 수 있어야 한다.

예제 2.6

다음의 문장 또는 식이 명제인지 알아보시오.

(a) $3+5=8$

(b) 임의의 두 집합 A, B에서 $A \cap B = B \cap A$

(c) 울산은 한국의 수도이다.

(d) $y=3x+5$

(e) $x^2-4x+3=0$

[풀이] 주어진 문장 또는 식에서 (a), (b)는 참인 명제이고 (c)는 거짓이다. 그러나 (d), (e)는 식 중에 문자인 변수가 있어, 변수가 취하는 값을 정하면 참 또는 거짓을 알 수 있는 식이다.

위의 예제에서와 같이 문장 또는 식 중에 나타난 변수가 취하는 변역 안의 값에 따라서 참 또는 거짓이 정해지는 것을 **명제함수** 또는 **열린 문장**(open sentence)이라고 한다.

한편, 열린 문장 $x^2-4x+3=0$의 변역을 실수 집합이라 할 때, 이 명제가 참이 되는 실수는 1, 3이고 그 밖의 원소는 모두 거짓이다. 따라서 실수 집합의 임의의 원소에는 반드시 명제의 참 또는 거짓 중 어느 하나가 대응되기 때문에 열린 문장을 명제함수라고도 한다. 임의의 두 집합 A, B의 곱집합 $A \times B$에서 정의되는 명제함수는 식

$$p(x,\ y)$$

로 표시되고, 변수 x와 y에 특정한 값 $a \in A$, $b \in B$를 각각 대입하였을 때, 즉 $(a,\ b) \in A \times B$에 대하여 참 또는 거짓이 명백해야 한다.

예제 2.7

두 집합 $A=\{x \mid x$는 각국의 수도의 집합$\}$, $B=\{y \mid y$는 국가의 집합$\}$일 때,

$$p(x,\ y)=\text{'}x\text{는 } y\text{의 수도이다'}$$

는 $A\times B$에서의 명제함수인데, 아래와 같이 특정한 값을 대입하면 명제가 되어 참 또는 거짓이 분명하다. 즉,

p(워싱턴, 미국)='워싱턴은 미국의 수도이다'는 참이고
p(서울, 일본)='서울은 일본의 수도이다'는 거짓이다.

예제 2.8

집합 $A=\{1,\ 2,\ 3,\ 6\}$이라 하고 명제함수는 아래와 같을 때, A에서 참이 되는 원소들을 순서쌍의 집합으로 표현하시오.

(a) $p(x,\ y)$='x는 y의 약수이다.'

(b) $q(x,\ y)$='x는 y의 배수이다.'

(c) $r(x,\ y)$='$x\times y$는 홀수이다.'

(d) $s(x,\ y)$='$x\times y$는 홀수이다.'

지금부터는 관계에 대해서 살펴보도록 하자.

관계 R은 두 집합 A, B 그리고 순서쌍 $(a,\ b)\in A\times B$에 대하여 $p(a,\ b)$가 참 또는 거짓이 되는 열린 문장 $p(x,\ y)$로 이루어진다. 이러한 R을 A에서 B로의 **관계**(relation)라 하고, 이를

$$R=(A,\ B,\ p(x,y))$$

로 표시한다. A에서 A로의 관계는

$$R=(A,\ A,\ p(x,y))$$

로 나타낸다. 여기서 $(a,\ b)\in A\times B$에 대하여 $p(a,\ b)$가 참일 때, a와 b는 관계가 있다는 의미이고 이것을

$$aRb$$

라고 쓰며, 'a is related to b'라고 읽는다. 또한, $p(a, b)$가 참이 아닐 경우에는 'a는 R에 의해 b와 관계가 없다'는 의미이고 이것을

$$a\overline{R}b$$

라고 쓰며, 'a is not related to b'라고 읽는다.

예제 2.9

집합 $A=\{1, 2, 3\}$일 때, 다음 중 A에서의 관계가 있는 집합인 것을 찾으시오.

(a) $R=\varnothing$

(b) $R=\{(2, 3), (3, 2), (3, 3)\}$

(c) $R=\{(1, 1), (2, 2), (3, 3)\}$

(d) $R=\{(2, 4), (4, 2), (3, 3), (1, 2)\}$

(e) $R=\{(1, 4), (2, 2), (3, 3), (1, 5), (4, 5)\}$

예제 2.10

집합 $A=\{1, 2, 3, 4\}$에서 $p(x, y)$는 'x는 y의 배수이다'일 때, $p(4, 2)$는 참이므로 ${}_4R_2$로 나타낼 수 있고, $p(2, 4)$는 거짓이므로 ${}_2\overline{R}_4$로 표현됨을 알 수 있다.

▶ 연습문제 2.2

1. $R_1 \subset A \times B$에서 A는 남자의 집합, B는 여자의 집합일 때, $p(x,y)$가 다음과 같이 주어져 있을 때, 관계가 성립하는지 알아보시오.

   (a) $p(x, y)$를 'y는 x의 남편이다'

   (b) $p(x, y)$는 'x는 y의 남편이다'

2. $R_2 \subset N \times N$에서 N은 자연수의 집합이고 $p(x, y)$는 'x는 y의 약수이다'라고 하면, R_2는 자연수의 집합에서의 한 관계입니까? 또, $p(x, y)$가 'x는 y로 나누어진다'라고 한다면, R_2는 관계가 성립하는지 알아보시오.

2.3 관계의 해집합

여기서 $R \subset A \times B$를 어떤 관계일 때, 열린 문장 $p(x,\ y)$에서 $p(a,\ b)$가 참인 모든 $(a,\ b) \in A \times B$로 이루어진 집합을 관계 R의 해집합(solution set)이라고 하고 R^*로 나타낸다. 즉,

$$R^* = \{(a,\ b) \mid p(a,\ b)\text{는 참},\ a \in A,\ b \in B\} \subset A \times B.$$

A에서 B로의 관계 R의 해집합 R^*는 $A \times B$의 부분집합이므로 $A \times B$의 좌표 diagram 상에 R^*를 점이나 곡선, 영역 등으로 나타낼 수 있다. 결국 A에서 B로의 좌표 R의 그래프는 R의 해집합에 속하는 $A \times B$의 diagram상의 점으로 이루어진다.

예제 2.11

집합 $A = \{1,\ 2,\ 3,\ 6\}$에서 명제함수가 다음과 같을 때, R_i^* $(i=1,\ 2,\ 3,\ 4)$를 구하시오.

(a) R_1^*($p(x,\ y)$는 'x는 y의 약수이다')

(b) R_2^*($q(x,\ y)$는 'x는 y의 배수이다')

(c) R_3^*($r(x,\ y)$는 '$x \times y$는 짝수이다')

(d) R_4^*($s(x,\ y)$는 '$x \times y$는 홀수이다')

집합 A에서의 관계 R이 있을 때, R은 곱집합 $A \times A$의 부분집합이므로 순서쌍으로 표현된다. 그러므로 가로축과 세로축에 A의 원소를 나타낸 좌표축에 관계가 있는 것을 점으로 나타낼 수 있는데, 이것을 그래프라고 한다. <예제 2.11>의 그래프를 표현하면 아래의 그림과 같다.

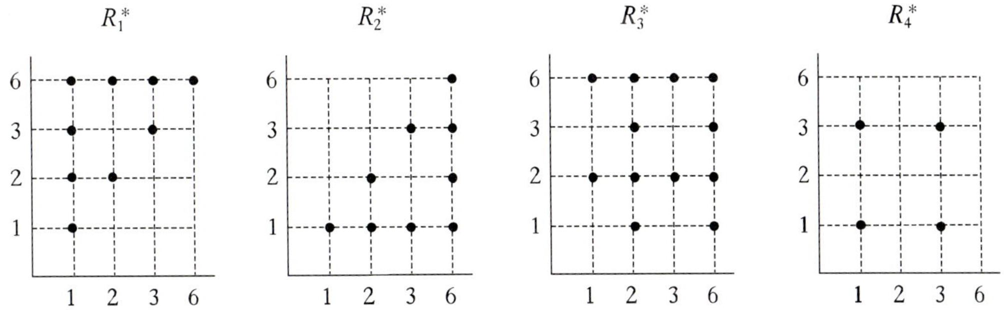

<그림 2.4>

예제 2.12

집합 $A=\{2, 3, 4\}$, $B=\{3, 4, 5, 6\}$이고 명제함수 $p(x, y)$는 'x는 y의 약수이다'라고 할 때, R의 해집합 $R^*=\{(2, 4), (2, 6), (3, 3), (3, 6), (4, 4)\}$이다. R의 해집합을 $A\times B$의 좌표 diagram 위에 나타내면 <그림 2.5>와 같다.

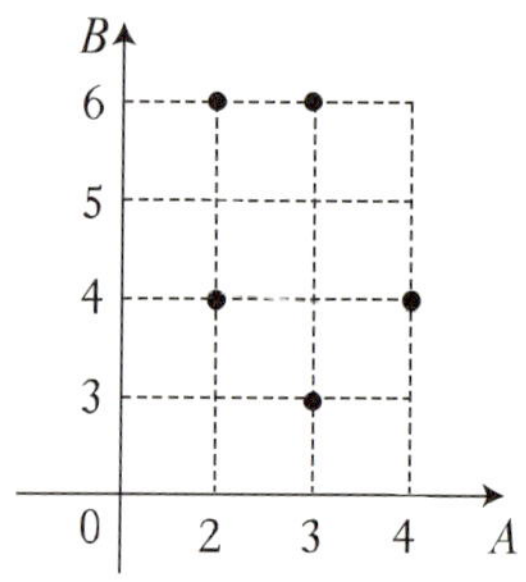

<그림 2.5>

해집합 R^*를 $A\times B$의 임의의 부분집합이라고 하고 $p(x, y)$를 '순서쌍 (x, y)는 R^*에 속한다'라고 하면 관계 R을 정의할 수 있다. 이 관계 R의 해집합은 최초의 집합 R^*가 되어 모든 관계 R에는 $A\times B$의 부분집합이 유일하게 대응되고, $A\times B$의 각 부분집합 R^*에 대하여 R^*는 그의 해집합인 관계 R와 $A\times B$의 부분집합 R^* 사이의 1 대 1 대응에서 다음과 같이 관계를 다시 정의할 수 있다.

정의 2.2

집합 A에서 집합 B로의 관계 R은 $A\times B$의 부분집합이다.

정리 2.3 집합 A, B의 원소 개수를 $n(A)=m$, $n(B)=n$이라 하면 A에서 B로의 관계는 모두 2^{mn} 종류가 있다.

예제 2.13

집합 $A=\{1, 2, 3\}$, $B=\{0, 2\}$라 하면,

$$R=\{(1, 0), (2, 0), (3, 0), (3, 2)\}$$

는 A에서 B로의 관계이다. 또, 다음과 같은 관계임을 알 수 있다.

$$_1R_0,\ _2R_0,\ _3R_0,\ _3R_2,\ _3\overline{R}_2,\ _2\overline{R}_2$$

예제 2.14

관계 $R \subset A \times B$에서 집합 $A=\{0, 1, 2, 3, 4\}$, $B=\{0, 1, 2, 3\}$ 그리고 $p(x, y)$를 '$x-1$이 y보다 크다'라고 하면, 관계의 해집합을 R로 나타내면 다음과 같다.

$$R=\{(2, 0), (3, 0), (3, 1), (4, 0), (4, 1), (4, 2)\}$$

해집합의 원소들을 평면상의 그래프로 표시하고, 이 원소들 사이의 관계가 성립할 때마다 화살표로 방향을 나타내는 표현 방법을 **유향그래프**라고 한다. 이것의 예를 들면 다음과 같다.

예제 2.15

집합 $A=\{1, 2, 3\}$에 대하여 $p(x, y)$를 'x는 y보다 작거나 같다'로 두면 해집합

$$R=\{(1, 1), (1, 2), (1, 3), (2, 2), (2, 3), (3, 3)\}$$

이고, 이것을 유향그래프로 나타내면 <그림 2.6>과 같다.

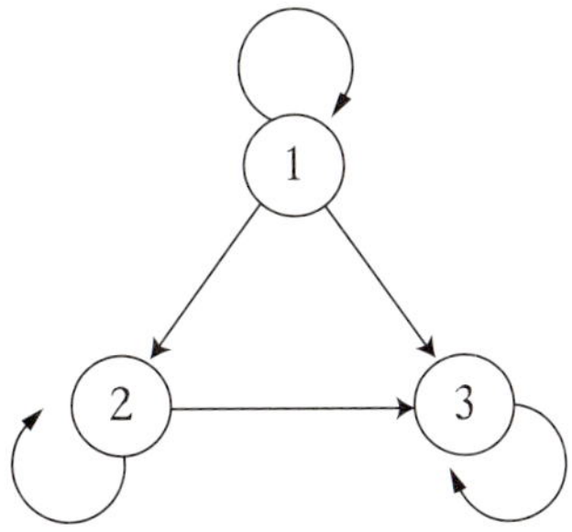

<그림 2.6>

예제 2.16

집합 $A=\{1, 2, 3, 4, 6\}$에서의 $p(x, y)$를 'x는 y로 나누어 떨어진다'라고 할 때, 다음 물음에 답하시오.

(a) 해집합 R을 순서쌍 집합으로 나타내시오.

(b) R에 대하여 좌표 diagram 상에 나타내시오.

(c) R에 대한 유향그래프를 그리시오.

연습문제 2.3

1. 다음 각 열린 문장은 실수에서의 관계를 정의하고 있다. 평면의 좌표 diagram 위에 각 관계를 나타내시오.

   (a) $y=x+1$ (b) $y > x+1$

   (c) $y < x+1$ (d) $x^2+y^2 > 9$

   (e) $x^2+y^2 \le 9$ (f) $x < -y+3$

   (g) $x \ge -y+3$ (h) $y \ge \sin x$

2. 집합 $A=\{a, b, c, d\}$이고, A에서의 어떤 관계 R이 <그림 2.7>과 같이 표현된 점으로 주어져 있을 때, 다음 물음에 답하시오.

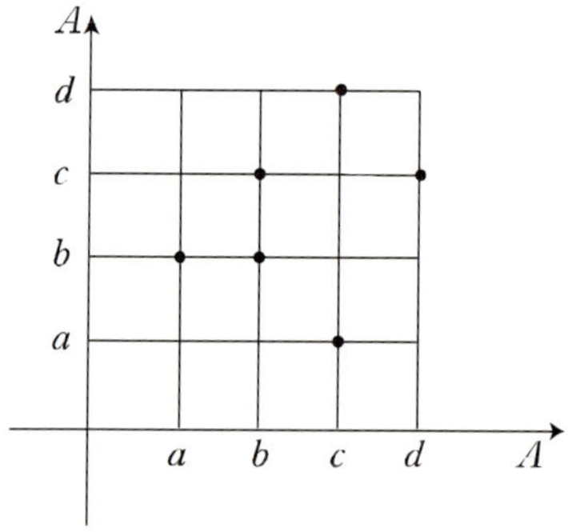

<그림 2.7>

   (a) $A \times A$에 들어 있는 원소 각각에 대하여 관계가 있는지, 없는지를 말하시오.

   (b) 해집합 R을 구하시오.

3. 관계 R이 열린 문장 'x는 y보다 작다'로 정의된 집합 $A=\{1, 2, 3, 4\}$에서 $B=\{1, 3, 5\}$ 로의 관계라고 할 때, 다음을 구하시오.
   (a) 해집합을 순서쌍의 집합으로서의 R을 구하시오.
   (b) $A \times B$에서 R을 좌표 diagram으로 나타내시오.

4. 열린 문장 $p(x, y)$를 '$|x-y|$는 2로 나누어진다'로 정의할 때, 집합 $A=\{1, 2, 3, 4, 5\}$ 에서의 관계 R의 순서쌍 집합을 구하시오.

2.4 여러 가지 관계

1) 역관계

정의 2.3

집합 A에서 B로의 관계 R이 있을 때, R의 모든 원소 (x, y)의 첫째 원소와 둘째 원소를 서로 교환한 원소 (y, x)로 이루어진 관계를 R의 역관계(inverse relation)라고 하고 R^{-1}로 표현한다. 즉,

$$R^{-1}=\{(y, x) \mid (x, y) \in R\}.$$

또, 집합 A의 모든 원소 x에 대하여 (x, x)만으로 이루어진 관계를 대각선 관계(diagonal relation) 또는 항등관계(identity relation)이라 하고, I_A로 나타낸다. 즉,

$$I_A=\{(x, x) \mid x \in A\}.$$

예제 2.17

집합 $A=\{1, 2, 3, 4\}$에서의 관계 $R=\{(1, 1), (1, 2), (2, 1), (3, 3), (4, 4)\}$이 주어져 있을 때, 물음에 답하시오.
   (a) 관계 R의 역관계 R^{-1}를 구하시오.
   (b) 집합 A에서의 대각선 관계를 구하시오.

집합 A에서 집합 B에로의 관계 R에 있어서 적당한 $y \in B$에 대하여 xRy인 모든 $x \in A$의 집합을 R의 정의역이라 하고 Dom(R)로 표현하며, 적당한 $x \in A$에 대하여 xRy인 모든 $y \in B$의 집합을 R의 상 또는 치역이라 하고 Im(R) 또는 Ran(R)로 나타낸다.

예제 2.18

위의 <예제 2.17>에서 다음을 구하시오.

(a) Dom(R)　　(b) Dom(R^{-1})

(c) Im(R)　　(d) Im(R^{-1})

2) 이항관계

집합 A에서 B로의 관계 가운데 A와 B가 같을 경우, A에서 A로의 관계 R을 A에서의 **이항관계**라고 한다. 즉,

$$R \subset A \times A$$

이러한 이항관계에 대한 기본적인 관계로서 반사관계, 대칭관계, 반대칭관계, 추이관계, 동치관계, 순서관계 등이 있는데, 이러한 관계들을 알아보자.

(1) 반사관계

정의 2.4

관계 $R \subset A \times A$를 집합 A에서의 이항관계라고 하자. 이때 모든 $x \in A$에 대하여

$$(x,\ x) \in R$$

이면 R을 **반사관계**(reflexive relation)라고 한다. 즉, A의 모든 원소가 그 자신과 관계가 있을 때, R은 반사관계라고 한다.

예제 2.19

집합 $A=\{1,\ 2,\ 3\}$이고 관계 R이 다음과 같이 주어졌을 때, 반사관계인 것을 모두 찾으시오.

(a) $R_1 =\{(1,\ 1),\ (2,\ 2),\ (2,\ 3),\ (3,\ 2)\}$

(b) $R_2 =\{(1,\ 1),\ (2,\ 3),\ (3,\ 2),\ (3,\ 3)\}$

(c) $R_3 =\varnothing$

(d) $R_4 =A\times A$

(e) 명제함수 '$p(x,\ y)$가 x는 y의 배수'인 해집합 R_5

정리 2.4 집합 A에서의 관계 R이 반사관계일 필요충분조건은 $I_A \subset R$이다.

▶ 연습문제 2.4 (a)

1. 집합 $A=\{1,\ 2,\ 3,\ 4\}$이고, $R=\{(1,\ 1),\ (2,\ 4),\ (3,\ 3),\ (4,\ 1),\ (4,\ 4)\}$로 주어져 있을 때 R은 반사관계를 만족하는지 서술하시오.

2. 집합 $A=\{1,\ 2,\ 3,\ 4\}$일 때, 열린 문장 $p(x,\ y)$를 'x는 y보다 크거나 같다'로서 정의되는 A에서의 관계 R은 반사관계를 만족하는지 밝히시오.

3. 집합 $A=\{1,\ 2,\ 3,\ 4\}$일 때, 열린 문장 $p(x,\ y)$를 'x는 y와 같다'로서 정의되는 A에서의 관계 R은 반사관계를 만족하는지 밝히시오.

4. 정수의 집합을 Z라 할 때, 열린 문장 $p(x,\ y)$를 'x는 y의 약수이다'로서 정의되는 Z에서의 관계 R은 반사관계를 만족하는지 알아보시오.

(2) 대칭관계

정의 2.5

집합 A에서의 이항관계를 R이라고 할 때, $x, y \in A$에 대하여 $(x, y) \in R$이면, $(y, x) \in R$일 때 R을 **대칭관계**(symmetric relation)라고 한다. 즉, 임의의 $x, y \in A$에서 x와 y가 관계가 있으면 y와 x도 관계가 있을 때 R은 대칭관계라는 의미이다.

예제 2.20

$A=\{1, 2, 3, 4, 5\}$일 때, A에서의 관계

$$R=\{(1, 3), (4, 2), (4, 4), (2, 4), (3, 1)\}$$

이면 대칭관계임을 설명하시오.

예제 2.21

집합 $A=\{a, b, c, d\}$이고 관계 R이 다음과 같이 주어졌을 때, 대칭관계인 것을 모두 찾으시오.

(a) $R_1=\{(a, b), (b, a), (b, b), (c, c), (d, d)\}$

(b) $R_2=\{(a, a), (a, c), (b, b), (b, c), (c, c)\}$

(c) $R_3=\varnothing$

(d) $R_4=A \times A$

(e) $R_5=\{(a, a), (a, b), (b, a), (b, c), (d, b), (c, b), (d, d)\}$

정리 2.5 순서쌍 $(x, y) \in R$이면 (y, x)는 R의 역관계에 속하기 때문에

$$R=R^{-1}$$

일 때 이 때에 한해서 R은 대칭관계를 만족한다.

▶ 연습문제 2.4 (b)

1. 집합 $A=\{1, 2, 3, 4, 5\}$일 때, A에서의 관계를

$$R=\{(1, 1), (1, 2), (2, 2), (2, 1), (3, 3), (4, 4)\}$$

이라고 하면 R은 대칭관계, 반사관계를 만족하는지 알아보시오.

2. 집합 $A=\{1, 2, 3, 4\}$이고 열린 문장 $p(x, y)$를 'x는 y의 배수이다'라고 할 때, A에서의 관계 R은 대칭관계, 반사관계를 만족하는지 알아보시오.

3. 집합 A에서의 관계 R과 그 역관계가 모두 대칭관계를 만족하면 $R \cap R^{-1}$도 A에서의 대칭관계임을 밝히시오.

(3) 반대칭관계

정의 2.6

집합 A에서의 이항관계 R에서

$$(x, y) \in R \wedge (y, x) \in R \text{이면 } x=y$$

일 때, R을 반대칭관계(anti-symmetric relation)라고 한다. 즉, $x \neq y$이면 x와 y는 관계가 있거나, 또는 y와 x가 관계가 있되 이들이 동시에 성립하지 않을 때 반대칭관계가 성립한다.

예제 2.22

자연수 집합 N에서 열린 문장 $p(x, y)$를 'x는 y의 약수이다'로 정의되는 관계 R이라 하면 R은 반대칭관계임을 설명하시오.

예제 2.23

집합 $A=\{1,\ 2,\ 3,\ 4,\ 5\}$이고 관계를

$$R=\{(1,\ 2),\ (3,\ 2),\ (4,\ 4),\ (2,\ 3)\}$$

이라 하면 $(3,\ 2)\in R$이고, $(2,\ 3)\in R$이지만 $2\neq 3$이므로, A에서의 관계 R은 반대칭관계가 아님을 알 수 있다.

정리 2.6 집합 A에서의 관계 R이 다음을 만족할 때,

$$R\cap R^{-1}\subset I_A$$

이때에 한해서 반대칭관계를 만족한다.

증명 $(\Leftarrow)R$이 반대칭관계이므로 $(x,\ y)\in R\cap R^{-1}$

$\Rightarrow(x,\ y)\in R$이고 $(x,\ y)\in R^{-1}$

$\Rightarrow(x,\ y)\in R$이고 $(y,\ x)\in R$

$\Rightarrow x=y \quad \therefore(x,\ y)\in I_A$

$(\Rightarrow)R\cap R^{-1}\subset I_A$이므로 $(x,\ y)\in R$이고 $(y,\ x)\in R$

$\Rightarrow(x,\ y)\in R$이고 $(x,\ y)\in R^{-1}$

$\Rightarrow(x,\ y)\in R\cap R^{-1}$

$\Rightarrow(x,\ y)\in\subset I_A \quad \therefore x=y$ ■

▶ 연습문제 2.4 (c)

1. 집합 $A=\{1,\ 2,\ 3,\ 4\}$일 때, A에서의 관계 $R=\{(1,\ 3),\ (3,\ 2),\ (2,\ 2),\ (3,\ 4),\ (4,\ 4)\}$ 이면 R은 대칭관계, 반대칭 관계를 만족하는지 서술하시오.

2. 집합 $A=\{1,\ 2,\ 3,\ 4\}$이고 관계 $R_i\,(i=1,2,3,4)$이 다음과 같이 주어졌을 때, 반대칭 관계인 것을 모두 찾으시오.
   (a) $R_1=\{(1,\ 1),\ (2,\ 2),\ (2,\ 3),\ (3,\ 3),\ (4,\ 4)\}$
   (b) $R_2=\{(1,\ 1),\ (2,\ 3),\ (3,\ 2),\ (3,\ 3)\}$

(c) $R_3 = A \times A$

(d) $R_4 = \{(1,\ 1),\ (1,\ 2),\ (2,\ 1),\ (2,\ 3),\ (4,\ 2),\ (3,\ 2),\ (4,\ 4)\}$

3. 집합 $A=\{1,\ 2,\ 3\}$에서의 관계 R에서 열린 문장 $p(x,\ y)$를 'x는 y보다 크거나 같다'로 정의되었다면 이 관계 R은 대칭관계, 반대칭 관계인지 알아보시오.

(4) 추이관계

정의 2.7

집합 A에서 이항관계 R이 다음을 만족할 때, R을 **추이관계**(transitive relation)라고 한다.

$$(x,\ y) \in R \wedge (y,\ z) \in R \Rightarrow (x,\ z) \in R.$$

즉, x와 y가 관계가 있고 y와 z가 관계가 있으면 x와 z가 관계가 있을 때 R은 추이관계를 만족한다.

예제 2.24

집합 $A=\{1,\ 2,\ 3\}$에서의 다음 관계가 추이관계인지를 확인하시오.

(a) $R_1 = \{(1,\ 1),\ (2,\ 2),\ (3,\ 3)\}$

(b) $R_2 = \{(1,\ 2),\ (2,\ 3),\ (3,\ 2)\}$

(c) $R_3 = A \times A$

(d) $R_4 = \{(1,\ 1),\ (1,\ 2),\ (2,\ 1),\ (2,\ 3),\ (4,\ 2),\ (3,\ 2),\ (4,\ 4)\}$

예제 2.25

실수집합에서 $p(x,\ y)$를 'x는 y보다 작다'로 정의된 관계 R이라고 하면, R은 추이관계를 만족하는지 밝히시오.

▶ 연습문제 2.4 (d)

1. 자연수의 집합에서 $p(x, y)$가 'x는 y의 배수이다'로 정의된 관계 R이라고 하면, R은 추이관계를 만족하는지 보이시오.

2. 집합 $A=\{1, 2, 3, 4\}$에서, 관계 $R=\{(1, 1), (2, 4), (1, 4), (4, 2)\}$이라면 R은 A에서의 추이관계인지 밝히시오.

3. 다음의 각 열린 문장 $p(x, y)$는 자연수의 집합 N에서의 어떤 관계 R을 정의하고 있다. 각 관계가 추이관계를 만족하는지 알아보시오.
   (a) x는 y와 같거나 작다.　　(b) $x+y=10$　　(c) $x+2y=5$

4. 집합 N의 곱집합 $N\times N$에서 명제함수 $p(x, y)$를 '$x\times y$는 홀수이다'의 진리집합을 관계 R이라 할 때 이 관계는 어떤 관계인지 알아보시오.

(5) 동치관계

정의 2.8

다음 세 가지 조건을 만족하는 집합 A에서의 이항관계 R을 **동치관계**(equivalence relation)라고 한다.

(a) 반사관계 즉, 모든 $x\in A$에 대하여 $(x, x)\in R$.

(b) 대칭관계 즉, $(x, y)\in R$이면 $(y, x)\in R$.

(c) 추이관계 즉, $(x, y)\in R$이고, $(y, z)\in R$이면 $(x, z)\in R$.

예제 2.26

어떤 집합의 임의의 원소에 대하여

(a) $x=x$

(b) $x=y$이면 $y=x$

(c) $x=y$, $y=z$이면 $x=z$

이므로, $p(x, y)$가 'x와 y는 같다'로 정의되는 어떤 집합에서의 관계 $R(=)$은 동치관계이다.

동치관계 R에서, $(x,\ y) \in R$이면 x와 y는 **동치**라 하고, 집합 A에서의 한 원소 x와 동치인 원소 전체의 집합 $\bar{x}$를 x에 의하여 정해진 **동치류**(equivalence class)라고 하며, 이것을 다음과 같이 표현한다.

$$\bar{x} = \{y \in A \mid (x,\ y) \in R\}$$

예제 2.27

집합 $A = \{1,\ 2,\ 3,\ 4\}$에서의 관계 R을 다음과 같이 정의할 때, 물음에 답하시오.

$$R = \{(1,\ 1),\ (2,\ 2),\ (2,\ 3),\ (3,\ 2),\ (3,\ 3),\ (4,\ 4)\}$$

(a) 관계 R이 동치관계를 만족하는지 보이시오.

(b) 만약 R이 동치관계라면 동치류를 모두 구하시오.

정리 2.7 집합 A에서의 동치관계 R이 주어져 있을 때, 다음 식이 성립한다.

(a) $(x,\ y) \in R \Leftrightarrow \bar{x} = \bar{y}$　　　　(b) $x \in \bar{y} \Leftrightarrow \bar{x} = \bar{y}$

증명 (a)($\Rightarrow$)동치관계의 정의에 의하여,

$$\begin{aligned} z \in \bar{x} &\Leftrightarrow (x,\ z) \in R\text{이고 } (x,\ y) \in R \\ &\Leftrightarrow (x,\ z) \in R\text{이고 } (y,\ x) \in R \\ &\Leftrightarrow (y,\ x) \in R\text{이고 } (x,\ z) \in R \\ &\Leftrightarrow (y,\ z) \in R \\ &\Leftrightarrow z \in \bar{y} \end{aligned}$$

($\Leftarrow$)$y \in \bar{y}$이므로 $y \in \bar{x}$. 그러므로 $(x,\ y) \in R$

(b) (a)에 의해서 성립한다. ■

이제 여기서는 제1장에서 다룬 분할([정의 1.6])을 이용하여 동치관계와 분할의 연관성을 알아보자.

정리 2.8 관계 R을 집합 A에서의 동치관계라 하고, 임의의 $a \in A$에 대하여 $A_a = \{x \mid (x,\ a) \in R\}$즉, a와 R인 동치관계에 있는 원소의 집합을 A_a라고 하면, 집합족 $\{A_a \mid a \in A\}$는 A의 분할이다.

이 [정리 2.8]은 집합 A에서의 동치관계 R는 서로 관계되는 원소를 같은 동치류에 모아 놓음으로써 A를 분할하고 있음을 알 수 있다. 이때 집합 A_a를 a에 의해서 결정된 동치류라 하고, 동치류의 집합 $\{A_a \mid a \in A\}$를 A/R로 나타내고, 이를 **상집합**(quotient set)이라고 한다. 앞의 정리는 그 역도 성립함을 알 수 있다.

정리 2.9 집합 $\{A_i \mid i \in I\}$를 A의 분할, R을 명제함수 'x, y는 같은 정의(집합족 $\{A_i \mid i \in I\}$의 원소)에 속한다'로 정의되는 A에서의 관계라고 하자. 그러면 R은 동치관계이다. 따라서 집합 A의 모든 분할과 A에서의 모든 동치관계 사이에는 1 대 1 대응이 된다.

예제 2.28

Euclid 평면 위에서 삼각형의 닮음은 동치관계이다. 따라서 평면 위의 모든 삼각형은 닮은 삼각형끼리의 서로 소인 집합으로 분할된다.

예제 2.29

관계 R_2를 $x \equiv y \pmod 2$로 정의되는 정수에서의 관계라고 하면 R_2는 동치관계이다. 각 정수 x는 $x = 2q + r$(단 $0 \le r < 2$)로 유일하게 표현되므로 x는 동치류

$$A_0 = \{\cdots, -2, 0, 2, 4, \cdots\} \quad A_1 = \{\cdots, -3, 1, 3, 5, \cdots\}$$

중의 어느 하나의 원소가 된다. 그러므로

$$A/R_2 = \{A_0, A_1\}\text{는 상집합이다.}$$

예제 2.30

자연수 집합 N에서, $A = \{1, 4, 7, \cdots\}$, $B = \{2, 5, 8, \cdots\}$, $C = \{3, 6, 9, \cdots\}$에 대하여 $\{A, B, C\}$는 N의 분할임을 알 수 있고 이 때, A, B, C 각각은 동치류이다.

연습문제 2.4 (e)

1. 집합 $A=\{1, 2, 3, 4\}$에서의 다음 관계가 동치관계인지를 확인하시오.
   (a) $R_1 =\{(1, 1), (2, 2), (3, 3), (4, 4)\}$
   (b) $R_2 =\{(1, 2), (1, 3), (2, 3), (3, 2)\}$
   (c) $R_3 =A\times A$
   (d) $R_4 =\{(1, 1), (1, 2), (2, 1), (2, 3), (4, 2), (3, 2), (4, 4)\}$

2. 자연수 집합 N에서 명제함수 $p(x, y)$가 '$|x-y|$는 5로 나누어진다'로 정의된 관계 R이 동치관계임을 보이시오.

3. 자연수 집합에서 다음의 각 명제함수에 의해 만들어진 관계 R이 동치관계인지 보이시오.
   (a) x는 y와 작거나 같다.
   (b) x는 y의 배수이다.
   (c) $(x+y)$는 3으로 나누어진다.
   (d) x와 y는 같다.

4. (동치관계에 관한 기본정리)
   관계 R을 집합 A에서의 동치관계라 하고 모든 $a\in A$에 대해서
   $$A_a=\{x \mid (x, a)\in R\}$$
   이라 하자. 이 경우 집합 $\{A_a\}$는 A의 분할임을 증명하시오.

(6) 순서관계

정의 2.9

집합 A에서의 관계 R이 다음 세 가지 조건을 만족할 때, R은 A에 관해서 **반순서관계**(partial ordered relation)라 하며 A를 **반순서집합**이라 한다.
(a) 반사관계 (b) 반대칭관계 (c) 추이관계

예제 2.31

집합 $A=\{x, y, z, w\}$에서의 관계 R이 다음과 같이 주어져 있을 때, 반순서 관계인지를 확인하시오.
$R=\{(x, x), (y, x), (y, y), (z, x), (z, z), (w, x), (w, y), (w, z), (w, w)\}$.

예제 2.32

집합 $A=\{1, 2, 3, 6\}$에서 명제함수 $p(x, y)$를 'x는 y의 약수이다'라 할 때, 이 관계 R는 반순서 관계임을 보이시오.

정의 2.10

집합 A에서의 반순서 관계 R에서 모든 원소들이 비교 가능할 때, R을 전순서관계(total ordered relation)라 하고 A를 전순서집합이라 한다. 즉,

$$\text{모든 } x,\ y \in A \text{에 대하여 } xRy \text{ 또는 } yRx.$$

반순서 관계와 전순서 관계에 대해서는 앞에서 언급한 유향 그래프를 그려 보면 확실히 구분됨을 알 수 있다.

예제 2.33

자연수 집합이나 정수 집합에 관계를 $\le$로 주면 이 관계는 전순서 관계임을 보이시오.

연습문제 2.4 (f)

1. 집합 $A=\{1, 2, 3\}$에서 관계 $R=\{(1, 1), (2, 2), (2, 3)\}$이면 반순서 관계인지 알아보시오.

2. 관계 R에서 명제함수 $p(x, y)$가 '$x + 3y = 12$'로 정의된 자연수의 집합 N에서의 관계라 할 때, 다음 물음에 답하시오.
   (a) 관계 R을 순서쌍의 집합으로 나타내시오.
   (b) 역관계 R^{-1}을 구하시오.

3. 집합 $A=\{1, 2, 3\}$에서의 다음과 같은 A에서의 관계가 어떤 관계인지 알아보시오.
   (a) $R_1 = \{(1, 1), (2, 2), (2, 3), (3, 2), (3, 3)\}$
   (b) $R_2 = \{(1, 1), (2, 3), (3, 2), (3, 3)\}$
   (c) $R_3 = \varnothing$
   (d) $R_4 = A \times A$
   (e) '$p(x, y)$가 x는 y의 배수'인 관계 R_5

4. 집합 $A=\{1, 2, 3, 4\}$일 때, A에서의 관계 $R=\{(1, 1), (1, 2), (2, 1), (2, 2), (3, 3), (3, 4), (4, 3), (4, 4)\}$이면 R은 동치관계인지 밝히시오.

5. 집합 $A=\{1, 2, 3\}$, $R=\{(1, 1), (2, 1), (2, 3), (3, 1), (3, 3)\}$이라고 할 때, R은 A에서의 반순서 관계인지 알아보시오.

6. 전순서관계 예를 하나 들어서 전순서 관계임을 보이시오.

Chapter 3

함 수

많은 수학자들은 함수의 정확한 표현을 위해 집합의 언어를 사용하여 정의하려고 노력하였다. 이 장에서는 먼저 수학자들이 주장하는 함수의 개념적 의미들을 살펴본 후, 관계로부터 유도된 함수를 정의하고 여러 가지 함수와 그에 따른 다양한 성질에 대하여 살펴보도록 하자.

3.1 함수의 개념적 의미

철학자이며 수학자였던 Aristoteles(BC 384~BC 322)도 변화율로서의 가속도라는 의미를 몰랐으며, 고대 그리스인들도 속도의 변화율로서의 가속도를 생각한다는 것은 불합리한 것으로 여겨 왔다. 이것은 변화의 상태를 나타내는 것으로서 속도의 개념이 확립되지 못하였다는 것과 그리스인들이 정지된 상태에서 법칙을 구하고자 한 것과도 관련 있는 것으로 볼 수 있다. 그러므로 고대 그리스의 수학은 불변량에 대한 수학의 시기라고 이해할 수 있다.

함수에 관한 중요한 연구는 16세기경에 시작된 것으로서, 이 시기에는 운동에 관한 연구가 자연과학의 중심적인 과제가 되어 여러 가지 변화의 과정과 변량 사이의 함수관계에 관한 연구가 활발했다. 수학에서 변화하는 양과 이들 양 사이의 종속 관계에 관한 일반적인 여러 가지 성질을 반영한 것으로서 변수나 함수라는 개념이 생겨났으며, 이와 같은 수학적 대상의 확장은 수학의 새로운 단계로의 발전을 위한 계기를 마련하였다. 수학의 한 분야인 해석학의 발생과 발전은 17세기에 시작된 변량에 관한 내용에서 엿볼 수 있는데, 이 시기에 Leibniz(AD 1646~1716)는 함수(function)라는 말을 처음으로 사용하였다. 그는 함수라는 말을 명확하게 정의하지는 않았으나, 0과 1과 같은 상수에 대해서 변량 x를 생각하여 변수 x와 함께 $x+2$, $\cos x$, $\log x$ 등을 x의 함수라 부르고, 일반적으로 나타내는 기호로서 $f(x)$, $g(x)$ 등을 사용하였다.

Euler(AD 1707~1783)는 함수를 "변수와 상수로 이루어지는 해석적인 식"이라고 정의하였고, Cauchy(AD 1789~1857)는 "많은 변수 사이에 어떤 관계가 있고, 그 중의 한 값과 다른 것의 값이 정해질 때에는 보통 그 하나의 변수를 써서 다른 것을 나타내어 생각한다. 이때 그 하나의 변수를 독립변수라 부르고, 다른 것을 그의 함수라 한다."라고 정의하고 있다. 그러나 Cauchy 자신은 Euler와 같은 입장에 서서 함수를 다루는 경우가 많았다. Dirichlet(AD 1805~1859)는 임의의 함수의 Fourier급수에 의한 표현에 관한 논문에서 $x \in [a, b]$의 함수 y를 생각하여 "y가 전구간에서 동일한 법칙에 따라서 x와 관계가 있을 필요가 없으며, 그 관계가 수학적인 산법으로 표시된다고 생각할 필요도 없다."라고 말하여, 함수는 결국 대응에 지나지 않는다는 것을 명백히 하였다.

현대수학에서는 Dirichlet의 정의를 더욱 일반화시켜 수학의 일반적 이론에서는 함수와 사상(mapping)을 완전히 같은 의미로 쓰는 경우가 많다. 이 경우 함수라는 것은 유일한 대응과 같은 것이다. 그러나 더욱 넓은 의미로는 유일한 대응인 것을 일가함수(one-valued function), 유일한 대응이 아닌 일반적인 대응인 것을 다가함수(multi-valued function)라고 한다. 수학의 각 전문 분야에서는 그 역사에 의거해서 각각의 좁은 의미로 함수라는 말을 쓰는 경우가 많다. 해석적인 분야에서는 값이 실수인 경우는 실수값 함수(real-valued function), 복소수인 경우는 복소수값 함수(complex-valued function)라고 부른다. 특히 정의구역이 실수 또는 복소수의 집합인 경우에는 그들을 각각 실함수(real function) 또는 복소함수(complex function)라고 한다. 이제 우리가 다룰 함수의 정의를 학습하고 다양한 함수 및 그에 대한 여러 가지 성질들을 알아보도록 하자.

3.2 함 수

1) 함수

제2장에서 다룬 관계를 바탕으로 함수의 의미를 살펴보자. 두 집합을 $A=\{1, 2, 3\}$, $B=\{a, b, c\}$라고 할 때, A에서 B에로의 관계 R_i가 아래와 같이 정의되었다고 하자.

$$R_1=\{(1, a), (3, c)\}$$
$$R_2=\{(1, a), (2, b), (3, c)\}$$
$$R_3=\{(1, a), (1, b), (2, a), (3, b)\}$$
$$R_4=A\times B$$

R_1에서는 원소 $2 \in A$에 대하여 $(2, y) \in R_1$인 $y \in B$가 존재하지 않는다. R_3에서는 원소 $1 \in A$에 대하여 $(1, a) \in R_3$, $(1, b) \in R_3$이므로 $(1, y) \in R_3$인 $y \in B$가 두개 있고, R_4에서는 원소 $(1, y) \in R_4$인 $y \in B$가 두개 이상 있다. 그러나 R_2에서는 A에 속하는 모든 원소 x에 대하여 $(x, y) \in R_2$인 y가 B안에 반드시 존재하고 A의 원소 x에 대하여 $(x, y) \in R_2$인 y가 B안에 오직 하나밖에 없다. R_2와 같은 성질을 가진 관계를 A에서 B로의 함수라고 하는데, 위의 내용을 바탕으로 하여 함수를 정의하면 다음과 같다.

정의 3.1

두 집합을 A, B라 하고 f를 A에서 B로의 관계라고 할 때, 다음의 두 가지 성질을 만족하는 f를 **A에서 B로의 함수**라고 한다.

(a) $\forall x \in A, \exists y \in B$ s.t. $(x, y) \in f$ (y의 존재성)

(b) $(x, y_1) \in f \wedge (x, y_2) \in f \Rightarrow y_1 = y_2$ (y의 일의성)

제2장에서 관계를 기호 R로 나타냈지만 이것이 함수로 나타낼 때에는 R 대신에 f, g, h, ·· 등의 기호를 사용하여 표현한다. 또 $(x, y) \in f$를 관계에서 표현한 것처럼 xfy로 나타내야겠지만 xfy 대신에 $y=f(x)$라고 표현하며, 이때 y를 x의 상(image)이라고 한다. 그리고 'y는 f에 따라 x에 대응한다'라고도 한다.

f가 A에서 B로의 함수일 때 $f : A \rightarrow B$ 또는 $A \xrightarrow{f} B$라고 쓰고, 집합 A를 함수 f의 **정의역**(domain), B를 **공변역**(co-domain)이라고 한다. 모든 함수 $f : A \rightarrow B$는 집합 A에서 집합 B로의 관계에 의해 정의되는데, 이 관계를 함수의 그래프라고 하여

$$G = \{(x, y) \mid x \in A, y = f(x)\}$$

로 표현하며 좌표평면에서 점으로 나타낼 수 있다.

예제 3.1

<그림 3.1>에서 집합 $A=\{-4, 0, 1, 2\}$, $B=\{-2, 0, 1, 2\}$일 때, $f : A \rightarrow B$, $f(x)=x$라고 정의하면 f는 A에서 B로의 함수가 되는지 확인하시오.

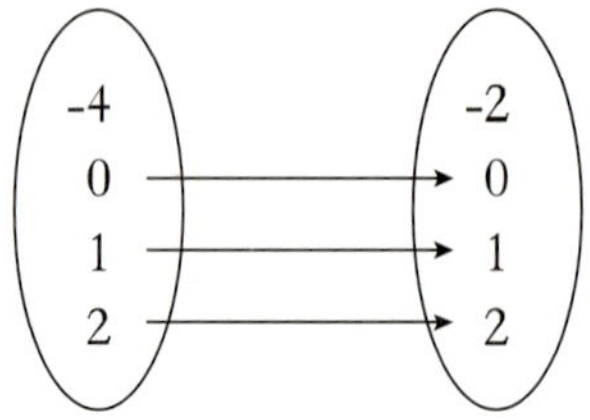

<그림 3.1>

예제 3.2

집합 $A=\{0, 1, 2, 3, 4\}$, $B=\{0, 1\}$이라 하고, $f: A \to B$를 <그림 3.2>와 같이 정의하면 함수가 되는지 확인하시오.

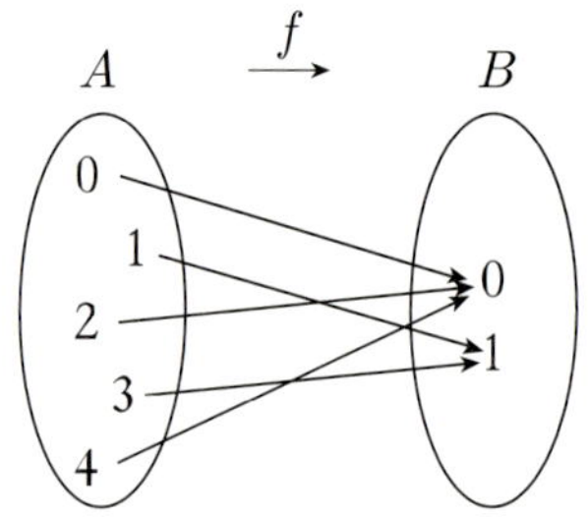

<그림 3.2>

일반적인 집합 A와 B가 주어져 있을 때 A에서 B로의 함수 f를 흔히 **A에서 B로의 사상**(mapping)이라 하고 $f: A \to B$로 표현하여 'f는 A에서 B로의 사상'이라고 읽기도 한다.

만약 함수 f의 정의역과 공변역이 동일한 집합일 때 즉,

$$f: A \to A$$

일 때 함수 f를 흔히 A에서의 **연산자**(operator) 또는 **변환**(transformation)이라고 한다.

예제 3.3

다음의 주어진 명제 가운데 서로 같은 것과 같지 않은 것을 찾아내어 그 이유를 설명하시오.

(a) $f: A \to B$

(b) f는 A에서 B로의 함수이다.

(c) $f: x \to f(x)$

예제 3.4

집합 $A=\{1,\ 2,\ 3,\ 4\}$, $B=\{a,\ b,\ c,\ d\}$일 때, A에서 B로의 함수를 찾으시오.

(a) $f=\{(1,\ a),\ (2,\ b),\ (3,\ c),\ (4,\ d)\}$

(b) $g=\{(1,\ d),\ (1,\ b),\ (2,\ c),\ (3,\ a),\ (4,\ a)\}$

(c) $h=\{(1,\ c),\ (2,\ d),\ (3,\ a)\}$

(d) $i=\{(1,\ a),\ (2,\ a),\ (3,\ b),\ (4,\ b)\}$

(e) $j=\{(1,\ d),\ (2,\ d),\ (3,\ d),\ (4,\ d)\}$

(f) $k=\{(1,\ a),\ (2,\ b),\ (2,\ c),\ (3,\ c),\ (4,\ d)\}$

위의 <예제 3.4>에서 그래프를 그려보면 함수란 A의 모든 원소에서 반드시 한 개의 화살표만 그려지는 경우를 말하는데, (b)의 g는 정의역의 원소 1에서 b, d 두 개의 화살표가 그려지므로 함수의 정의 두 번째 조건을 만족하지 않는다. 그러므로 함수가 아니다. (c)의 h는 4에서 나가는 화살표가 없기 때문에 함수의 정의 첫 번째 조건을 만족하지 않으므로 함수가 아님을 알 수 있다. k는 g와 같음을 알 수 있다.

연습문제 3.2 (a)

1. 집합 $A=\{a,\ b,\ c\}$, $B=\{x,\ y\}$일 때, 다음 그림에서 A에서 B로의 함수가 되는 그림은 어느 것인지 찾아보시오.

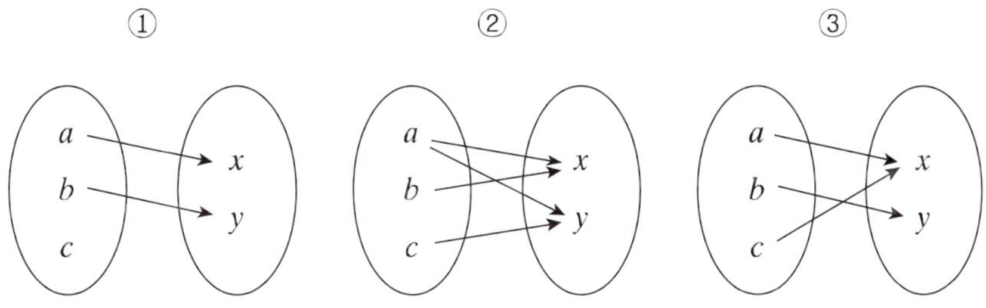

<그림 3.3>

2. 다음 함수를 식으로 나타내시오.

(a) 각 실수에 제곱을 한 후 3을 더한 것과 대응시키는 것을 함수 f로 한다.

(b) 각 정수의 짝수에 0, 홀수에는 1을 대응시키는 것을 함수 g로 한다.

3. 함수 $f(x)=x^2$은 폐구간 $-3 \le x \le 3$에서 정의된 함수일 때, 다음을 구하시오.
   (a) $f(-3)$ (b) $f(3)$ (c) $f(x-1)$ (d) $f(x+3)$

4. 집합 $A=\{1, 2\}$, $B=\{2, 4, 6\}$일 때 A에서 B로의 함수를 모두 구하시오.

5. R을 실수의 집합이라 하고 주어진 f가 함수가 되도록 f를 정의하시오.
   (a) $f : R \to R$,
   (b) $f : [-5, 5] \to [0, 5]$,
   (c) $f : [0, \infty] \to R$,
   (d) $f : [0, 1] \to [0, 2]$

2) 함수의 성질

(1) 함수의 상등

정의역 D에서의 함수 f와 g에서 모든 $x \in D$에 대하여 $f(x)=g(x)$일 때 f와 g는 상등(equal)이라 하고

$$f = g$$

라고 표현한다.

예제 3.5

집합 $A=\{1, 2, 3\}$, $B=\{3, 4, 6, 9, 16\}$에서의 A에서 B로의 두 함수 f, g를 $f(x)=(x+1)^2$, $g(x)=x^2+2x+1$로 정의되었다면 $f=g$이다. 그것은 f와 g는 정의역이 같고, 정의역의 각 원소에 대한 상이 같기 때문이다.

예제 3.6

유리수 집합 Q에서 함수 $f(x)=x^2$으로 정의하고, 실수 집합 R에서 함수 $g(x)=x^2$로 정의하였다면, 함수 f와 g는 정의역이 다르므로 상등인 함수가 아님을 알 수 있다.

(2) 함수의 치역

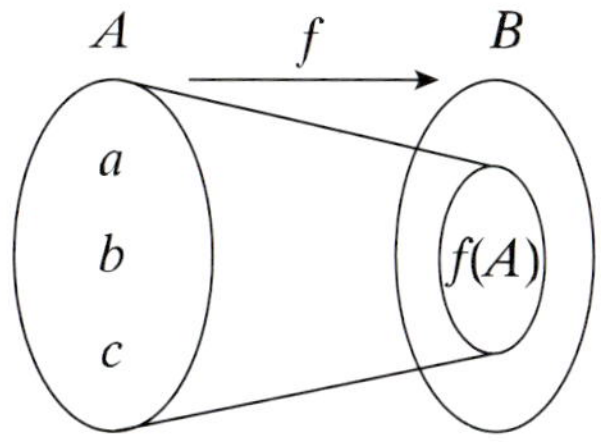

<그림 3.4>

f를 A에서 B로의 함수, 즉 $f : A \to B$라고 할 때, B의 각 원소는 반드시 A의 원소의 상은 아니다. 적어도 A의 한 원소의 상(함수 값)인 B의 원소의 집합을 f의 **치역**(range)이라고 하고, 함수 $f : A \to B$의 치역을

$$f(A) = \{y \in B \mid \exists x \in A,\ f(x) = y\}$$

로 표시한다. 이때 $f(A)$는 B의 부분집합임을 알 수 있다.

예제 3.7

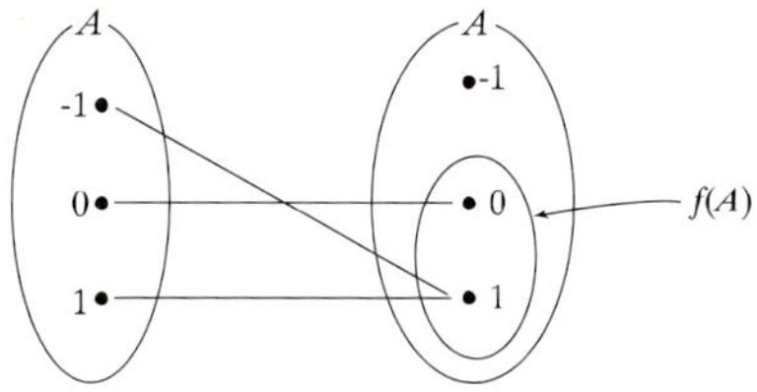

<그림 3.5>

집합 $A = \{-1, 0, 1\}$에서 $f : A \to A$가 $f(x) = x^2$으로 주어진 결과는 <그림 3.5>와 같이 정의역, 공변역, 치역이 명확하게 구분된다.

예제 3.8

집합 $A = \{-3, -2, -1, 0, 1, 2, 3\}$에서 실수 R로의 함수 $f : A \to R$를 $f(x) = 2x+1$로 정의할 때, f의 치역을 구하시오.

[풀이] 정의역 A에 대한 각 원소의 함수 값을 구하면 $f(-3)=-5$, $f(-2)=-3$, $f(-1)=-1$, $f(0)=1$, $f(1)=3$, $f(2)=5$, $f(3)=7$이므로 구하는 치역은 $\{-5, -3, -1, 1, 3, 5, 7\}$이다. 공변역은 실수로 나타나므로 항상 치역은 공변역의 부분집합이다.

(3) 단사함수

정의 3.2

집합 A, B에서 $f : A \rightarrow B$일 때 B의 서로 다른 원소는 A의 서로 다른 원소의 함수 값인 경우 즉, A의 임의의 서로 다른 두 원소의 상이 같지 않을 때 함수 f를 **단사함수**(one-one function, injective function)라고 한다. 이것을 간단히 표현하면 다음과 같다.

$$f : A \rightarrow B \text{ ; injective function}$$
$$\Leftrightarrow \forall x,\ y \in A,\ x \neq y \Rightarrow f(x) \neq f(y)$$

예제 3.9

집합 $A=\{-2, -1, 0, 1, 2\}$에서 실수 R로의 함수 $f : A \rightarrow R$를 $f(x)=2x+1$로 정의할 때, f는 단사함수임을 알 수 있다. 만약 함수 f를 $f(x)=x^2$으로 정의하면 정의역에서 서로 다른 두 원소 -2와 2에 대한 함수 값 $f(-2)=4$, $f(2)=4$로서 같은 값을 갖게 되어 단사함수가 아니다. 아울러 함수 $f : A \rightarrow A$를 $f(x)=2x+1$ 또는 $f(x)=x^2$으로 정의하면 함수가 아님을 쉽게 파악할 수 있다.

(4) 전사함수

정의 3.3

집합 A에서 B로의 함수를 f라고 하면 f의 치역 $f(A)$는 B의 부분집합이다. 즉, $f(A) \subset B$이다. 그런데 B의 모든 원소가 적어도 A의 원소의 상일 때 즉, $f(A)=B$일 때 f를 **전사함수**(onto function, surjective function)라고 한다. 이것을 간단히 표현하면 다음과 같다.

$$f : A \rightarrow B \text{ ; surjective function} \Leftrightarrow f(A)=B$$

예제 3.10

집합 $A=\{-2, -1, 0, 1, 2\}$에서 집합 $B=\{0, 1, 4\}$로의 함수 $f : A \rightarrow B$를 $f(x)=x^2$으로 정의하면 함수 f가 전사함수인지 확인하시오.

예제 3.11

집합 $A=\{-2, -1, 0, 1, 2\}$에서 실수집합 R로의 함수 $f : A \rightarrow R$를 $f(x)=x^2$으로 정의하면 함수 f는 전사함수인지 확인하시오.

(5) 전단사 함수

정의 3.4

집합 A, B에서 $f : A \to B$가 **전단사 함수**(bijective function)라는 것은 함수 f가 단사함수이고 전사함수일 때를 말한다. 함수 f가 전단사 함수일 때 **1 : 1대응**이라 한다. 이것을 간단히 표현하면 다음과 같다.

$$f : A \to B \text{ ; bijective function} \Leftrightarrow f\text{; injective and surjective function}$$

예제 3.12

집합 $A=\{1, 2, 3, 4\}$에서 $B=\{3, 4, 5, 6\}$로의 함수 $f : A \to B$를 $f(x)=x+2$로 정의하면 전단사함수임을 보이시오.

예제 3.13

다음의 실수 R에서 R로의 함수그래프에서, 어떤 함수인지를 설명하시오.

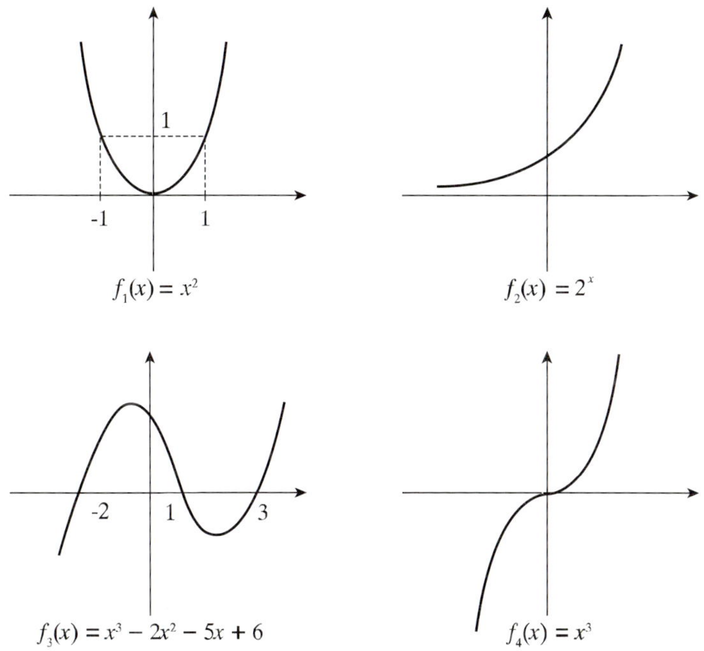

<그림 3.6>

유한집합 A, B에서, 함수 $f : A \to B$가 단사함수이면 A의 원소개수는 B의 원소개수보다 많지 않음을 의미하고, 또한 f가 전사함수이면 A의 원소개수는 B의 원소개수보다 적지 않음을 의미한다. 그러므로 A에서 B로의 전단사함수 f가 존재하면 f가 단사함수이고 전사함수이므로 두 집합 A와 B의 원소개수는 같음을 알 수 있다.

유한집합 A, B에서 $n(A)=n$, $n(B)=m$일 때, A에서 B로의 함수는 m^n개를 만들 수 있다. 또한 $m \geq n$일 때 단사함수를 만들 수 있다.

예제 3.14

두 집합이 $A=\{1, 2, 3, 4\}$, $B=\{a, b, c\}$일 때 물음에 답하시오.

(a) 집합 A에서 B에로의 함수는 모두 몇 개를 만들 수 있는가?

(b) 집합 A에서 B로의 전사함수는 모두 몇 개를 만들 수 있는가?

(c) 집합 A에서 B로의 단사함수는 만들 수 있는가?

(d) 집합 A에서 B로의 전단사함수는 존재하는가?

예제 3.15

다음의 주어진 두 집합을 이용하여 함수를 적당히 정의하여 전단사 함수를 만들 수 있는지 설명하시오.

(a) 집합 $A=\{1, 2, 3, 4, 5\}$, $B=\{6, 7, 8, 9, 10\}$

(b) 집합 $A=\{1, 2, 3\}$, $B=\{1, 2\}$

(c) 자연수 집합 N, $A=\{1^2, 2^2, 3^2, \cdots\}$

(d) 자연수 집합 N, $B=\{2n | n \in N\}$

예제 3.16

위의 <예제 3.15>의 (b),(c),(d)에서 알 수 있는 유한집합과 무한집합의 차이점을 설명하시오.

(6) 항등함수

어떤 집합 A가 주어져 있을 때 함수 $f : A \to A$가 $f(x)=x$로 정의하면 즉, f가 A의 각 원소에 그 자신을 대응시킨다고 할 때, f를 A에서의 **항등함수**(identity function) 또는 **항등변환**(identity transformation)이라 한다. 이때 f를 1 또는 I_A로 표시한다.

예제 3.17

집합 $A=\{1, 2, 3, 4\}$일 때, 함수 $f : A \to A$를 어떻게 정의하면 항등함수가 되는지 f를 정의하시오.

(7) 상수함수

집합 A에서 집합 B로의 함수 f에 있어서 B에 속하는 한 원소 b가 A의 모든 원소의 함수 값으로 표현될 때 함수 f를 **상수함수**(constant function)라고 한다. 즉, $f : A \to B$는 f의 치역이 오직 한 원소만으로 이루어지는 집합일 때 상수함수이다.

예제 3.18

함수 f가 <그림 3.7>과 같이 정의되었다면 f는 상수함수가 아니다. 그 이유는 f의 치역이 $\{1, 3\}$이기 때문이다.

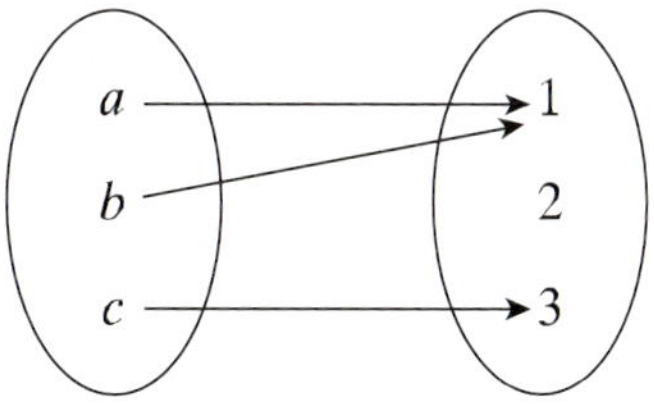

<그림 3.7>

(8) 특성함수

전체집합 U의 부분집합 A에 대하여 함수 $f : U \to \{0, 1\}$가 $x \in A$일 때 $f(x)=1$이고 $x \notin A$일 때 $f(x)=0$인 함수를 A의 **특성함수**(characteristic function)라고 하고 f_A로 표현한다.

예제 3.19

두 집합 $A=\{x \mid 2 \leq x < 4\}$, $B=\{x \mid 2 \leq x \leq 4\}$가 실수 R의 부분집합일 때, 다음 함수의 그래프를 그려 보시오.

(a) I_A (b) f_A (c) $f : A \to B$에서 $f(x)=1$로 정의된 함수

▶ 연습문제 3.2 (b)

1. 집합 $A=\{1,\ 2\}$에서 $B=\{a,\ b,\ c\}$로의 함수 중에서 단사함수 몇 개를 구하시오.

2. 집합 $A=\{1,\ 2,\ 3\}$에서 $B=\{a,\ b\}$로의 함수 중에서 전사함수 몇 개를 구하시오.

3. 집합 $A=[-1,\ 1]$일 때 다음과 같이 정의되는 A에서의 함수 f, g, h가 단사함수, 전사함수, 전단사함수인지 조사하시오.
   (a) $f(x)=x^2$ (b) $g(x)=x$ (c) $h(x)=x^3$

4. 집합 $A=\{x \mid -2 \le x \le 3\}$이고 R이 실수집합일 때, $f : A \to R$을 $f(x)=x^3+1$로 정의된 함수 f의 치역을 구하고 그래프를 그리시오.

5. 실수의 집합 R의 부분집합 $[0,\ 3]$과 $[0,\ 1]$을 이용하여 전단사 함수를 만들어 보시오.

3) 합성함수

(1) 합성함수

f는 집합 A에서 B로의 함수이고, g는 f의 공변역 B에서 C로의 함수라고 하자.

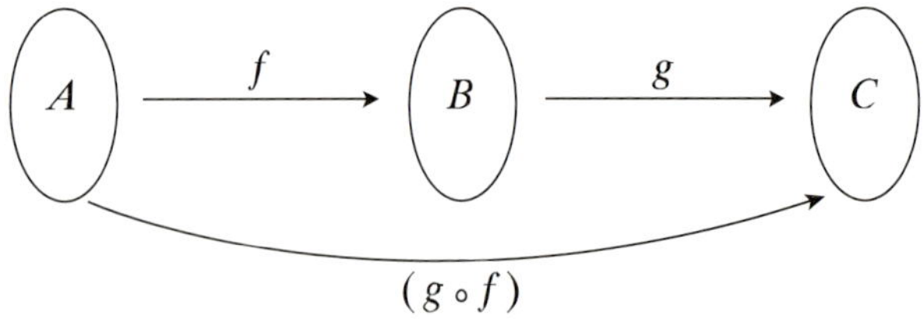

<그림 3.8>

<그림 3.8>에서 알 수 있듯이, $x \in A$라고 하면 x의 함수 값 $f(x)$는 함수 g의 정의역인 B에 속한다. 따라서 함수 g에 대한 $f(x)$의 함수 값 $g(f(x))$를 구할 수 있다. 즉, A의

각 원소 x에 대하여 $g(f(x)) \in C$를 대응하는 A에서 C로의 함수를 얻을 수 있다.

이와 같이 새로운 함수를 f와 g의 **합성함수**(composition function)라고 하고,

$$g \circ f$$

라고 표시한다.

즉, $f : A \to B$이고, $g : B \to C$일 때,

$$(g \circ f)(x) \equiv g(f(x))$$

에 의하여 합성함수 $(g \circ f) : A \to C$를 정의한다. 여기에서 기호 $\equiv$은 정의에 의하여 좌변과 우변이 동등함을 뜻한다.

예제 3.20

함수 f, g가 R에서 R로의 함수로서 $f(x) = x^2 + 1$, $g(x) = 2x + 3$으로 정의할 때 $(f \circ g)(3)$와 $(g \circ f)(3)$를 구하고, 결과에 대해 설명하시오.

정리 3.1 함수 $f : A \to B$이고, $g : B \to C$일 때, $(g \circ f) : A \to C$를 임의의 $x \in A$에 대하여

$$(g \circ f)(x) \equiv g(f(x))$$

로 정의하면 $g \circ f$도 함수이다.

증명 함수의 정의에 따라서

(a) $x \in A \Rightarrow f(x) \in B \Rightarrow g[f(x)] = (g \circ f)(x) \in C$

(b) $(x, z) \in g \circ f \wedge (x, w) \in g \circ f$이면 $(x, y) \in f \wedge (y, z) \in g$인 $y \in B$가 존재하고, $(x, u) \in f \wedge (u, w) \in g$인 $u \in B$가 존재한다. $(x, y) \in f \wedge (x, u) \in f$이고 f는 함수이므로 $y = u$이다. 또한 $(y, z) \in g \wedge (u, w) \in g$일 때, $y = u$이므로 $z = w$이다. 그러므로 $g \circ f$도 함수가 됨을 알 수 있다. ■

예제 3.21

$f : A \to B$, $g : B \to C$를 아래의 그림처럼 정의할 때, 합성함수 $(g \circ f) : A \to C$를 구해 보시오.

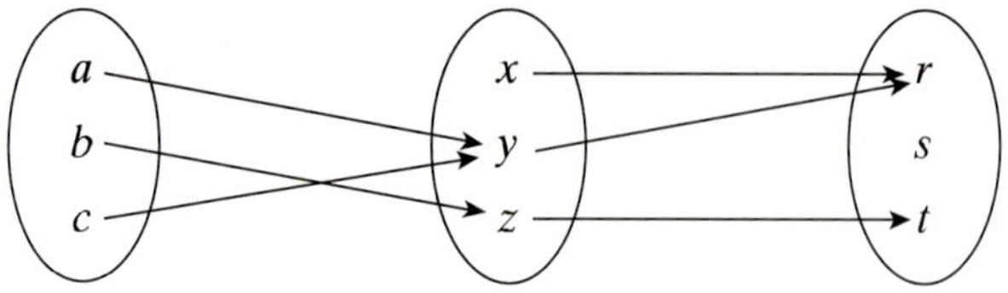

<그림 3.9>

[풀이] $(g \circ f) : A \rightarrow C$는 정의에 따라

$$(g \circ f)(a)=g(f(a))=g(y)=r$$
$$(g \circ f)(b)=g(f(b))=g(z)=t$$
$$(g \circ f)(c)=g(f(c))=g(y)=r$$

여기서 알 수 있는 것은 $f : A \rightarrow B$라고 하면 $I_B \circ f=f$, $f \circ I_A=f$이다. 즉, 어떤 함수와 항등함수의 합성함수는 그 함수 자신과 같다.

(2) 합성함수의 연산

함수 $f : A \rightarrow B$, $g : B \rightarrow C$, $h : C \rightarrow D$라고 할 때, 합성함수 $(g \circ f) : A \rightarrow C$를 통해서 $h \circ (g \circ f) : A \rightarrow D$를 구할 수 있다. 또한, 마찬가지로 합성함수 $(h \circ g) : B \rightarrow D$를 이용하여 $(h \circ g) \circ f : A \rightarrow D$를 구할 수 있다.

정리 3.2 함수 $f : A \rightarrow B$, $g : B \rightarrow C$, $h : C \rightarrow D$라고 할 때, 다음 식이 성립함을 증명하여라.

$$h \circ (g \circ f)=(h \circ g) \circ f$$

증명 주어진 식의 좌변과 우변은 각각 $h \circ (g \circ f) : A \rightarrow D$, $(h \circ g) \circ f : A \rightarrow D$ 인 함수이므로, 임의의 $x \in A$에 대하여,

$$\begin{aligned}[h \circ (g \circ f)](x) &= h[(g \circ f)(x)] = h[g[f(x)]] \\ &= (h \circ g)[f(x)] = [(h \circ g) \circ f](x)\end{aligned}$$

이 되어 $h \circ (g \circ f)=(h \circ g) \circ f$가 성립함을 알 수 있다. ■

정리 3.3 함수 $f : A \to B$, $g : B \to C$에 대하여 다음이 성립함을 밝혀라.

(a) f, g가 단사함수이면, $g \circ f$도 단사함수이다.

(b) f, g가 전사함수이면, $g \circ f$도 전사함수이다.

(c) f, g가 전단사함수이면, $g \circ f$도 전단사함수이다.

증명 함수의 정의에 의하여,

(a) $(g \circ f)(x_1) = (g \circ f)(x_2)$ 즉, $g[f(x_1)] = g[f(x_2)]$이고 함수 g가 단사함수이므로 정의에 의해 $f(x_1) = f(x_2)$이다. 또한, f가 단사함수이므로 $x_1 = x_2$가 되어 $g \circ f$는 단사함수이다.

(b) f, g가 전사함수이고 $(g \circ f)(A) = g[f(A)] = g(B) = C$이므로 $g \circ f$는 전사함수이다.

(c) f, g가 모두 전단사함수이므로 (a), (b)에 의하여 $g \circ f$는 전단사함수이다. ■

예제 3.22

집합 $A = \{a, b, c\}$, $B = \{1, 2, 3, 4\}$, $C = \{u, v, w\}$이고, 함수 $f : A \to B$, $g : B \to C$가 $f(a) = 1$, $f(b) = 3$, $f(c) = 2$, $g(1) = u$, $g(2) = g(4) = w$, $g(3) = v$로 정의할 때, 물음에 답하시오.

(a) 합성함수 $g \circ f : A \to C$를 그림으로 나타내시오.

(b) $g \circ f$가 어떤 함수인지 설명하시오.

(c) $g \circ f$가 단사함수이면 g와 f는 단사함수인지 알아보시오.

(d) $g \circ f$가 전사함수이면 g와 f는 전사함수인지 알아보시오.

정리 3.4 함수 $f : A \to B$, $g : B \to C$에 대하여 다음이 성립함을 밝혀라.

(a) $g \circ f$가 단사함수이면 f는 단사함수이다.

(b) $g \circ f$가 전사함수이면 g는 전사함수이다.

증명 (a) 단사함수의 정의에 의하여, $f(x_1) = f(x_2)$이면 $g \circ f$가 단사함수이므로 $g[f(x_1)] = g[f(x_2)]$ 즉, $(g \circ f)(x_1) = (g \circ f)(x_2)$이다. 그러므로 $x_1 = x_2$이다.

(b) $f(A) \subset B$이고 $g(B) \subset C$이며, $g \circ f$가 전사함수이므로 $(g \circ f)(A) = g(f(A)) = C$이다. 그러므로 $C = g(f(A)) \subset g(B) \subset C$가 되어 $g(B) = C$이다.

■

▶ 연습문제 3.2 (c)

1. 실수 집합 R 상에서 함수 $f : R \to R$, $g : R \to R$를 $f(x)=x+3$, $g(x)=2x^3+2$로 정의할 때, $f \circ g : R \to R$와 $g \circ f : R \to R$을 정의하시오.

2. 실수 집합 R 상에서 함수 $f : R \to R$, $g : R \to R$, $h : R \to R$를 $f(x)=x+3$, $g(x)=x^2-1$, $h(x)=2x^3+2$로 정의할 때, 다음을 구하시오.
   (a) $f \circ g$와 $g \circ f$를 구하시오.
   (b) $h \circ (g \circ f)(1)$과 $(h \circ g) \circ f(1)$을 구하시오.
   (c) $h \circ (g \circ f)$를 구하시오.

4) 역함수

(1) 함수의 원상

f를 A에서 B로의 함수이고, $b \in B$라고 하자. b를 상으로 갖는 A의 원소들을 b의 **원상**(inverse)이라 하고

$$f^{-1}(b)$$

로 표시한다. 다시 말하면 $f : A \to B$일 때

$$f^{-1}(b)=\{x \mid x \in A,\ f(x)=b\}$$

이다. 여기서 $f^{-1}(b)$는 항상 A의 부분집합이다. 우리는 f^{-1}를 'f inverse'라고 읽는다.

예제 3.23

함수 $f : A \to B$가 <그림 3.10>과 같이 정의할 때, b와 c는 모두 x를 상으로 갖기 때문에 $f^{-1}(x)=\{b, c\}$ 또, z에 사상되는 것은 a뿐이므로 $f^{-1}(z)=\{a\}$, y의 원상 $f^{-1}(y)$는 y에 사상되는 A의 원소가 없으므로 공집합 $\varnothing$이다.

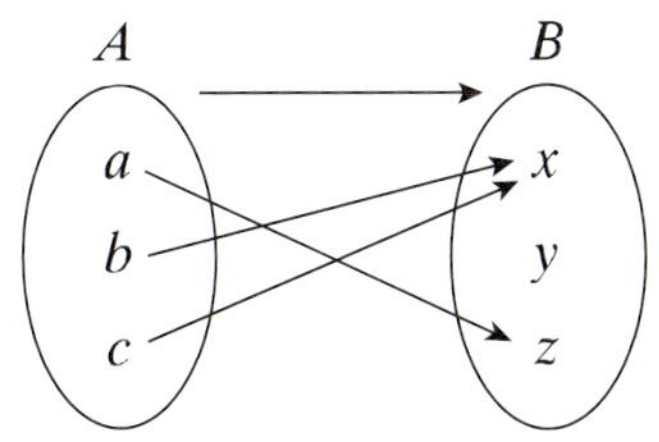

<그림 3.10>

여기서 원상의 정의를 확장하여 보자.

함수 $f : A \to B$이고, $C \subset B$라고 하면 f에 의한 C의 원상을 $f^{-1}(C)=\{x \mid x \in A,\ f(x) \in C\}$로 정의한다. 또한, $f^{-1}(C)$도 f의 정의역 A의 부분집합이다.

함수 $f : A \to B$에서, A의 모든 원소의 상이 B안에 있으므로 $f^{-1}(B)=A$이다. f의 치역을 $f(A)$로 표시하면

$$f^{-1}(f(A))=A$$

또한, $b \in B$에 대하여 $f^{-1}(b)=f^{-1}(\{b\})$로 볼 수 있으므로 f^{-1}를 B의 어떤 원소의 원상을 나타내는 기호라고 할 수 있으나, 일반적으로 B의 부분집합의 원상을 나타내는 기호라고 볼 수 있다.

예제 3.24

함수 $f : R \to R$가 $f(x)=x^2$으로 정의하고, 아울러 $C=[4,\ 9]=\{x \mid 4 \le x \le 9\}$라고 하면 C의 원상은 $f^{-1}(C)=\{x \mid -3 \le x \le -2$ 또는 $2 \le x \le 3\}$이다.

(2) 역함수

함수 $f : A \to B$라 하면, 일반적으로 $b \in B$에 대하여 $f^{-1}(b)$는 한 원소 이상이든가 또는 공집합인 경우가 있다. 지금 $f : A \to B$가 전단사함수라고 하면 각 $b \in B$에 대하여 유일한 A의 원소 $f^{-1}(b)$가 반드시 대응한다. 아울러 f^{-1}는 B에서 A로의 함수이고, 이것을

$$f^{-1} : B \to A$$

라고 표현한다. 여기서 $f : A \to B$가 전단사함수일 때 f^{-1}를 f의 **역함수**(inverse function)라고 한다.

정리 3.5 함수 $f: A \to B$가 전단사함수이면, f의 역함수인 $f^{-1}: B \to A$도 함수이다.

증명 함수의 정의로부터

(a) f가 전사함수이므로 임의의 $y \in B$에 대하여, $(x, y) \in f$인 $x \in A$가 존재한다. 그러므로 임의의 $y \in B$에 대하여, $(y, x) \in f^{-1}$인 $x \in A$가 존재한다.

(b) $(y, x_1) \in f^{-1}$이고 $(y, x_2) \in f^{-1}$이면 $(x_1, y) \in f$이고 $(x_2, y) \in f$이다. 함수 f는 단사함수이므로 $x_1 = x_2$이다. ■

정리 3.6 $f: A \to B$가 전단사함수이면, 역함수 $f^{-1}: B \to A$도 전단사함수이다.

증명 위의 [정리 3.5]에 의하여 f^{-1}가 함수가 됨을 알 수 있다.

(a) $y_1 \neq y_2$이면, $(y_1, x_1) \in f^{-1}$이고 $(y_2, x_2) \in f^{-1}$에서 $(x_1, y_1) \in f$이고 $(x_2, y_2) \in f$이다. f는 단사함수이므로 $x_1 \neq x_2$이다.

(b) 모든 $x \in A$에 대하여 $(x, y) \in f$인 $y \in B$가 존재한다. 그러므로 모든 $x \in A$에 대하여 $(y, x) \in f^{-1}$를 만족하는 $y \in B$가 존재한다. 즉, $f^{-1}(B) = A$이다.

(a), (b)에 의하여 f^{-1}는 전단사함수이다. ■

함수 $f: A \to B$가 역함수 $f^{-1}: B \to A$를 갖는다고 하자. 그러면 A에서 A로의 합성함수 $f^{-1} \circ f$와 B에서 B로의 합성함수 $f \circ f^{-1}$를 생각할 수 있는데, 이에 관한 다음 정리를 얻는다.

정리 3.7 함수 $f: A \to B$가 전단사함수에서 역함수 $f^{-1}: B \to A$가 존재한다고 할 때, 합성함수

$$f^{-1} \circ f : A \to A$$

는 항등함수이고 또한,

$$f \circ f^{-1} : B \to B$$

도 항등함수이다.

증명 임의의 원소 $x \in A$에 대하여 $f(x) = y$라고 하면, $f^{-1}(y) = x$이다. 따라서

$$(f^{-1} \circ f)(x) = f^{-1}(f(x)) = f^{-1}(y) = x$$

즉,

$$f^{-1} \circ f = I_A$$

위와 마찬가지로 $f \circ f^{-1} = I_B$ 임을 증명할 수 있다.

정리 3.8 함수 $f : A \rightarrow B$이고, $g : B \rightarrow A$에서 합성함수 $g \circ f : A \rightarrow A$는 항등함수이고, 또한 합성함수 $f \circ g : B \rightarrow B$도 항등함수 일 때, g는 f의 역함수($g = f^{-1}$)이다.

예제 3.25

집합 $A=\{x,\ y\}$, $B=\{a,\ b,\ c\}$일 때, 함수 $f : A \rightarrow B$를 <그림 3.11>과 같이 정의하고, $g : B \rightarrow A$를 <그림 3.12>와 같이 정의할 때, $g \circ f : A \rightarrow A$를 나타내시오.

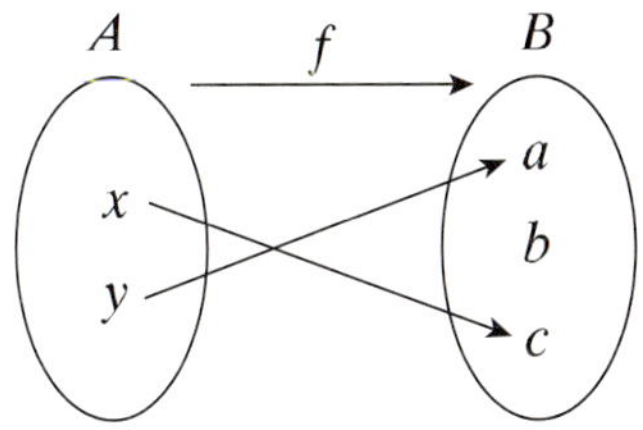

<그림 3.11>

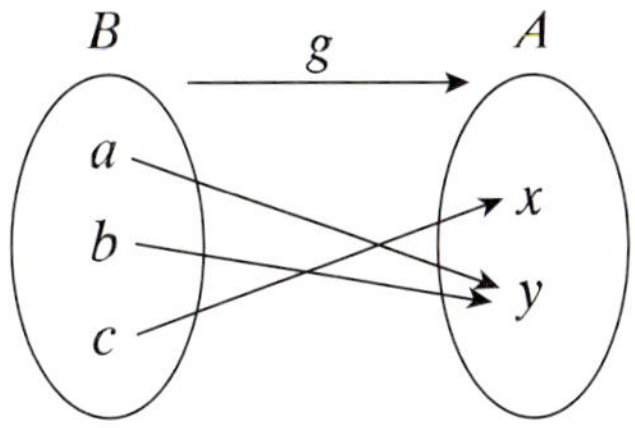

<그림 3.12>

그러면,

$$(g \circ f)(x) = g(f(x)) = g(c) = x \qquad (g \circ f)(y) = g(f(y)) = g(a) = y$$

따라서 합성함수 $g \circ f$는 A에서의 항등함수이다. 그러나 g는 f의 역함수가 아니다. 왜냐하면 함수 f가 전사함수가 아니므로 $f \circ g$가 B에서의 항등함수가 아니기 때문이다.

여기서 알 수 있듯이 [정리 3.8]에서 $g = f^{-1}$이 되기 위해서는 두 조건 모두가 필요하다.

▶ 연습문제 3.2 (d)

1. 함수 $f : R \rightarrow R$를 $f(x) = x^2 + 2x - 3$로 정의할 때, $f^{-1}(0)$, $f^{-1}(-3)$, $f^{-1}(-4)$, $f^{-1}(5)$를 구하시오.

2. 함수 $f : A \rightarrow B$, $g : B \rightarrow C$의 역함수 $f^{-1} : B \rightarrow A$, $g^{-1} : C \rightarrow B$가 존재하면, 합성함수 $g \circ f : A \rightarrow C$의 역함수 $f^{-1} \circ g^{-1} : C \rightarrow A$가 존재함을 증명하시오.

3. 집합 $A = \{a, b, c, d\}$일 때 다음 A에서의 관계 중에서 함수인 것을 찾으시오.
   (a) $\{(b, a), (c, d), (d, a), (c, b), (a, d)\}$
   (b) $\{(b, d), (c, a), (a, b), (d, b)\}$
   (c) $\{(a, b), (b, b), (c, b), (d, b)\}$
   (d) $\{(a, a), (b, a), (a, b), (c, d)\}$

4. 함수 $f : R \rightarrow R$, $g : R \rightarrow R$를 $f(x) = x^2 - 2x + 1$, $g(x) = 2x + 1$로 각각 정의할 때, 다음을 구하시오.
   (a) $f \circ g(-3)$ (b) $f \circ g(2)$ (c) $g \circ f(-3)$ (d) $g \circ f(2)$

Chapter 4

수 체계

초 · 중 · 고등학교를 거치면서 자연수, 정수, 유리수, 실수에 관해 이미 학습하였지만 통상 상식적인 범위에서 사용만 해 왔지 이를 체계적으로 논의해볼 기회는 별로 갖지 못하였다. 따라서 이 장에서는 수의 발달과정과 함께 이들을 논의하는데 필요한 농도와 순서의 개념은 물론 이들이 역사적으로 어떻게 구성되어 왔는가를 알아본다.

역사상 가장 먼저 발생한 수는 자연수로서 이는 곧 자연현상과 같이 있는 그대로의 조작되지 않은 수를 의미하며 일상생활에서 물건의 개수를 하나, 둘, … 셀 때나 첫째, 둘째, … 와 같은 차례를 정할 때 쓰인다. 자연수에서 시작하여 순차적으로 수의 개념을 확장해서 정수, 유리수, 실수, 복소수를 정의한다. 자연수, 정수, 유리수, 실수, 복소수 전체의 집합을 수학교과서에서 각각 N, Z, Q, R, C 로 표기하여 쓰는 경우가 많다.

초등수학에서 다루고 있는 수의 범위인 유리수까지의 확장은 가법, 감법, 승법, 제법의 사칙연산을 자유로이(0에 의한 제법만을 제외하고) 행할 수 있는 범위를 얻기 위한 확장이다. 자연수론을 전개하는 데 있어서 앞으로 논할 Peano의 공리계에 바탕을 둔 방법과 Dedekind의 집합론적 방법이 널리 알려져 있다. 유리수의 범위는 다시 연속성을 고려하여 실수의 범위까지 확장된다.

실수의 범위에서는 첫째, 사칙연산이 가능하고, 둘째, 수 사이에 대소의 순서관계가 정의되어 있는데 $x^2+1=0$은 실수의 근을 갖지 않는다. 그러나 $a+bi(i=\sqrt{-1})$라는 수를 도입하면 모든 이차방정식은 근을 갖는다. 이와 같은 수를 허수라 하며, 16세기에 Cardano의 시대부터 사용되었다. 또 Euler는 그의 공식 $\exp i\theta=\cos\theta+i\sin\theta$를 비롯해서 여러 가지의 계산에 허수를 편리하게 이용하였다. $i=\sqrt{-1}$의 기호는 Euler(1777)에 의해서 처음으로 사용되었다. 한편 Gauss는 이 수에 복소수라는 이름을 붙이고 복소수를 계수로 갖는 일차이상의 모든 다항식은 복소수의 범위에서 반드시 근을 갖는다(대수학의 기본정리)는 것을 밝혔다. 일반적으로 우리가 수라고 말할 때 통상 복소수까지의 범위를 지칭하지만 본 장에서는 실수범위까지만 언급하기로 한다.

4.1 수의 발달과정

1) 수 체계의 형성

수는 어떻게 생겨났을까? 수는 탄생이후로 어떻게 발달했을까? 수의 탄생과 수의 발달과정에 관련된 의문을 해결하기위해서는 우선, 선사시대 정도까지 거슬러 올라간다. 당시 인류는 우리들보다 환경과 훨씬 더 밀접한 관련을 맺으며 살아갔을 것이다. 생존을 위해서라도 환경의 변화에도 우리들보다 훨씬 더 민감하게 반응하였을 것이고, 그러한 습관이 세대를 거쳐 그에 대한 특정한 직관을 가지게 되었을 것이다. 다시 말해 '양에 대한 직관'을 가지고 있었을 것이다. 이것을 수 감각(number sense)이라고 하는데, 수 감각이란 적은 수의 물건들에서 하나를 덜어내거나 더 집어넣을 때 그 가감 행위를 직접 눈으로 보지 못했다고 하더라도 무언가 변화 했다는 사실을 인식할 수 있는 것이다. 이것은 우리가 직접적으로 세어서 아는 것이 아니라 시각적으로 파악하는 양이다.

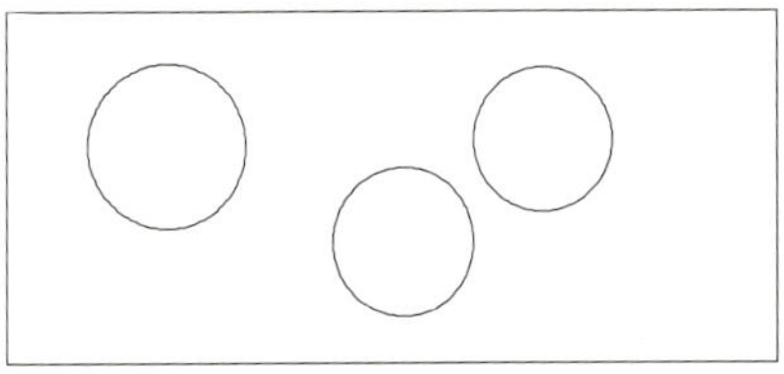

<그림 4.1> 세 개의 원

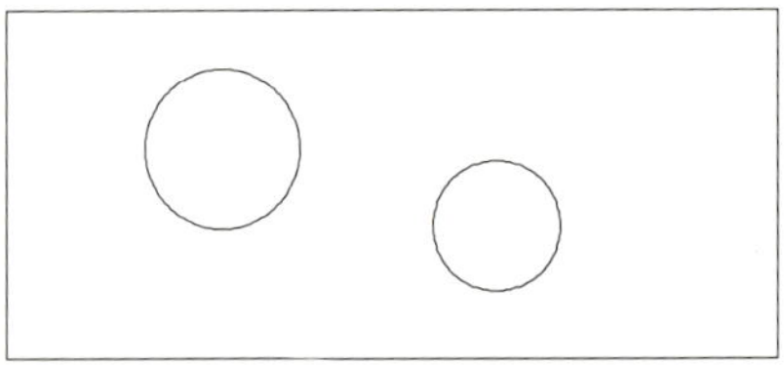

<그림 4.2> 두 개의 원

위 그림과 같은 상황에서 고대의 인류는 수 감각만 가지고 수에 대한 개념, 즉 '수'라는 추상적인 체계가 없으므로 원이 세 개 있었는데 하나가 줄어들어 두 개의 원이 남았음을 알지는 못한다. 다만 원을 눈으로 보고 원이 전과 다름, 즉 줄어들었음을 파악할 수 있을 뿐이다.

이 과정은 구체적인 관찰을 통해서 이루어진다. 현 인류는 단순하게 원의 개수에 집중하지만 과거의 인류는 이러 이러하게 생긴 원이 없어졌다고 파악한다. 이런 점에서 우리는 수에 대한 개념을 가진 대신 세밀하게 관찰하는 능력, 사물을 다채롭게 사물로 이해하는 법을 잊어버린 것 같다.

차츰 시간이 흘러감에 따라 원시인들은 언제부터인가 눈에 보이는 사물들의 공통점을 찾기 시작하였다. 이렇게 생긴 모양은 사과, 저렇게 생긴 모양은 황소, 그리고 저렇게 아무렇게나 생긴 저 아이의 이름은 똘똘이 등으로 표현하였는데, 어느 날 한 천재 원시인이 이와 같이 겉으로 보기에는 모양이 서로 다른 대상 즉 사과, 황소, 그리고 똘똘이 사이에도 눈에 보이지 않는 '3'이라는 공통점이 있다는 사실을 알게 되었는데 그것이 바로 수 개념이라 할 수 있다. 수에는 1개, 2개, 3개 같은 개수 개념뿐 아니라 첫째, 둘째, 셋째 같은 순서 개념도 있다.

이처럼 수 개념은 어떤 '모임들의 모임'의 공통점을 찾는 과정에서 생겨났으며 이러한 수를 '숫자'라는 기호로 나타내고 , 숫자만을 가지고 계산할 수 있기까지 아주 오랜 시간이 걸렸다.

옛날 사람들은 손가락이나 발가락을 이용하여 물건의 개수를 세기도 하였다. 하지만 개수가 많으면 신체를 사용하여 세는 것이 불편했기 때문에 짐승의 뼈나 나무에 금을 그어 개수를 표기하기도 하였고, 아래 그림과 같이 노끈에 매듭을 묶어서 표시하기도 하였다.

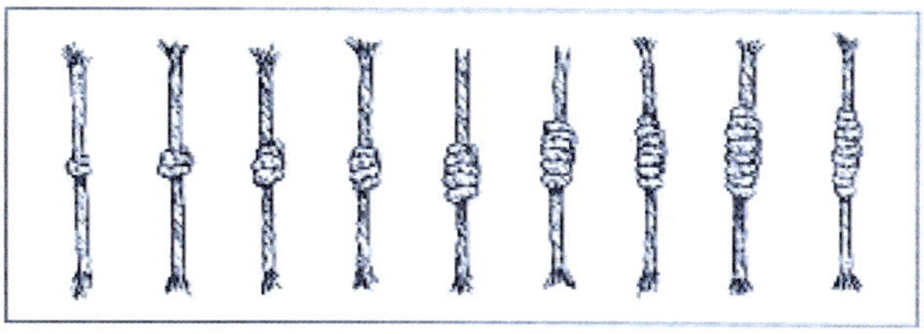

<그림 4.3> 잉카의 매듭 문자 방식에 따라 노끈으로 1부터 9까지의 수를 나타낸 그림

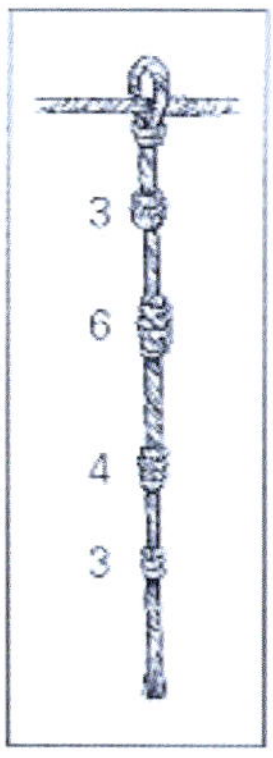

<그림 4.4> 잉카의 매듭 문자 방식에 따라 3643이라는 수를 하나의 노끈으로 나타낸 그림

기원전 3500년경, 페르시아 만 근처의 수메르 인과 엘람 인들은 아래와 같이 각각의 수를 나타내는 '칼쿨리'라는 여러 가지 모양의 돌을 만들어 사용하기도 했다.

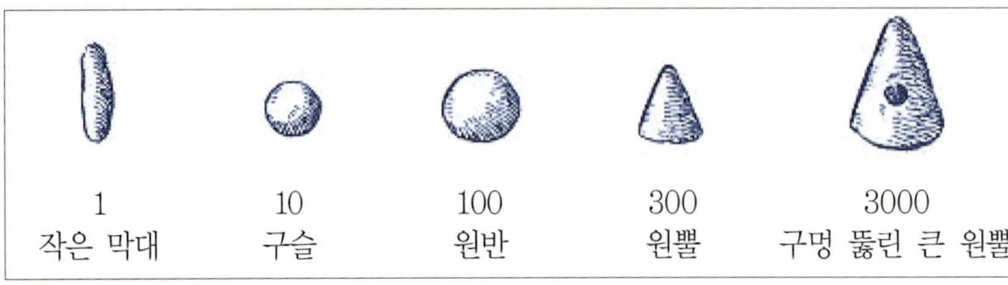

<그림 4.5> 수메르 인과 엘람 인들의 칼쿨리

바로 이 '칼쿨리'가 세계에서 가장 오래된 숫자의 모양이 되는데, 기원전 3300년경에 엘람 인들은 진흙 표면에 칼쿨리의 모양을 표시하기 시작했던 것입니다. 그러니까 이 새김 표시가 문자로 표현된 가장 오래 된 숫자라 할 수 있습니다.

그러나 원시적인 상태에서 벗어나 수의 크기를 한눈에 알아볼 수 있는 최초의 숫자는 메소포타미아의 바빌로니아 숫자입니다. 이 숫자는 진흙으로 만든 판자 위에 쐐기 모양의 문자를 새겨서 보통 '쐐기 문자' 또는 '설형문자'라고 부르고 있다.

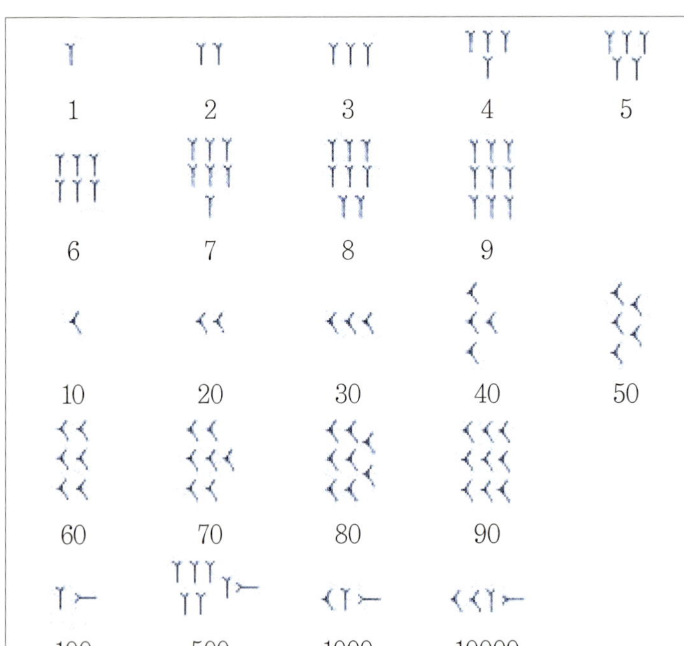

<그림 4.6> 바빌로니아 쐐기 문자

그 후, 고대 문명이 발달한 나라들에서는 제각기 다음과 같은 여러 가지 숫자를 만들어 사용했다.

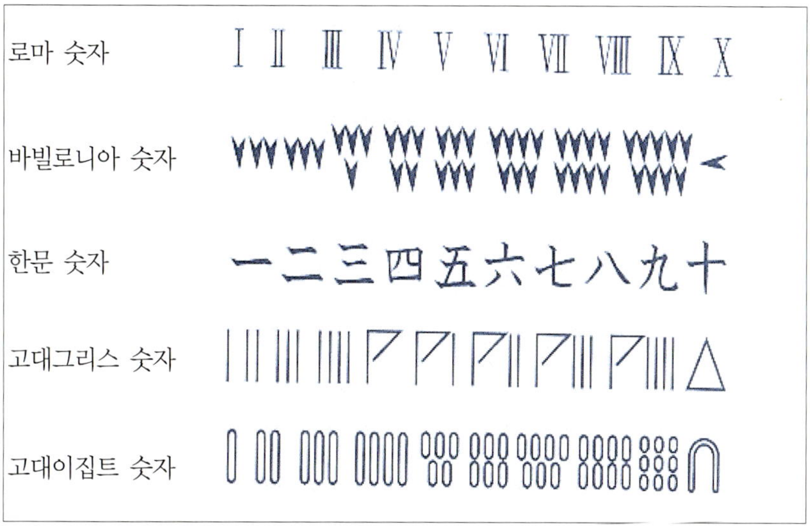

<그림 4.7> 여러 가지 숫자

이처럼 문명이 발달하면서 사람들은 '수 개념'을 발전시켰고, 숫자를 비롯한 기호를 만들었다. 이러한 상상적인 발전은 인류학자들의 원시인에 관한 연구로부터 뒷받침되고 있다.

2) 밑수(基數)

앞서 언급한 원시시대의 셈법으로는 한계가 있어 보다 광범위한 셈을 할 필요가 있게 됨에 따라 옛날사람들의 셈법은 차츰차츰 체계화 되어갔다. 이는 곧 수를 편리한 기본적인 군(群)으로 배열함으로써 행해졌는데, 이를테면 우선 어떤 수 b를 셈에 대한 기본 밑수로서 선택한 다음, 수 1, 2, … , b에 이름을 붙이고 b보다 더 큰 수에 대한 이름은 이미 선택된 수의 이름을 가지고 합성을 하였다.

우리 인체가 가지고 있는 손가락이 그 방법에 잘 어울리므로 결국 10이 밑수 b로 자주 선택되었다는 것은 이미 잘 알려진 사실이다. 예를 들어 오늘날 우리가 사용하고 있는 10을 밑수로 하는 수를 살펴보면 수 1, 2, 3, … , 10은 영어에서 one, two, three, … , ten과 같은 특별한 이름을 가지고 있다. 그 다음 11은 eleven이라고 하는데 언어학자들에 따르면 10위의 1이라는 의미로 ein lifon으로부터 유래된 것으로 보고 있다. 마찬가지로

twelve는 two lif(10위의 2)로부터 유래되었다. 그 다음 부터는 thirteen(3과 10), fourteen(4와 10), …와 같이 되었으며 그 뒤로 twenty(two tens), twenty-one(two tens and one)과 같이 합성되었으며 hundred라는 말은 본래 '열 배'의 의미로부터 유래한 것으로 보고 있다.

3) 여러 가지 기수법

수를 나타내는 방법에는 '명수법(命數法)'과 '기수법(記數法)'이 있다. 명수법은 수를 말로 나타내는 것이고, 기수법은 수를 기호로 나타내는 것을 말한다. 이를테면, 자연수 1, 2, 3, … 을 읽을 때 우리나라에서는 하나 또는 일, 둘 또는 이, 셋 또는 삼 등으로 읽고 영어권 나라에서는 원, 투, 쓰리 등으로 읽으며 독일은 아인, 쯔바이, 드라이 등으로 일본에서는 이치, 니, 산, 시이 와 같이 읽는 것이 모두 명수법에 해당한다. 이렇듯 세계 여러 나라의 말이 다르듯이 수를 읽는 방법도 나라에 따라서 다르다.

그러나 세계 각국의 기수법은 지금의 아라비아 숫자 즉, 인도·아라비아식 기수법이 쓰이기 전까지는 그 나라의 언어와는 상관없이 몇 가지의 원리에 의해서 나타내어지고 있었으며 그 유형은 아래와 같다.

① 가법적 기수법(加法的 記數法)

기수법 중에서 가장 원시적인 것이 덧셈의 원리에 의한 기수법이다. 이것을 '가법적 기수법'이라고 하는데 그 대표적인 예로 아래와 같이 표기되는 로마기수법이다.

I	II	III	IIII 또는 IV	V	…	X	XI	XII	XIII	…
1	2	3	4	5	…	10	11	12	13	…
XX	XXI	XXII	…	XXX	XXXX	L	LI	LII	…	
20	21	22	…	30	40	50	51	52	…	
C	CC	CCC	CCCC	D						
100	200	300	400	500						

이와 같이 기본 숫자를 더하는 방식으로 다른 수를 나타내는 것이 로마 기수법이다. 이를테면, 437을 로마 기수법으로 나타내면 C C C C X X X V II 이 됨을 알 수 있다.

② 승법적 기수법(乘法的 記數法)

곱셈의 원리에 의한 기수법의 예로는 한 숫자(漢數字)가 있다. 한 숫자는 다음과 같은 원리에 의하여 표기되는 기수법이다.

1	2	3	4	5	6	7	8	9	10	100	1000	10000
一	二	三	四	五	六	七	八	九	十	百	千	萬

한 숫자의 기본 숫자는 1 → 一, 10 → 十, 100 → 百, 1000 → 千, … 인데 , 다른 수를 나타낼 때는 이들 기본 숫자의 몇 곱이라는 형식으로 쓴다.

이를테면, 432를 한 숫자로 나타내면

四百三十二

가 되고, 이것은 百의 4곱과 十의 3곱과 2가 있다는 뜻이다. 다시 말해, 四 × 百 (+) 三 × 十 (+) 二에서 곱셈기호 × 를 생략한 것이 四百三十二이다.

이와 같은 뜻에서 이것을 곱셈의 원리에 의한 기수법 또는 승법적 기수법이라고 한다.

③ 위치적 기수법(位置的 記數法)

위치적 기수법은 자리 값과 0에 의한 자리 잡기의 원리가 있는 기수법으로 단위를 쓰지 않고 수가 놓인 자리로 단위를 나타내게 하는 방법으로, 해당되는 단위의 수가 없을 때에는 그 자리에 0을 써서 나타낸다. 인도 아라비아 숫자인 십진 기수법을 비롯하여, 오진법, 이진법, 십이진법등 일반적으로 p진법이 있다.

4) 명수법

명수법은 기수법상의 수(숫자)의 계열에 수의 이름인 수사(number name)를 붙여주는 방법을 말한다. 즉, 수를 읽는 방법을 말한다. 따라서 수는 양의 크기를 말하고, 숫자는 수의 크기를 기호로 나타내는 것을 뜻하며, 수사는 수의 이름을 불러주는 언어적 표현이다. 십진 기수법에서 우리나라와 미국의 명수법을 살펴보면 아래와 같다.

숫자	1	2	3	4	5	6	7	8	9	10	11	12	13	…	20	…
한국	일	이	삼	사	오	육	칠	팔	구	십	십일	십이	십삼	…	이십	…
	하나	둘	셋	넷	다섯	여섯	일곱	여덟	아홉	열	열하나	열둘	열셋	…	스물	…
미국	one	two	three	four	five	six	seven	eight	nine	ten	eleven	twelve	thirteen	…	twenty	…

우리나라의 명수법에서는 1에서 10까지의 첫 번째 수사는 한자말 명수법으로 하나의 글자로 되어있고, 11에서 20까지의 수사는 반복의 원리에 따라 수사가 만들어졌으며, 또 1×10=10(십), 10×10=100(백), 100×10=1000(천)… 등과 같이 10배함에 따라 새로운 수사가 정해짐을 알 수 있다. 다음 두 번째의 우리말 명수법은 10까지는 2개 이하의 글자로 되어 있어 첫 번째의 한자말 명수법 보다는 편리하지 못하며, 11이상의 수에서는 반복의 원리는 적용되고 있으나 스물, 서른, 마흔, 쉰… 등은 발음상에서는 다소 유사한 점도 있지만 확실한 반복의 원리가 적용되었다고 보기는 어렵다.

한편 미국의 수사는 1에서 10까지는 영어의 발음을 한국어로 표현했을 때 세 글자 이하로 수사가 정해져 있어 우리나라의 수사보다 복잡하며, 또 10 이상의 숫자에 대한 수사도 반복의 원리가 명확하지 못하다. 이를테면 11을 읽을 때 반복의 원리가 있게 하려면 ten-one으로 해야 하나 eleven이라 하였고, 12는 twelve 등이 그것이다. 또 1×10=10(ten), 10×10=100(hundred), 100×10=1000(thousand)… 등 10배할 때마다 새로운 수사가 결정되나 발음의 양이 많아서 우리나라의 수사보다 좋지 못함을 알 수 있다.

대체로 대상이 이산량 혹은 사물의 수효를 나타내는 수일 때 '1, 2, 3, …'을 우리말로 '하나, 둘, 셋, …'으로 읽고 대상이 연속량이거나 이름, 차례 또는 횟수를 나타내는 수나 cm, m, kg 같은 단위가 붙는 수는 '일, 이, 삼, …' 과 같이 한자말로 읽는다.

이를테면, 우리의 일상생활에서 사과 6개는 '육개'라고 읽는 것이 아니고 '여섯'개 라고 읽어야 하며 몸무게 48kg은 '마흔 여덟 kg'이 아니고 '사십팔 kg'으로 읽어야 한다. 또한 '1월'은 '한 월'이 아니라 '일 월', '제2회'는 '제 두 회' 가 아니라 '제 이 회', '2명'은 '이 명'이 아니라 '두 명', '기호 4번'은 '기호 네 번'이 아니라 '기호 사 번', '5층' 은 '다섯 층'이 아니라 '오 층'이라고 읽는다.

'115 cm'는, '백열다섯 센티미터'가 아니라 '백십오 센티미터'라고 읽지만, '115명'은 '백열다섯 명' 또는 '백십오 명'이라고 읽는다. 이처럼 100보다 큰 수는 한자와 섞어서 읽는다.

명수법에서 또 한가지 재미있는 사실은 우리말과 영어는 날짜를 읽는 법이 다르다는 것입니다. 이를테면, 7월 4일은 우리말로 '칠월사일'이다. 하지만 영어로는 '칠월 넷째 날'이라는 뜻인 'July Fourth'이다. 우리말로 날짜를 읽을 때는 '일일, 이일, 삼일, 사일, … '인데 영어로는 '첫째 날, 둘째 날, 셋째 날, 넷째 날, … '이다.

우리말은 시간을 읽는 법이 독특하다. 시를 읽을 때와 분을 읽을 때가 서로 다르다. 분이나 초는 '일, 이, 삼' 으로 읽고, 시는 '하나, 둘, 셋'으로 읽는다. 그래서 3시 3분 3초는 '세 시 세 분 세 초'가 아니라 '세 시 삼 분 삼 초' 로 읽는다.

▶ 연습문제 4.1

1. 우리나라에서는 수를 네 자리씩 끊어 읽는데, 왜 세 자리마다 쉼표를 찍는지 그 이유를 설명하여 보시오.

2. 어떤 어부가 바다에서 참치 113마리를 잡았다면, '113마리'는 어떻게 읽을까요?

4.2 농도와 순서

1) 농도

(1) 대등한 집합

두 유한집합 A, B 에 대하여 전단사함수 $f: A \to B$가 존재하면 일반적으로 A와 B의 원소의 개수는 같다고 생각한다. 만일 무한집합까지 확대한다면, 두 무한집합의 개수가 같다고 어떻게 설명할 수 있을까 ? 전단사함수가 존재할 때 두 집합의 원소가 같다고 표현한다면 무한집합의 원소의 개수도 셀 수 있다는 말이 되는데, 실수의 부분집합 $[0,1]$의 개수는 어떻게 셀 수 있을까? 그래서 다음과 같은 정의가 필요해 진다.

정의 4.1

두 집합 X, Y에 대하여 X에서 Y에로의 전단사함수가 존재할 때, X와 Y는 **대등하다**(equipotent)라 하고 $X \approx Y$로 나타낸다. 즉

$$X \approx Y \Leftrightarrow f : X \to Y \ : \text{bijection}$$

예제 4.1

자연수의 집합 N과 $B=\{2,\ 4,\ 6,\ \cdots\}$에 대하여 $f:\ N \to B$를 $f(x)=2x$와 같이 정의하면 f는 전단사함수이다. 따라서 $N \approx B$이다.

정리 4.1 앞장에서 언급하였듯이 $A \approx B$로 정의된 집합의 관계는 동치관계이다. 즉

(a) 임의의 집합 A에 대하여 $A \approx A$이다.

(b) $A \approx B$이면 $B \approx A$이다.

(c) $A \approx B$이고 $B \approx C$이면 $A \approx C$이다.

앞의 〈예제 4.1〉에서와 같이 집합 B는 N의 진부분집합으로서 $B \approx N$이 성립 한다. 그러나 유한집합에서는 이런 성질을 만족하는 집합이 없다. 이것이 유한집합과 무한집합의 근본적인 차이이다.

정의 4.2

집합 A가 그와 대등한 진부분집합 B가 존재할 때, 집합 A를 **무한집합**(infinite set)이라하고, 무한집합이 아닌 집합을 **유한집합**(finite set)이라 한다.

예제 4.2

(a) N은 무한집합이다(예제 4.1 참고)

(b) $[0,\ 2]$는 무한집합이다

(2) 가부번과 가산

일반적으로 보통 유한집합을 먼저 생각하고 무한집합을 유한집합이 아닌 집합으로 정의하기도 한다. 그러나 여기에서는 무한집합을 먼저 정의하였다.

예제 4.3

(a) N은 무한집합임을 설명하여 보시오.

(b) 집합 $A=\{1,\ 2\}$는 유한집합임을 설명하여 보시오.

정의 4.3

자연수의 집합 N과 대등한 집합을 **가부번집합**(denumerable set)이라하고, 농도 $\aleph_0$를 가졌다고 한다. 또 유한집합이거나 가부번 집합을 **가산집합**(countable set)이라한다.

예제 4.4

(a) $\{1,\ 2,\ 3\}$은 유한집합이므로 가산집합이다.

(b) N은 가산집합이다. 왜냐하면 N은 가부번 집합이기 때문이다.

정리 4.2 정수의 집합 Z는 가부번집합이다.

증명 함수 $f: N \to Z$를 다음과 같이 정의하자.

$$f(n)=\begin{cases} \dfrac{n}{2} & (n:\text{짝수}) \\ \dfrac{1-n}{2} & (n:\text{홀수}) \end{cases}$$

그러면 f는 전단사 함수이다. 따라서 Z는 가부번 집합이다. ■

정리 4.3 $N\times N$은 가부번집합이다.

(3) 농도의 개념

$A\approx B$이면 A와 B는 같은 기수 또는 농도를 가진다고 하고 $\#(A)$라 쓰고 A의 기수(또는 농도)라 한다. 따라서

$$A \approx B\text{이면 } \#(A) = \#(B)$$

또 $A < B$이면 A는 B보다 작은 농도 또는 B는 A보다 큰 농도라 한다.

즉

$$A < B\text{이면 } \#(A) < \#(B)$$

$$A \leq B\text{이면 } \#(A) \leq \#(B)$$

이다.

정리 4.4 $\#(A) \leq \#(B)$이고 $\#(B) \leq \#(A)$ 이면 $\#(A)=\#(B)$이다.

2) 순서

(1) 순서

앞서 다룬 내용을 다시한번 살펴보면, 집합 A에서의 관계 R이 다음 세 조건을 만족할 때, R을 **반순서**(partial order)라 하고 집합 A를 **반순서집합**(partially ordered set)이라 한다.

(a) 반사관계: $\forall a \in A,\ (a,\ a) \in R$

(b) 반대칭관계: $(a,\ b) \in R \wedge (b,\ a) \in R \Rightarrow a = b'$

(c) 추이관계: $(a,\ b) \in R \wedge (b,\ c) \in R \Rightarrow (a,\ c) \in R$

A에서 반순서 R이 주어져 있을 때 $(a,\ b) \in R$을 '$a \lesssim b$'로 나타내고 'a는 b보다 앞이다(a precedes b)'고 한다.

예제 4.5

$A = \{a,\ b,\ c,\ d,\ e\}$에서의 관계 R을 $R = \{(a,\ a),\ (b,\ a),\ (b,\ b),\ (c,\ a),\ (c,\ c),\ (d,\ a),\ (d,\ b),\ (d,\ c),\ (d,\ d),\ (e,\ a),\ (e,\ c),\ (e,\ e)\}$라 하면 R은 반순서 임을 확인하여라.

A가 반순서 집합일 때 $(x, y) \in R$ 즉 $x \lesssim y$를 x를 아래에 y를 위에 쓰고 화살표로 연결 할 수 있는데 A의 모든 원소를 이와 같이 화살표로 연결한 그림을 **선도**(line diagram)라 한다. 〈예제 4.5〉의 선도는 아래와 같으며, 추이관계 '$d \lesssim b \ \wedge \ b \lesssim a \Rightarrow d \lesssim a$'에서는 d에서 b로 가는 화살표와 b에서 a로 가는 화살표만 그리고 d에서 a로 가는 화살표는 그리지 않는다.

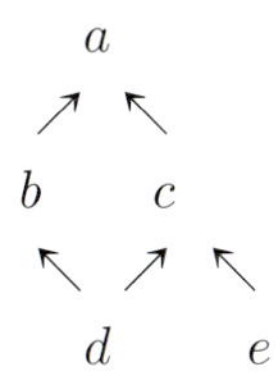

예제 4.6

$A = \{1, 2, 3, 6\}$에서 $a \lesssim b$를 'a는 b의 약수'라 할 때 이 관계는 반순서 관계이다. 즉 $\{(1, 1), (1, 2), (1, 3), (1, 6), (2, 2), (2, 6), (3, 3), (3, 6), (6, 6)\}$이며, 이것을 선도로 그리면 아래 그림과 같다.

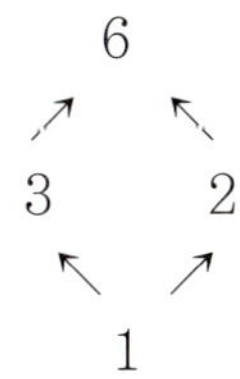

〈예제 4.6〉에서 2와 3은 어느 수도 다른 수의 약수가 아니므로 $2 \lesssim 3$ 도 아니고 $3 \lesssim 2$ 도 아니다. 이와 같은 A의 두 원소 2와 3을 **비교불가능**(incomparable)하다고 하고 $a \lesssim b$이거나 $b \lesssim a$가 성립하는 두 원소를 **비교가능**(comparable)하다고 한다

(2) 극대원소와 극소원소

집합 A에서 반순서가 주어져 있을 때, a보다 큰 원소가 없을 때 a를 **극대원**(maximal element), b보다 작은 원소가 없을 때 b를 **극소원**(minimal element)이라 하며, m이 가장 큰 원소 일 때 m을 **최대원**(greatest element), n이 가장 작은 원소일 때 n을 **최소원**(least element)이라 한다. 즉

a; 극대원 $\Leftrightarrow [x \gtrsim a \ \Rightarrow x = a]$

b: 극소원 $\Leftrightarrow [b \gtrsim x \ \Rightarrow x = b]$

m: 최대원 $\Leftrightarrow \forall x \in A,\ x \lesssim m$

n: 최소원 $\Leftrightarrow \forall x \in A,\ n \lesssim x$

예제 4.7

앞의 〈예제 4.6〉의 반 순서에서 6은 극대원이며 최대원이고, 1은 극소원이며 최소원이다.

[주의] 만일 A의 최대원이 존재한다면 이 최대원은 유일하다. 또 최소원에 대하여도 마찬가지이다. 그러나 극대원과 극소원은 여러 개가 있을 수 있다. 만일 극대원이 2개이면 이들은 비교불가능한 원소이다.

예제 4.8

다음 집합에서 반순서 $a \lesssim b$를 'a는 b보다 크지 않다.' 고 정의할 때(이것은 부등호의 의미로서 자연순서(natural order or usual order)라 한다)최대원과 최소원, 극대원과 극소원을 찾아라.

(a) N　　(b) I　　(c) $(0,\ 1]$　　(d) $[0,\ \infty]$

앞서 배운 내용을 다시 한번 살펴보면, 집합 A에서 반순서 R이 임의의 두 원소 $a,\ b \in A$에 대하여 비교가능 할 때, R을 전순서(total order)라 하고 A를 전순서집합(totally ordered set)이라 한다. 즉

$$\forall a,\ b \in A,\ (a \lesssim b \ \vee \ b \lesssim a)$$

〈예제 4.8〉의 4개의 집합은 모두 전순서 집합이다

(3) 상계와 하계

반순서집합 A의 부분집합 B에서 모든 B의 원소 $x \in B$에 대하여 $m \lesssim x$인 $m \in A$이 존재할 때, m을 B의 하계(lower bound)라 하며, 모든 B의 원소 $x \in B$에 대하여 $x \lesssim n$인 $n \in A$ 이 존재할 때, n을 B의 상계(upper bound)라 한다.

$$m: B\text{의 하계} \Leftrightarrow \forall x \in B,\ m \lesssim x$$

$$n: B\text{의 상계} \Leftrightarrow \forall x \in B,\ x \lesssim n$$

또 B의 하계의 집합에서 최대원을 최대하계(greatest lower bound) 또는 하한(infimum)이라하며, $\inf(B)$ 또는 $\mathrm{glb}(B)$로 나타낸다. 마찬가지로 B의 상계의 집합에서 최소원을 최

소상계(least upper bound) 또는 **상한**(supremum)이라하며, sup(B) 또는 lub(B)로 나타낸다.

예제 4.9

$M=\{1,\ 2,\ 3,\ 4,\ 5,\ 6\}$에서 반순서가 아래의 선도와 같이 주어져 있다.

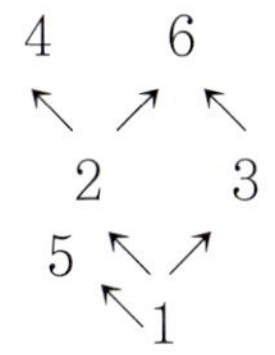

(a) $A=\{1,\ 2\}$의 상계의 집합은 $\{2,\ 4,\ 6\}$이고 하계의 집합은 $\{1\}$이며 lub$(A)=2$이고 glb$(A)=1$이다.

(b) $B=\{2,\ 3,\ 5\}$의 상계의 집합은 $\varnothing$이고, 하계의 집합은 $\{1\}$이다. 또 lub(B)는 없고 glb$(B)=1$이다.

(c) $C=\{5\}$의 상계의 집합은 $\{5\}$이고, 하계의 집합은 $\{1,5\}$이다. lub$(C)=5$이고 glb$(C)=5$이다.

예제 4.10

$M=\{a,\ b,\ c,\ d,\ e,\ f,\ g\}$에 오른쪽 그림과 같이 순서가 주어지고 $B=\{c,\ d,\ e\}$라 하자. 그러면 a, b와 c는 B의 상계이고, f는 유일한 하계이다. g가 d앞이 아니고 g와 d는 비교불가능 하므로, g는 B의 하계가 아니다.

더욱이 $c=\sup(B)$는 B에 속하지만 $f=\inf(B)$는 B에 속하지 않는다.

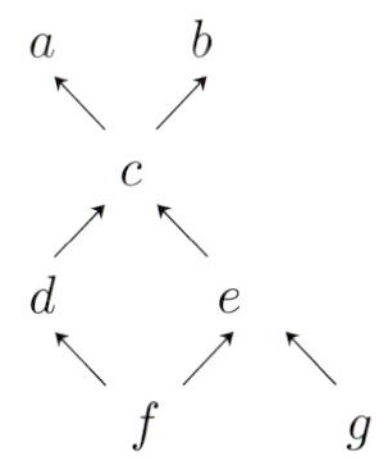

▶ 연습문제 4.2

1. 집합에서의 관계 $A \approx B$가 동치관계임을 증명하시오.
   (a) 모든 A에 대하여 $A \approx A$
   (b) $A \approx B$이면 $B \approx A$
   (c) $A \approx B$이고 $B \approx C$이면 $A \approx C$

2. $X = \{1, 2, 3, 4, 5, 6\}$에서의 반순서 관계가 오른쪽 그림과 같이 선도로 주어져 있다. $A = \{2, 3\}$, $B = \{5, 6\}$일 때, 다음 물음에 답하시오.
   (a) 비교 불가능한 원소의 쌍을 모두 구하시오.
   (b) 극대원과 극소원을 모두 찾으시오.
   (c) 최대원과 최소원이 있는지 확인하고, 있으면 구하시오.
   (d) A의 상계와 하계의 집합을 찾고, A의 상한과 하한을 구하시오.
   (e) B의 상계와 하계의 집합을 찾고, B의 상한과 하한을 구하시오.

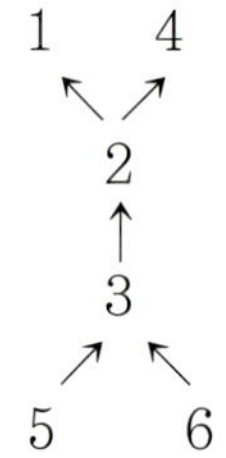

4.3 자연수

자연수(natural number)는 역사상 가장 먼저 발생한 수로서 모든 수학의 기초개념 형성에 크게 도움을 줄 뿐만 아니라, 다른 여러 가지 수를 형성하는데 기초가 되는 수라는 뜻에서 수학자 Kronecker(1823~1891)는 자연수에 관하여 다음과 같이 말하고 있다. '자연수는 신이 만든 것이고, 나머지 수는 모두 인간이 만들었다.' 라고 자연수를 극찬하였다. 자연수는 유한집합의 크기를 나타내는 기수(cardinal number)[1)]로서의 성격과 순서를 나타내

1) 수학교재에 따라 집합 수 혹은 계량수라는 용어로 쓰이고 있으나 이는 모두 같은 의미이다.

는 순서수(ordinal number)로서의 양면성이 있는데 집합론을 전제로 전개되는 Dedekind (1831~1916)의 집합론적 방법과 Peano(1858~1932)의 공리계를 바탕으로 전개되는 순서수적 방법이 널리 알려져 있다.

1) 기수론적 자연수론

정의 4.4

함수 $f : A \to A$ 중에는 A 의 공집합이 아닌 모든 진부분집합 X에 대하여 $f(X) \subset X$ 가 성립하지 않는 f가 존재할 때, A를 유한집합(finite set)이라 한다. 또 유한집합의 기수를 유한기수라 한다.

예제 4.11

집합 $A = \{ a_1, a_2, \ldots, a_n \}$이라하고 $f : A \to A$를

$$\begin{array}{cccccc} a_1 & a_2 & a_3 & \cdots & a_{n-1} & a_n \\ \downarrow & \downarrow & \downarrow & & \downarrow & \downarrow \\ a_2 & a_3 & a_4 & & a_n & a_1 \end{array}$$

와 같이 정의 할 때 f는 위의 유한집합에 관한 Dedekind의 정의에 맞는 함수이므로 A는 유한집합이고 A의 기수는 n이다.

Dedekind 의 정의에 대하여 유한집합에서 아래와 같은 몇 가지 성질이 성립한다.

(a) 유한집합은 그 어느 진부분집합과도 대등이 아니다.

(b) 유한집합에 대등인 집합은 유한 집합이다.

(c) 유한집합 A, B의 합집합 $A \cup B$, 곱집합 $A \times B$도 유한집합이다.

(d) 유한집합 A, B에 있어서 A와 B가 대등하지 않으면 A가 B의 진부분집합과 대등이거나 또는 B가 A의 진부분집합과 대등이다.

(e) 함수 $f : A \to B$에서 A가 유한집합이면 그 상 $f(A)$도 유한집합이다.

정의 4.5

유한집합 A, B의 기수를 각각 $n(A)$, $n(B)$라고 하고 $n(A)=a$, $n(B)=b$라 하자. 이때 유한기수 a, b에 대한 연산과 순서를 다음과 같이 정의한다.

(a) $A \cap B = \varnothing$일 때 $n(A \cup B) = a + b$(가법)

(b) $n(A \times B) = ab$(승법)

(c) $n(A^B) = a^b$

(d) $n(\{x\}) = 1$

(e) $f : A \to B$에 대하여 $f(A) \subsetneq B$인 단사사상 f가 존재할 때 $a < b$라 한다(대소관계).

이상의 정의에 의하여 다음 성질이 얻어진다.

정리 4.5 유한집합 A, B, C에 대하여 $n(A)=a$, $n(B)=b$, $n(C)=c$라 할 때

(a) $(a+b)+c = a+(b+c)$, $(ab)c = a(bc)$

(b) $a(b+c) = ab + ac$

(c) $a^{b+c} = a^b a^c$, $(ab)^c = a^c b^c$, $a \cdot 1 = a$, $a^1 = a$

(d) $a < b$, $a = b$, $b < a$중 하나만 성립

이상의 결과와 다음 공리(axiom)를 추가함으로써 무한집합인 자연수 체계 N이 얻어진다.

공리 4.1 유한기수 전체는 한 집합 N을 구성한다.

2) 순서수적 자연수론

Peano는 1, 후자(successor: 자연수 x를 $x+1$에 대응시킨 함수 x'), 자연수를 무정의 용어(undefined term)로 하고 이것을 바탕으로 하여 자연수 전체의 집합 N의 기본성질을 다음 다섯 가지 공리로 집약하였다.

공리 4.2 Ⅰ. $1 \in \mathrm{N}$

Ⅱ. $x \in \mathrm{N}$, $x' \in \mathrm{N}$

Ⅲ. $x' = 1$인 $x' \in \mathrm{N}$은 존재하지 않는다.

Ⅳ. $x' = y'(x,\ y \in \mathrm{N})$이면 $x = y$

Ⅴ. 임의의 $\mathrm{M} \subset \mathrm{N}$에 대하여 다음 조건을 만족하면 $M = \mathrm{N}$이다.

(i) $1 \in M$

(ii) $x \in M$, $x' \in M$

이상의 다섯 공리를 Peano의 **공리계**(system of axioms)라고 한다. Peano의 공리계를 만족하는 집합 N은 동형의 의미에서 하나밖에 없기 때문에 이것을 가지고 N의 정의라고 생각할 수 있으며 그러한 입장에서 N의 원을 **자연수**라고 한다. 공리 V를 **수학적 귀납법의 공리**(또는 원리)(axiom of mathematical induction)라 한다.

정리 4.6 (**수학적 귀납법**) 자연수 n에 관한 명제(proposition) $P(n)$에 대하여 다음의 성립을 가정한다.

(a) $P(1)$은 참이다.

(b) $P(n)$이 참이면 $P(n+1)$도 참이다.

그러면 모든 자연수 n에 대하여 $P(n)$도 참이다.

증명 $S = \{n \in S \mid P(n)$이 참이다$\}$라 하면, 가정에 의하여

(a) $1 \in S$

(b) $n \in S$이면 $n+1 \in S$

따라서 공리 V에 의하여 $M = N$이다. 그러므로 모든 자연수 n에 대하여 $P(n)$이 참이다.■

정의 4.6

모든 자연수 m, $n \in N$에 대하여

(a) $n+1 = n'$, $n+m' = (n+m)'$(가법)

(b) $n \cdot 1 = n$, $n \cdot m' = n \cdot m + n$(승법)

(c) $n = m+k$인 $k \in N$이 존재할 때 $n > m$이라 한다(대소 관계)

이상의 공리, 정의 및 정리를 이용하여 다음 성질들을 얻는다.

정리 4.7 모든 자연수 a, b, $c \in N$에 대하여 $a+b$, $ab \in N$이고

(a) $a+b=b+a$, $(a+b)+c=a+(b+c)$

(b) $ab=ba$, $(ab)c=a(bc)$

(c) $a(b+c)=ab+ac$, $(b+c)a=ba+ca$

(d) $a+b=a+c \Rightarrow b=c$, $ab=ac \Rightarrow b=c$

(e) $a>b$, $a=b$, $b>a$ 중 하나만 성립

(f) $a<b$, $b<c \Rightarrow a<c$

(g) $a>b \Rightarrow a+c>b+c$, $ac>bc$

증명 ((c)의 우측) b와 c를 고정시키고 모든 자연수 a에 대하여 명제

$$P(a)=(b+c)a=ba+ca$$

를 생각하자.

$b+c \in N$이고 $(b+c)\cdot 1=b+c$이므로 $P(1)=(b+c)\cdot 1=b+c=b\cdot 1+c\cdot 1$은 참이다.

다음에 어떤 자연수 k에 대하여 $P(k)=(b+c)\cdot k=b\cdot k+c\cdot k$가 참임을 가정하자.

그러면

$$\begin{aligned} P(k') &= (b+c)\cdot k' = (b+c)\cdot k + (b+c) = b\cdot k + c\cdot k + b + c \\ &= b\cdot k + (c\cdot k + b) + c = b\cdot k + (b + c\cdot k) + c = (b\cdot k + b) + (c\cdot k + c) \\ &= b\cdot k' + c\cdot k' \end{aligned}$$

따라서 $P(a)$는 b, c가 임의의 자연수이므로 모든 자연수 a에 대하여 참이다. ■

▶ 연습문제 4.3

1. [정리 4.5]의 (a)를 증명하시오.

2. [정리 4.7]의 (b)를 증명하시오.

4.4 정수

앞서 언급한 자연수 전체집합 N은 덧셈, 곱셈에 관해서 닫혀있다. 그러나 뺄셈과 나눗셈에 대해서는 닫혀있지 않다. 어떤 개념이 그 집합들의 원소에 대해서 정의된 연산에 관해서 닫혀있지 않으면 그 집합에서는 연산이 자유롭게 되지 않는다. 연산이 자유롭게 이루어질 수 있도록 하기 위해서는 수의 집합을 확장할 필요가 있다. 따라서 덧셈, 곱셈, 뺄셈에 대하여 닫혀있는 정수를 구성해 보도록 한다.

정수의 집합 Z는 Kronecker의 방법에 의하여 자연수 체계 N으로부터 다음과 같이 형식적으로 구성된다.

N은 가법에 관하여 닫혀(closed) 있다. 즉, 모든 m, $n \in N$에 대하여 $m+n \in N$이다. 여기서 $m+n=k \in N$일 때 $k-m=n$, $k-n=m$이라 정의하자. 이 새로운 연산 "$-$"를 감법(subtraction)이라 한다. 따라서 모든 m, $n \in N$에 대하여 $(m, n)=m-n$으로 정의하면 $m>n$일 때만 $(m, n)=m-n \in N$이고, $m \leq n$이면 $(m, n)=m-n \notin N$이다. 그러므로 감법에 관하여 N은 닫혀 있지 않다. 따라서 감법에 관하여 닫히기 위해서는 N에 새로운 수의 첨가가 필요하게 된다.

$$Z_R = N \times N = \{(m, n) \mid m, n \in N\}$$

라 놓고 Z_R에 이항관계(binary relation) "$\sim$"을 다음과 같이 정의한다.

모든 (m, n), $(p, q) \in Z_R$에 대하여

$$(m, n) \sim (p, q) \Leftrightarrow m+q=p+n$$

정리 4.8 $N \times N$에서의 위의 이항관계 "$\sim$"는 동치관계(equivalence relation)이다.

증명 첫째, 모든 $(m, n) \in Z_R$에 대하여 $(m, n) \sim (m, n)$이다(반사율, reflexive law). 왜냐하면 $m+n=n+m$(가법의 가환율)이기 때문이다.

둘째, (m, n), $(p, q) \in Z_R$에 대하여 $(m, n) \sim (p, q)$이면 $(p, q) \sim (m, n)$이다(대칭율, symmetric law). 이것은 $m+q=n+p$이면 $p+n=m+q$이기 때문이다.

셋째, 모든 (m, n), (p, q), $(r, s) \in Z_R$에 대하여 $(m, n) \sim (p, q)$, $(p, q) \sim (r, s)$이면

$$(m, n) \sim (p, q) \Leftrightarrow m+q=n+p$$

$$(p,\ q) \sim (r,\ s) \quad \Leftrightarrow p+s=r+q$$

이므로 $(m+q)+(p+s)=(n+p)+(r+q)$가 되고, 가법의 결합율과 기환율에 의하여 $(m+s)+(p+q)=(r+n)+(p+q)$가 된다. 따라서 $m+s=r+n$. 그러므로 $(m,\ n) \sim (r,\ s)$를 얻는다(추이율, transitive law). ■

이항관계 "~"가 동치관계이므로 Z_R은 동치류(equivalent class)로 분할(partition)되기 때문에

$$Z=Z_R/\sim$$

라 놓는다. 여기서 $(m,\ n) \in Z_R$가 대표원(representative)으로 된 Z의 원소를 $[m,\ n]$이라 놓고 이것을 정수(integer)라 하며, 이때

$$\begin{array}{ccc} Z_R & \rightarrow & Z=Z_R/\sim \\ \Cup & & \Cup \\ (m,\ n) & \mapsto & [m+n] \end{array}$$

인 함수(mapping)를 얻는다.

한편 $f:N \rightarrow Z$를 모든 $n \in N$에 대하여

$$f(n)=[n+1,\ 1]$$

로 정의하면 f는 단사함수(injection)이고, 모든 $m,\ n \in N$에 대하여

$$f(m+n)=f(m)+f(n),\ \ f(mn)=f(m)f(n)$$

및

$$n<m \Leftrightarrow f(n)<f(m)$$

이 성립된다. 따라서 $n \in N$을 f에 의한 상(image) $[n+1,\ 1]$과 동일시하면 $N \subset Z$라 생각할 수 있다. 여기에서 $[n,\ n]=0$, $[n+1,\ 1]=n$, $[1,\ n+1]=-n$으로 쓰기로 하면 Z는 $N \cup \{0\} \cup N^{-}(N^{-}=\{-n \mid n \in N\})=\{\cdots -3,\ -2,\ -1,\ 0,\ 1,\ 2,\ \cdots\}$과 동형(isomorphic)이 된다. 이것을 편의상 $Z=\{\cdots,\ -2,\ -1,\ 0,\ 1,\ 2,\ \cdots\}$라 놓고 Z에 속한 원을 **정수**라 부르고 특히 $N^{-}=\{\cdots -3,\ -2,\ -1\}$을 **음의 정수**(negative integer)의 집합, $N=\{1,\ 2,\ 3,\ \cdots\}$을 **양의 정수**(positive integer)의 집합 또는 **자연수**의 집합이라고 한다.

정의 4.7

임의의 $[a,\ b],\ [c,\ d] \in Z$에 대하여

(a) $[a,\ b]+[c,\ d]=[a+c,\ b+d]$(가법)

(b) $[a,\ b]-[c,\ d]=[a+d,\ b+c]$(감법)

(c) $[a,\ b]\cdot[c,d]=[ac+bd,\ ad+bc]$(승법)

(d) $[a,\ b]<[c,\ d] \Leftrightarrow a+d<b+c$(대소관계)

위의(c)는 $[m,\ n]=m-n$인 정의로부터 $(a-b)\cdot(c-d)=(ac+bd)-(ad+bc)$를 얻게 되고 이로부터 $(+)\cdot(+)=+$, $(+)\cdot(-)=-$, $(-)\cdot(-)=+$, $0\cdot a=0$인 승법에 관한 법칙들을 얻는다.

또한 위의 정의로 다음과 같은 Z에서의 성질을 얻는다.

정리 4.9 임의의 $a,\ b\in Z$에 대하여 $a+b\in Z,\ a\cdot b\in Z$이고

(a) $a+b=b+a,\ (a+b)+c=a+(b+c),\ a+0=a,\ a+(-a)=0$

(b) $ab=ba,\ (ab)c=a(bc),\ a\cdot 1=a,\ ab=ac,\ a\neq 0 \Rightarrow b=c$

(c) $a(b+c)=ab+ac,\ (b+c)a=ba+ca$

(d) (i) $a<b,\ a=b,\ a>b$중 하나만 성립

(ii) $a<b,\ b<c \Rightarrow a<c$

(iii) $a<b,\ 0<c \Rightarrow ac<bc$

정의 4.8

$$|a|=\begin{cases} a(a\geq 0 \text{ 일 때}) \\ -a(a<0 \text{ 일 때}) \end{cases}$$

인 $|a|$를 정수 a의 **절대값**(absolute value)이라 한다.

이 정의에 의하여

$|a|\geq 0,\ |a|=0 \Leftrightarrow a=0,\ |ab|=|a||b|$

가 성립한다.

정리 4.10 (Z에서의 **나눗셈정리**: division algorithm) 임의의 $a(\neq 0)$, $b \in Z$에 대하여
$b = aq + r,\ 0 \leq r < |a|$
인 q, $r \in Z$가 유일하게 존재한다(이때 q를 **몫**(quotient), r을 **나머지**(remainder)라 한다).

위의 나눗셈정리를 이용하여 **기수법**(numeration system)이 만들어진다. 즉 $p(\neq 1) \in N$에 대하여 p를 밑수(base, radix)로 정하자. 임의의 양의 정수 α에 대하여 나눗셈정리에 의하면 다음 조건을 만족하는 a_0, a_1, a_2, ..., a_i가 유일하게 정하여진다.

$$\alpha = \alpha_1 p + a_0,\ 0 \leq a_0 < p$$
$$\alpha_1 = \alpha_2 p + a_1,\ 0 \leq a_1 < p$$
$$\cdots\cdots\cdots\cdots\cdots\cdots\cdots\cdots\cdots\cdots\cdots$$
$$\alpha_{i-1} = \alpha_i p + a_{i-1},\ 0 \leq a_{i-1} < p,$$
$$0 \leq \alpha_i = a_i < p$$

이것으로부터

$$\alpha = a_i p^i + a_{i-1} p^{i-1} + \cdots + a_1 p + a_0$$

와 같이 유일하게 표시된다. 이것을 편의상

$$\alpha = (a_i a_{i-1} \cdots a_1 a_0)p$$

로 표시하고 이 표시법을 **p진 기수법**이라 한다. 여기서 a_0, a_1, a_2, $\cdots$, a_i는 각각 0, 1, 2, $\cdots$, $p-1$중의 한 숫자이다. 특히 $p = 10$인 경우가 **십진 기수법**(decimal system)으로 가장 많이 사용하는 수의 표기법이다.

위의 정의로부터 나오는 정수에 관한 여러 가지 성질들은 5장에서 자세히 공부하여 보기로 한다.

▶ 연습문제 4.4

1. 다음을 계산하시오.
   (a) [3, 7] + [−5, 3]　(b) [2, 8] · [5, −7]　(c) [3, 7] − [−5, 3]

2. '자연수는 정수의 부분집합이다'를 설명 하시오.

4.5 유리수

수의 이론전개는 정수로는 충분하지 못하기 때문에 분수의 도입으로 확대되고 나눗셈이 항상 가능하게 된다. 이와 같이 유리수는 정수 적용이 곤란한 사물, 이를테면 물건의 길이나 무게 등의 측정에서부터 그 필요성이 인식되었다.

유리수는 정수체계 Z로부터 다음과 같이 형식적으로 구성된다.
$m,\ n,\ p \in Z$에 대하여 $mn = p \in Z$이므로

$$p \div m = n,\ p \div n = m(m,\ n \neq 0)$$

라고 정의하여 제법을 도입한다. 이것을

$$(p,\ m) = p \div m,\ (p,\ n) = p \div n$$

로 표시하자. 이 경우 $(p,\ m)$은 어떤 $n \in Z$이 존재하여 $p = mn$일 때만 $(p,\ m) \in Z$이고 그렇지 않으면 $(p,\ m) \notin Z$이다. 따라서 Z는 제법에 관하여 닫혀있지 않다. 그러므로 제법에 관하여 닫혀있기 위해서는 Z에 새로운 수의 첨가가 필요하게 된다.

$$Q_R = Z \times Z^* = \{(m,\ n) \mid\ m \in Z,\ n \in Z^*\}(Z^* = Z - \{0\})$$

라 하자. Q_R에 다음과 같은 관계 "$\sim$"을 정의한다.
$(m,\ n),\ (p,\ q) \in Q_R(n,\ q \neq 0)$에 대하여

$$(m,\ n) \sim (p,\ q) \Leftrightarrow mq = pn$$

이 경우 관계 "$\sim$"가 동치관계임은 [정리 4.8]에서와 같이 증명된다. 따라서

$$Q = Q_R / \sim$$

라 놓고, $(m,\ n) \in Q_R$을 대표원으로 하는 Q의 원소로서의 동치류 $[m,\ n]([m,\ n] = \{(x,\ y) \mid (m,\ n) \sim (x,\ y)\})$을 유리수(rational number)라고 한다.

이때 $[m,\ n] = \left[\dfrac{m}{n}\right]$이라 놓고 $\left[\dfrac{m}{n}\right]$을 **분수**(fraction)라고 한다. 따라서 유리수는 분수로 표시된다.

정의 4.9

임의의 $\left[\frac{m}{n}\right]$, $\left[\frac{p}{q}\right] \in Q(n,\ q \neq 0)$에 대하여 다음과 같은 내용을 정의한다.

(a) $\left[\frac{m}{n}\right] \pm \left[\frac{p}{q}\right] = \left[\frac{mq \pm pn}{nq}\right]$(가, 감법)

(b) $\left[\frac{m}{n}\right] \cdot \left[\frac{p}{q}\right] = \left[\frac{mp}{nq}\right]$(승법)

(c) $\left[\frac{m}{n}\right] \div \left[\frac{p}{q}\right] = \left[\frac{mq}{np}\right]$ $(p \neq 0)$(제법)

(d) $\left[\frac{m}{n}\right] < \left[\frac{p}{q}\right] \Leftrightarrow mq < np$ (대소 관계)

[주의] 이와 같이 덧셈, 뺄셈, 곱셈, 나눗셈, 대소 관계를 정의하면 이는 잘 정의된(well-defined) 연산이 된다. 이를테면, 덧셈에 관하여 $[m,\ n] = [m',\ n']$이고 $[p,\ q] = [p',\ q']$이면 위의 Q_R에서의 관계의 정의에 의하여 $mn' = nm',\ pq' = qp'$이다.

$$(mq+np)n'q' = mqn'q' + npn'q' = (mn')(qq') + (nn')(pq')$$
$$= (nm')(qq') + (nn')(qp') = nq(m'q' + n'p')$$

따라서 $[mq+np,\ nq] = [m'q' + n'p',\ n'q']$이다.

또한 $\left[\frac{0}{n}\right] = 0$, $\left[\frac{m}{1}\right] = m$, $\left[\frac{p}{q}\right] = \frac{p'}{q'}$라 놓는다(단 $\frac{p'}{q'}$는 기약분수).

한편 정수체계 Z에서 유리수체계 Q로의 사상 $f : Z \to Q$를

$$f(a) = \frac{a}{1}(a \in Z)$$

로 정의하면 f는 단사이며, 임의의 $a,\ b \in Z$에 대하여

$$f(a+b) = f(a) + f(b)$$
$$f(ab) = f(a)f(b)$$
$$a < b \Leftrightarrow f(a) < f(b)$$

를 유도할 수 있다. 또한 $a \in Z$를 $f(a) = \frac{a}{1} \in Q$와 동일시하면 $Z \subseteq Q$라 할 수 있다. 이때 $\frac{0}{b}$은 0, $\frac{b}{b}$는 1과 같게 된다.

유리수 전체의 집합 Q는 다음과 같은 성질이 있다.

정리 4.11 임의의 $r,\ s,\ t \in Q$에 대해서

(a) $r+s \in Q$이고

(i) $r+s=s+t$ (ii) $(r+s)+t=r+(s+t)$

(iii) $r+0=r$ (iv) $r+(-r)=0(-r \in Q)$

(b) $r \cdot s = Q$이고

(i) $rs=sr$ (ii) $(rs)t=r(st)$ (iii) $r \cdot 1 = r$

(c) $r(s+t)=rs+rt$

(d) $r \neq 0$이면 $rr^{-1}=1$인 $r^{-1} \in Q$가 존재한다.

(e) $r<s,\ r=s,\ s<r$중 하나만 성립하고

(i) $r<s,\ s<t \Rightarrow r<t$ (ii) $r<s \Rightarrow r+t<s+t$

(iii) $r<s,\ 0<t \Rightarrow rt<st$

집합으로 볼 때 유리수 전체의 집합 Q는 자연수 전체의 집합 N이나 정수 전체의 집합 Z와 같이 가산집합(countable set)이므로 이들은 모두 대등(equivalent)한 집합이다. 그러나 순서집합(ordered set)으로 볼 때 Q는 N이나 Z와 같이 수직선 위에서 이산적(discrete)이 아니고 조밀하게 분포되어 있다. 즉 $r,\ s \in Q$에 대하여 $r \neq s$이면 이들과 다른 유리수 $\frac{r+s}{2}$ 또는 $r=\frac{b}{a},\ s=\frac{c}{a}$일 때 $\frac{a+c}{b+d}$와 같은 유리수가 존재한다. 이것을 **유리수의 조밀성**(density)이라 한다.

▶ 연습문제 4.5

1. Z에서 Q에로의 함수 $f : Z \rightarrow Q$를

$$f(a)=\frac{a}{1}(a \in Z)$$

로 정의하면

$f(a+b)=f(a)+f(b),\ f(ab)=f(a)f(b),\ a<b \Leftrightarrow f(a)<f(b)$임을 보이시오.

2. 유리수의 특징을 조사하고 정수의 특징과 비교하시오.

3. $N,\ Z,\ Q$는 대등임을 보이시오.

4.6 실 수

수의 사칙계산이 가능하다는 것은 일차방정식이 풀린다는 뜻이다. 일차방정식 $x-2=0$ 의 해는 자연수 2이며, $x+2=0$의 해는 정수 −2가 된다. 그리고 $3x-2=0$의 해는 유리수 $\frac{2}{3}$이다. 이차방정식 $x^2-2=0$의 해 $\sqrt{2}$, 3차방정식 $x^3-2=0$의 해 $\sqrt[3]{2}$ 등은 유리수가 아니다.

한 변의 길이가 1인 정사각형의 대각선의 길이 $\sqrt{2}$와 같은 두 정수의 비(유리수)로 나타낼 수 없는 수가 있음을 알게 된 그리스의 Pythagoras 학파는 이를 비밀로 할 것을 맹서한 것으로 알려지고 있다.

당시의 그리스 사람들은 "만물은 수이다"고 생각하였으며, 이때의 수는 유리수인데 유리수가 아닌 수의 존재에 대하여 고민하였든 것이다.

무리수를 처음 발견한 것은 그리스사람이다. 그들은 Pythagoras(B.C. 500)정리의 발견으로부터 무리수의 단서를 잡게 되었고, 무리수를 발견하였다. 그러나 그리스사람은 수와 양을 엄격히 구별하였기 때문에 무리수를 수로 인식하지 못하였다. 한편 고대 인도사람들이나 아라비아사람들은 실수는 연속량의 수적 표현으로 생각하였다.

지금까지 살펴본 바와 같이 자연수에서 유리수까지는 대수적 방법으로 확장되지만 유리수에서 실수로의 확장과정은 주로 Dedekind의 절단에 의한 방법을 사용하여 정의하고 있다. 여기에서는 이들 방법을 생략하고 대수적인 방법으로 확장하기로 한다.

양의 유리수의 제곱근을 구하는 연산을 생각한다. 즉 방정식 $x^2-2=0$을 풀면 $x=\pm\sqrt{2}$를 얻는다. 이와 같이 양의 유리수의 제곱근은 반드시 유리수가 아님을 알 수 있다.

예제 4.12

$\sqrt{2}$는 유리수가 아님을 보이시오.

증명 $\sqrt{2}$가 유리수라고 가정하면 $\sqrt{2}=\frac{p}{q}$(기약분수)로 표시할 수 있다. 양변을 제곱하면 $2q^2=p^2 \cdots$ ①이 되고 p^2은 2의 배수가 되어 p는 2의 배수이어야 한다. 따라서 $p=2k(k\in N)$라 놓을 수 있고 이것을 식 ①에 대입하면 $2q^2=4k^2$이다. 그러므로 $q^2=2k^2$이 되고 다시 q는 2의 배수이다. 따라서 $q=2k'(k'\in N)$라 놓을 수 있다. 그러므로 결국

p, q는 모두 2의 배수가 되어 처음의 가정 $\frac{p}{q}$가 기약분수라는 것에 모순이다. 따라서 $\sqrt{2}$는 기약분수로 표시할 수 없으며 유리수가 아니다. ■

유리수를 소수로 표시하면 **유한소수**(terminating decimal)나 **순환소수**(repeating deci-mal)가 되는데 $\sqrt{2}$, log3, π와 같이 유리수가 아닌 것을 소수로 표시하면 순환하지 않는 무한소수가 된다. 이와 같은 수를 **무리수**(irrational number)라 하며 유리수와 무리수를 합하여 **실수**(real number)라 한다.

실수 전체의 집합을 R이라 하면 R에는 다음과 같은 성질이 있다.

(a) 임의의 $x \in R$에 대하여 $x^2 \geqq 0$

(b) R은 가, 감, 승, 제법(0으로 나누는 것은 제외)에 관하여 닫혀 있다.

(c) R은 일직선상의 점과 1대 1 대응(one-to-one correspondence)이다.

여기서 (c)는 유리수 체계 Q에 없는 성질로서 **실수의 연속성**(continuity)에 직결된다.

▶ 연습문제 4.6

1. 무리수의 기원에 대하여 말하시오.

2. 실수의 특징을 조사하고 유리수의 특징과 비교하시오.

Chapter 5

정수의 성질

제4장에서 우리는 자연수를 확장하여 정수를 만들었다. 정수가 가지는 여러 가지 신비한 성질 때문에, 19세기 독일 수학자 Kronecker(1823~1891)가 "정수는 신이 만들었고, 나머지 모든 것들은 인간의 작품이다"라고 말했다. 수학의 특정 영역에 제한되지 않고 전 영역에 걸쳐 수학의 신비함을 경험할 수 있기에 고대로부터 수학은 신비한 학문으로 취급되어왔다.

최근에 와서는 정수론이 응용과학의 기초학문으로써 중요한 위치를 차지하고 있다. 특히 암호학, 부호이론 등 컴퓨터와 정보과학의 발달을 이끌어 오고 있다. 정수론이 응용대수학의 여러 분야에 구체적으로 어떻게 적용되는지는 알기 위해서는 '정수론'을 공부해야 할 것이다. 그러나 여기에서는 초·중등 교육에서 활용될 수 있는 정수의 기초적인 성질들을 다루게 될 것이다. 즉, 약수와 배수, 최대공약수와 최소공배수에 관련된 성질, 소수, 부정방정식 및 합동식만을 다룰 것이다. 다른 개념들 예를 들면, 이차잉여, 원시근, 연분수 등은 '정수론' 강좌에서 따로 배워야 할 것이다.

5.1 약수와 배수

약수와 배수의 성질을 다루기 전에 제4장 4절에 나오는 정수 Z의 형성과정과 대소관계를 한번 다시 읽어야 한다. 다음 정리에서 정수의 기본 성질을 확인해 보자.

정리 5.1 임의의 $a,\ b\in Z$에 대해 $a+b\in Z,\ ab\in Z$이다. 즉 정수는 덧셈과 곱셈에 닫혀있다.

(a) 정수는 덧셈에 대해 교환법칙, 결합법칙이 성립한다.

(b) 정수는 덧셈에 대해 항등원이 존재하고, 덧셈에 대해 정수의 각 원소는 역원을 갖는다.

(c) 정수는 곱셈에 대해 교환법칙, 결합법칙이 성립한다.

(d) 정수는 곱셈에 대해 항등원이 존재한다.

(e) 덧셈과 곱셈에 관한 소거법칙이 성립한다.

즉, $a, b, c \in Z$ $a+b=a+c$이면 $b=c$

$ab=ac(a \neq 0)$이면 $b=c$

(f) 덧셈에 대한 곱셈의 배분법칙이 성립한다.

(g) (삼분법) $a, b \in Z$에 대해 명제 $a<b$, $a=b$, $a>b$ 중 하나만 성립한다.

(h) (부등식의 성질) $a, b, c \in Z$에 대해 $a<b$, $b<c \Rightarrow a<c$

$a<b$, $0<c \Rightarrow ac<bc$

위 정리에서 평이한 말로 표현된 문장을 수학적 기호를 사용하여 나타낼 수 있어야 한다 (연습문제 참조).

공리 5.1 (정렬성) 공집합이 아닌 모든 양의 정수의 집합은 최소원을 갖는다.

위 공리는 다음 정리를 증명하는데 이용될 수 있다. [정리 5.2]의 증명은 생략한다.

정리 5.2 (Z에서의 **나눗셈정리**: division algorithm) 임의의 $a(\neq 0)$, $b \in Z$에 대하여

$$b=aq+r,\ 0 \leq r < |a|$$

인 $q, r \in Z$가 유일하게 존재한다. 이때 q를 **몫**(quotient), r을 **나머지**(remainder)라 한다.

예제 5.1

정리 5.2의 한 예로 다음 각 경우에 몫 q와 나머지 r를 구해 보자.

(a) $b=12$, $a=5$일 때 $q=2$ $r=2$

(b) $b=-12$, $a=5$일 때 $q=-3$ $r=3$

(c) $b=12$, $a=-5$일 때 $q=-2$ $r=2$

(d) $b=-12$, $a=-5$일 때 $q=3$ $r=3$

정의 5.1

임의의 $a,\ b\in Z$에 대하여

$$b=ac$$

인 $c\in Z$가 존재할 때 a를 b의 **약수**(divisor) 또는 **인수**(factor)라 하고, b를 a의 배수(multiple)라 한다. 또 "a는 b를 나눈다" 또는 "b는 a로 나누어진다"라고 말하며 $a|b$로 표시한다.

정리 5.3 관계 "$a|b$"는 Z에서 다음 성질이 있다.

(a) 임의의 $a\in Z \Rightarrow a|a$

(b) $a|b,\ b|c \Rightarrow a|c$

(c) $a|b,\ b|a \Rightarrow a=\pm b$

(d) $a|b,\ a|c \Rightarrow$ 임의의 $x,\ y\in Z$에 대하여 $a|(bx+cy)$

정리 5.4 임의의 $n\in Z$에 대하여 nZ는 가법 및 감법에 관하여 닫혀 있다. 역으로 $\phi \neq S\subseteq Z$인 S가 가법 및 감법에 관하여 닫혀 있으면 $(a,\ b\in S \Rightarrow a\pm b\in S)$,

$$S=nZ,\ n\geq 0$$

인 $n\in Z$가 존재한다.

증명 nZ의 임의의 원소 $u,\ v$를 택하면 적당한 $x,\ y\in Z$에 대하여 $u=nx,\ v=ny$로 표시할 수 있다. 이 경우

$$u\pm v=n(x\pm y)\in nZ$$

곧 nZ은 가법과 감법에 관하여 닫혀 있다. 역으로 S가 가법 및 감법에 관하여 닫혀 있으면 모든 $a\in S$에 대하여 $a-a\in S$이므로 $0\in S$이다. 만일 $S=\{0\}$이면 $S=0\cdot Z$이므로 성립된다. S를 $\{0\}\subsetneq S$라 가정하면 S는 0이 아닌 원소를 갖고 $a\in S$이면 $-a=0-a\in S$이므로(가정에서 감법에 관하여 닫혀 있으므로) S는 양의 정수를 갖는다. 따라서 [공리 5.1] 정수의 정렬성에 의하여 S는 최소의 양의 정수 n을 갖는다.
먼저 가법 및 감법에 관하여 닫혀 있는 조건을 이용하면 $nZ\subseteq S$이다. 다음 $S\subseteq nZ$가 성립함을 보이기 위해서 임의의 원소 $a\in S$를 생각하면 나눗셈 정리에 의하여

$$a = nq + r,\ 0 \le r < n$$

인 $q,\ r \in Z$가 존재한다. 이때 $nq \in S$이고 $a \in S$이므로 감법의 폐조건에 의하여 $r = a - nq \in S$이고, n의 최소성에 의하여 $r = 0$이어야 하므로 $a = nq$가 되어 a는 n의 배수이다. 즉 $a \in nZ$가 되어 $S \subseteq nZ$이다. 그러므로 $S = nZ$이다. ■

정의 5.2

임의의 $a,\ b \in Z$에 대하여 다음 조건

(a) $d|a,\ d|b$

(b) $e|a,\ e|b \Rightarrow e|d$

를 만족하는 정수 $d \ge 0$를 a와 b의 **최대공약수**(GCD: greast common divisor)라 하고 $(a,\ b)$로 표시한다. 또한 $(a,\ b) = 1$일 때 a와 b는 "**서로 소**"(relatively prime)라 한다.

예제 5.2

0의 배수는 0이고, 0의 약수는 모든 정수가 된다. 따라서 (0,1)=1, (0, −5)=5, (0,0)=0이다.

[참조] 정수 $p > 1$의 약수가 $\pm 1,\ \pm p$뿐인 경우 p를 **소수**(prime)라 한다.

정리 5.5 임의의 $a,\ b \in Z$에 대하여 $a,\ b$의 GCD $d = (a,\ b)$가 존재하며

$$aZ + bZ = \{ax + by | x,\ y \in Z\}$$

라고 놓으면 다음이 성립된다.

(a) $aZ + bZ = dZ$

(b) $d = as + bt$인 $s,\ t \in Z$가 존재한다.

증명 $S = aZ + bZ$라 하면 $a \in aZ \subseteq S,\ b \in bZ \subseteq S$이고 $\phi \ne S \in Z$이다. 또한 S는 가법 및 감법에 관하여 닫혀 있다. 따라서 [정리 5.4]에 의하여 $S = nZ$인 정수 $n \ge 0$가 존재한다. 이때 $n \in S$이므로 $n = as + bt$인 $s,\ t \in Z$가 존재한다. 한편 $a \in S,\ b \in S$이므로 $n|a,\ n|b$이다. 또한 $n = as + bt$이므로 [정리 5.3]의 (d)에 의하여 $e|a,\ e|b$이면 $e|n$이어야 한다. 그러므로 n는 a와 b의 GCD이다. 즉, $n = d$이다. ■

정리 5.6 두 정수 $a,\ b$가 서로 소가 될 필요충분조건은 $as + bt = 1$을 만족하는 정수 $s,\ t$가 존재한다.

증명 먼저 $(a, b)=1$이면 정리 5.5의 (b)에 의해 $1=as+bt$인 정수 s, t가 존재한다. 한편 $(a, b)=d\neq 1$이면, 임의의 정수 $s, t\in Z$에 대해 $as+bt$는 $d(>1)$의 배수이므로 $as+bt=1$을 만족하는 정수 s, t가 존재할 수 없다. 그러므로 $as+bt=1$을 만족하는 정수 s, t가 존재하면 a, b가 서로 소다. ■

정의 5.3

임의의 a, $b\in Z$에 대하여 다음 조건

(a) $a|l$, $b|l$

(b) $a|e$, $b|e \Rightarrow l|e$

를 만족하는 정수 $l\geq 0$을 a와 b의 **최소공배수**(LCM: least common multiple)라 하고 $[a, b]$로 표시한다.

정리 5.7 임의의 a, $b\in Z$에 대하여 a와 b의 LCM l은 존재하며

$$aZ\cap bZ=lZ$$

가 성립한다.

증명 $S=aZ\cap bZ$라 하면 $ab\in aZ\cap bZ=S$이므로 $\phi\neq S\subseteq Z$이고, 또한 S가 가법과 감법에 관하여 닫히게 된다. 따라서 [정리 5.4]에 의하여 $S=nZ$인 정수 $n\geq 0$이 존재한다. 그런데 $n\in S=aZ\cap bZ$이므로 $a|n$, $b|n$이다. 또한 $a|e$, $b|e$이면 $e\in aZ\cap bZ=nZ$이고 따라서 $n|e$이다. 그러므로 $n=[a, b]$이다. 즉 $n=l$이다. ■

▶ 연습문제 5.1

1. [정리 5.1]에서 (a)~(d), (f)까지 평이한 언어로 표현된 것을 수학적 기호로 사용하여 표시하시오.

2. [정리 5.2]를 증명하시오.

3. 자연수 n에 대해 $(21n+4)/(14n+3)$은 기약분수임을 증명하시오.

5.2 유클리드 호제법과 일차부정식

1절에서 약수와 배수의 관련 성질을 배웠다. 최대공약수를 구하는 유클리드 호제법과 일차부정방정식에 대해 학습한다.

다음 정리는 [정리 5.6]을 사용하면 쉽게 해결할 수 있다.

정리 5.8 정수 a, b, c에 대해 다음 성립한다.

(a) $(ab, c)=1 \Leftrightarrow (a, c)=(b, c)=1$

(b) $(a, b)=1$일 때, $a|bc \Leftrightarrow a|c$

(c) $(a, b)=1$일 때, $a|c$, $b|c \Leftrightarrow ab|c$

정리 5.9 정수 a, b, q, c에 대하여 $a=bq+c$이면 $(a, b)=(b, c)$

증명 $(a, b)=d$라고 하자. 이때 $d|a$, $d|b$이고 $c=a-bq$이므로 $d|c$이다. 그러므로 d는 b와 c의 공약수이다. $(a, b)=d$이므로 [정리 5.5]에 의해 $as+bt=d$를 만족하는 정수 s, t가 존재한다. 만약 $e|b$, $e|c$라 하면 $a=bq+c$이므로 $e|a$이다. 그러므로 e는 a와 b의 공약수이고 $e|d$이다. 그러므로 $d=(b, c)$이다. ■

다음 정리가 소위 유클리드 호제법이라 불리는 최대공약수를 구하는 하나의 알고리듬이다. 이것의 증명은 [정리 5.9]로부터 쉽게 알 수 있다.

정리 5.10 유클리드 호제법: 양의 정수 a, b에 대해

$$a=q_1b+r_1 \qquad 0<r_1<b$$

$$b=q_2r_1+r_2 \qquad 0<r_2<r_1$$

$$r_1=q_3r_2+r_3 \qquad 0<r_3<r_2$$

$$\cdots\cdots$$

$$r_{n-2}=q_nr_{n-1}+r_n \qquad 0<r_n<r_{n-1}$$

$$r_{n-1}=q_{n+1}r_n+0$$

이때 $(a, b)=(b, r_1)=(r_1, r_2)=\cdots=(r_{n-1}, r_n)$.

예제 5.3

유클리드 알고리듬을 이용해서 (348, 243)=3을 구해보자.

348=243×1+105 ⇒ (348, 243)=(243, 105)

243=105×2+33 ⇒ (243, 105)=(105, 33)

105=33×3+6 ⇒ (105, 33)= (33, 6)

33=6×5+3 ⇒ (33, 6)=(6, 3)

6=3×2 ⇒ (6, 3)=3

예제 5.4

유클리드 알고리듬을 이용하여, $(a, b)=d$이면 [정리 5.5]의 (b)의 $d=sa+tb$인 s, t를 구할 수 있다. 예에서 각 단계의 나머지를 제거하기 위해 역순을 취하면 된다.

↓ 348=243×1+105 ↑ 3=−37×348+53×243

↓ 243=105×2+33 ↑ 3=16×243−37×105

↓ 105=33×3+6 ↑ 3=−5×105+16×33

↓ 33=6×5+3 ↑ 3=1×33−6×5

정수 계수를 갖는 두 개 이상의 미지수에 관한 대수 방정식 중에서 정수인 해만을 고려한 방정식을 부정방정식 또는 디오판투스(Diophantine) 방정식이라 한다. 실수에서 $ax+by=c\ (ab\neq 0)$은 직선의 방정식이다. 직선 위를 지나는 수많은 점들이 이 방정식의 근이 된다. 그런데 a, b, c가 모두 정수이고 이 직선 위에 있는 정수해들만을 고려한 방정식은 일차부정방정식이 된다.

정리 5.11 a, b, c가 임의의 정수이고 $(a, b)=d$일 때,

(a) 일차부정방정식 $ax+by=c$가 해를 가질 필요충분조건은 $d|c$이다.

(b) x_0, y_0을 이 부정방정식의 특정해라고 할 때, 이 방정식의 일반해는

$$x=x_0+\frac{b}{d}k$$

$$y=y_0-\frac{a}{d}k \qquad (k\in Z)$$

증명 (a) 일차부정방정식이 하나의 (정수)해 x', y'을 가지면, ax'와 by'은 각각 d의 배수이다. 그러므로 $ax'+by'=c$도 d의 배수이다. 한편 $d|c$이면 $\frac{c}{d}$는 정수이고, [정리 5.5]에 의해 $as+bt=d$를 만족하는 정수 s, t가 존재한다. 그러므로 $a\cdot s\frac{c}{d}+b\cdot t\frac{c}{d}=d\frac{c}{d}=c$ 가 성립하므로, 주어진 방정식은 근을 가진다.

(b) 두 개의 식 $ax+by=c$ ①

과 $ax_0+by_0=c$로부터 $a(x-x_0)=b(y_0-y)$을 얻는다. 그리고

$$\frac{a}{d}(x-x_0)=\frac{b}{d}(y_0-y) \qquad ②$$

은 주어진 식 ①과 동치이며, $(\frac{a}{d}, \frac{b}{d})=1$이다. 그러므로 [정리 5.8](b)에 의해 $\frac{b}{d} | (x-x_0)$ 이어야 한다. 그런데 k가 임의의 정수일 때, $x-x_0=\frac{b}{d}k$ $(k\in Z)$을 식 ②에 대입하면, $y_0-y=\frac{a}{d}k$이 되어 식 ②를 만족한다. 그러므로 식 ①의 일반해는 임의의 $k\in Z$에 대해 $x=x_0+\frac{b}{d}k$ 이고 $y=y_0-\frac{a}{d}k$이다. ■

▶ 연습문제 5.2

1. 최대공약수를 구하는 방법은 어떤 것들이 있는지 알아보시오.

2. 유클리드 호제법을 사용하여 (2322, 654)을 구하시오.

3. [예제 5.4]와 같이 (2322, 654)=d를 구하는 유클리드 호제법의 역순을 취하여 $d=s\times 2322+t\times 654$를 만족하는 정수 s, t를 구하시오.

4. $a>0$인 정수일 때, $(3a+5,\ 7a+12)$를 구하시오.

5. a, b가 정수일 때, $(a,\ b)=1$이기 위한 필요충분조건은 $(a+b,\ ab)=1$임을 증명하시오.

5.3 소 수

양의 약수가 1과 자기 자신뿐인 2이상의 자연수를 소수라 한다. 소수가 아닌 1보다 큰 자연수를 합성수라 한다. 소수는 초등학교 때부터 배우지만 소수가 나타나는 규칙이 없기 때문에 소수에 관련된 연구는 어렵고 복잡하다.

소수를 찾는 여러 가지 방법 중 에라토스테네스(Eratosthenes, BC. 255)의 체가 있다. 밀가루를 체에 걸러내는 것처럼 수들을 걸러 소수만을 건져 낸다는 의미로 '체'라는 말이 붙었는데, 그의 아이디어는 매우 자연스럽고 간단하다. 다음은 1부터 100까지의 자연수에 소수를 찾는 방법인데, 1은 정의에 의해 소수가 아니므로 1을 제외하고, 2부터 시작하여 2보다 큰 2의 배수를 모두 없애고, 3보다 큰 3의 배수를 모두 없애고⋯ 등등으로 100까지의 수에서 살아남은 수들이 소수가 된다.

~~1~~	2	3	~~4~~	5	~~6~~	7	~~8~~	~~9~~	~~10~~
11	~~12~~	13	~~14~~	~~15~~	~~16~~	17	~~18~~	19	~~20~~
~~21~~	~~22~~	23	~~24~~	~~25~~	~~26~~	~~27~~	~~28~~	29	~~30~~
31	~~32~~	~~33~~	~~34~~	~~35~~	~~36~~	37	~~38~~	~~39~~	~~40~~
41	~~42~~	43	~~44~~	~~45~~	~~46~~	47	~~48~~	~~49~~	~~50~~
~~51~~	~~52~~	53	~~54~~	~~55~~	~~56~~	~~57~~	~~58~~	59	~~60~~
61	~~62~~	~~63~~	~~64~~	~~65~~	~~66~~	67	~~68~~	~~69~~	~~70~~
71	~~72~~	73	~~74~~	~~75~~	~~76~~	~~77~~	~~78~~	79	~~80~~
~~81~~	~~82~~	83	~~84~~	~~85~~	~~86~~	~~87~~	~~88~~	89	~~90~~
~~91~~	~~92~~	~~93~~	~~94~~	~~95~~	~~96~~	97	~~98~~	~~99~~	~~100~~

어떤 수가 소수인지 아닌지를 알 수 있는 다른 방법으로써 수의 분해를 이용할 수 있다. 이를테면 자연수 a가 소수가 아니라면, $a = cd(1 < c \le d < a)$로 표현된다. 따라서 $c^2 \le a \le d^2$이고, $c \le \sqrt{a} \le d$이 된다. 그러므로 a가 소수가 아니라면 $\sqrt{a}$ 이하의 인수를 갖는다. 예를 들어 701은 소수인지를 확인하기 위해 $\sqrt{701} < 25$이므로 25미만의 소수, 즉, 2, 3, 5, 7, 11, 13, 17, 19, 23에 대해서만 약수가 되는지 테스트하여도 충분하다. 이들 수로써 701을 나누면 떨어지지 않음을 알 수 있다. 그러므로 701은 소수이다.

소수의 개수는 얼마나 많은가? BC 3세기경 Euclid는 자신의 원본(7장 참조)에서 소수의 개수는 무수히 많다는 것을 밝히고 있다.

정리 5.12 (Euclid) 소수의 개수는 무한이다.

증명 소수의 개수가 유한이라 하자. 즉, $p_1, p_2, \dots, p_n$이라하자. $n = p_1 p_2 \cdots p_n + 1$이라 두면 n은 어떠한 p_i에 의해서도 나누어지지 않는다. 따라서 n이 가지는 1보다 큰 최소의 약수가 $p_1, p_2, \dots, p_n$이 아닌 다른 소수이어야 한다. 이것은 모든 소수가 $p_1, p_2, \dots, p_n$뿐이라는데 모순이다. 그러므로 소수는 무한히 많다. ■

수학자 Dirichlet는 서로 소인 두 자연수 a, b에 대해 $a + b \cdot n$(n은 0이상의 정수)의 꼴인 소수는 무수히 많음을 증명하였다. 다시 말해, 등차수열, a, $a+b$, $a+2b$, $a+3b \cdots$에서 이들 수열의 각 항이 소수가 되는 것은 아니지만 이 수열에는 무한히 많은 소수를 포함한다. 특히 $4n+1$의 꼴과 $4n+3$ 꼴의 소수도 무수히 많다. 후자의 증명은 쉬운 편이다.

정리 5.13 $4n+3$ 꼴의 소수는 무수히 많다.

증명 이런 꼴의 소수가 유한개뿐이라면, 즉 $p_1, p_2, \dots, p_n$라 두고, $N = 4p_1 p_2 \cdots p_n - 1$이라 두자. 분명 N은 $4n+3$ 꼴의 수이다. 그리고 N의 소인수분해가 $N = q_1 q_2 \cdots q_s$라 하면, 적어도 하나의 소인수 q_i는 $4n+3$의 꼴이다. 그러므로 q_i는 $p_1, p_2, \dots, p_n$들 중의 하나가 되어야 한다. 그런데 q_i는 N의 인수이나 어떤 p_j는 N의 인수가 될 수 없다. 그러므로 q_i는 어떤 p_j와 같을 수 없으므로 모순이다. 따라서 $4n+3$ 꼴의 소수는 무수히 많다. ■

우리는 정수가 소수들의 곱으로 분해된다는 것을 알고 있다. 어떤 정수 n이 소수가 아니면, $1 < n_1 < n$인 약수 n_1이 존재 하는데, n_1이 소수가 아니면, n_1의 약수 n_2가 있을 것이다. n_2가 소수가 아니면, n_2의 약수 n_3가 있을 것이다. 이런 식으로 $n_1 > n_2 > \cdots > n_k > 1$과 같이 감소하는 수열이 생겨 결국에는 n을 나누는 소수가 존재하게 된다.

정리 5.14 소수 p에 대해, $p|ab$이면 $p|a$ 또는 $p|b$이다.

증명 $p \nmid a$이라 하자. p가 소수이므로 $(p, a) = 1$이 되고, [정리 5.6]에 의해 $ps + at = 1$을 만족하는 정수 s, t가 존재한다. 그러므로 $pbs + abt = b$가 되는데, $p|ab$이므로 이 식의 좌변은 p의 배수이므로 b도 p의 배수이다. ■

위 정리에 의해 다음 정리도 쉽게 증명된다.

정리 5.15 소수 p에 대해, $p|a_1 a_2 \cdots a_n$이면 $p|a_i$를 만족하는 i가 존재한다.

정리 5.16 (정수론의 기본정리) 2이상의 정수 n은 유한개의 소수로 분해될 수 있다. 분해는 곱하는 순서를 제외하고는 유일하다.

증명 n이 합성수라하면, 소수인 p_1이 존재하여 $n = p_1 n_1 (1 < n_1 < n)$을 만족한다. 만약 n_1이 소수이면 명제의 전반부는 증명된다. n_1이 소수가 아니면 $n_1 = p_2 n_2$, p_2는 소수이고 $1 < n_2 < n_1$, $n = p_1 p_2 n_2$. 만약 n_2가 소수가 아니면 어떤 소수 p_3에 대해, $n_2 = p_3 n_3$, $1 < n_3 < n_2$, $n = p_1 p_2 p_3 n_2$을 만족하는 정수 n_3가 존재한다. 이러한 절차를 계속하면 $n > n_1 > n_2 > \dots > 1$이므로 $n_k = 1$되는 k가 존재하게 된다. 그러므로 $n = p_1 \, p_2 \, p_3 \cdots p_k$이다.

이제 유일성에 대해 증명을 하자. $n = p_1 \, p_2 \cdots p_k = q_1 \, q_2 \cdots q_s$로 소인수분해 된다고 하자. 여기서 $k \le s$라 두자. $p_1 | \, q_1 \, q_2 \cdots q_s$이므로 [정리 5.15]에 의해 $p_1 | q_j$인 j가 존재한다. 그런데 p_1과 q_j가 소수이므로 $p_1 = q_j$. 각 q_i를 재배열하여 $q_j = q_1$으로 두면, $p_1 = q_1$이 되고, 식 $p_2 \, p_3 \cdots p_k = q_2 \, q_3 \cdots q_s$이 남게 된다. 위와 같은 절차를 반복하게 되면, $p_2 = q_2$, $p_3 = q_3, \dots, p_k = q_k$되고, $1 = q_{k+1} q_{k+1} \cdots q_s$이 남는다. 그런데 각 q_i는 소수이므로 $s = k$가 되어야 $1 = q_{k+1} q_{k+1} \cdots q_s$이 성립한다. 따라서 n은 유한개의 소수의 곱으로 유일하게 표시된다. ■

정의 5.4

$e_i > 0$, $p_1 < p_2 < \dots < p_n$인 소수 p_i에 대해, 1 보다 큰 정수 $n = p_1^{e_1} p_2^{e_2} \cdots p_n^{e_n}$으로 유일하게 표현된다. 이와 같은 표현을 n의 표준소인수분해라 한다.

$\tau(n)$을 n의 양의 약수의 개수라 두고, $\sigma(n)$을 n의 양의 약수의 전체의 합이라 두자. 소수 p에 대해, $\tau(p) = 2$이고 $\sigma(p) = p + 1$ 이다. 그리고 일반적으로 다음이 성립함을 알 수 있다.

정리 5.17 정수n의 표준소인수분해가 $n = p_1^{e_1} p_2^{e_2} p_3^{e_3} \cdots p_r^{e_r}$라고 하면

가) $\tau(n) = (e_1 + 1)(e_2 + 1) \dots (e_r + 1)$

나) $\sigma(n) = (1 + p_1 + p_1^2 + \dots + p_1^{e_1})(1 + p_2 + p_2^2 + \dots + p_2^{e_2}) \dots (1 + p_r + p_r^2 + \dots + p_r^{e_r})$

▶ 연습문제 5.3

1. $n = p_1^{e_1} p_2^{e_2} p_3^{e_3} \dots p_r^{e_r}$으로 소인수 분해 된다고 하자. 그땐 다음 식이 성립함을 보이시오.

   (a) $\tau(n) = \tau(p_1^{e_1})\tau(p_2^{e_2})\dots\tau(p_r^{e_r})$

   (b) $\sigma(n) = \sigma(p_1^{e_1})\sigma(p_2^{e_2})\dots\sigma(p_r^{e_r})$

2. $F_n = 2^{2^n} + 1\,(n \geq 0)$꼴의 수를 페르마 수라고 한다. 특히 F_n이 소수일 때 이를 페르마 소수라고 한다. 자연수 m에 대하여 $2^m + 1$이 소수이면 $m = 2^n\,(n \geq 0)$임을 증명하시오.

3. $M_n = 2^n - 1\ (n \geq 1)$꼴의 수를 메르센느 수(Mersenne)라 한다. 이것이 소수일 때 메르센느 소수라고 한다. 자연수 $2^n - 1$ 가 소수이면 n이 소수임을 증명하시오.

5.4 합동관계와 잉여류

3장에서 동치관계에 대해 공부를 하였다. 합동관계는 특별한 동치관계인데, 합동관계에서 얻어지는 동치류를 잉여류하고 하고 이러한 잉여류 모임에 새로운 연산 정의에 대해 공부를 하게 된다.

정의 5.5

a, $b \in Z$와 $m \in Z$에 대하여 a, b의 차(difference) $a-b$가 m의 배수일 때 "a와 b는 법(modulus) m에 관하여 **합동**(a is congruent to b modulo m)"이라 하고 이것을 $a \equiv b (\text{mod } m)$으로 표시한다. 즉

$$a \equiv b (\text{mod } m) \Leftrightarrow m | (a-b) \Leftrightarrow a-b = mk \in mZ \Leftrightarrow a = b + mk (k \in Z)$$

정리 5.18 Z상의 합동관계 $a \equiv b(\text{mod } m)$은 동치관계이다. 즉

(a) $a \equiv b(\text{mod } m)$(반사율)

(b) $a \equiv b(\text{mod } m) \Rightarrow b \equiv a(\text{mod } m)$(대칭율)

(c) $a \equiv b(\text{mod } m)$, $b \equiv c(\text{mod } m) \Rightarrow a \equiv c(\text{mod } m)$(추이율)

증명 (a) 모든 $a \in Z$에 대하여 $m \mid (a-a)$이므로 $a \equiv a(\text{mod } m)$

(b) $a \equiv b(\text{mod } m)$이면 $m \mid (a-b)$이므로 $m \mid (b-a)$이고 따라서 $b \equiv a(\text{mod } m)$

(c) $a \equiv b(\text{mod } m)$, $b \equiv c(\text{mod } m)$이면, $m \mid (a-b)$, $m \mid (b-c)$이므로 $m \mid (a-b)+(b-c)$, 즉 $m \mid (a-c)$이다. 따라서 $a \equiv c(\text{mod } m)$ ■

정리 5.19 $a \equiv b(\text{mod } m)$이고 $c \equiv d(\text{mod } m)$이면

(a) $a+c \equiv b+d(\text{mod } m)$

(b) $a-c \equiv b-d(\text{mod } m)$

(c) $ac \equiv bd(\text{mod } m)$

정의 5.6

Z상의 합동관계 $a \equiv b(\text{mod } m)$에 관한 동치류를 법 m에 관한 잉여류(residue class module m)라 한다. 이때 $a \in Z$(대표원)에 의하여 결정되는 법 m에 관한 잉여류를 $\overline{a}$로 나타낸다. 즉

$$\begin{aligned}\overline{a} &= \{x \in Z \mid x \equiv a(\text{mod } m)\} \\ &= \{a+mk \mid k \in Z\} \\ &= \{a,\ a \pm m,\ a \pm 2m,\ \cdots\}\end{aligned}$$

정리 5.20 동치류에 대해 다음이 성립한다.

(a) $Z = \cup_{a \in Z} \overline{a}$

(b) $a \equiv b(\text{mod } m) \Leftrightarrow \overline{a} = \overline{b}$

(c) 임의의 $a,\ b \in Z$에 대하여 다음 중 하나만 성립한다.

(i) $\overline{a} \cap \overline{b} = \phi$ (ii) $\overline{a} = \overline{b}$

증명 (a) 임의의 $a \in Z$에 대하여 $a \in \overline{a}$이므로 $Z = \cup_{a \in Z} \overline{a}$

(b) 편의상 $a \equiv b(\text{mod } m)$을 $a \sim b$로 표시하자. 먼저 $a \sim b$라 하자. $x \in \overline{a}$이면 $x \sim a$이므로 $x \sim b$, 즉 $x \in \overline{b}$이다. 그러므로 $\overline{a} \subseteq \overline{b}$, 한편 $a \sim b$이면 $b \sim a$이므로 $a \sim b$인 경우에서 b와 a를 바꾸어 생각하면 $\overline{b} \subseteq \overline{a}$이다. 따라서 $\overline{a} = \overline{b}$. 역으로 $\overline{a} = \overline{b}$라 하면 $a \in \overline{a}$이므로 $a \in \overline{b}$. 따라서 $a \sim b$이다. 그러므로 $a \equiv b(\text{mod } m)$이다.

(c) $\overline{a} \cap \overline{b} = \phi$이거나 $\overline{a} \cap \overline{b} \neq \phi$임은 당연하다. $\overline{a} \cap \overline{b} \neq \phi$라고 하자. 이때 $c \in \overline{a} \cap \overline{b}$인 원소 c가 존재한다. 따라서 $c \in \overline{a}$, $c \in \overline{b}$이다. 이것은 [정의 5.6]에 의하여 $c \equiv a(\text{mod } m)$,

$c \equiv b \pmod{m}$이다. 따라서 $a \equiv b \pmod{m}$이고 (b)에 의하여 $\overline{a} = \overline{b}$이다. ■

예제 5.5

법 $m=3$일 때

$$\overline{0} = \{\cdots, -6, -3, 0, 3, 6, \cdots\} = \overline{-6} = \overline{-3} = \overline{3} = \overline{6} = \cdots$$

$$\overline{1} = \{\cdots, -5, -2, 1, 4, 7, \cdots\} = \overline{-5} = \overline{-2} = \overline{4} = \overline{7} = \cdots$$

$$\overline{2} = \{\cdots, -4, -1, 2, 5, 8, \cdots\} = \overline{-4} = \overline{-1} = \overline{2} = \overline{5} = \cdots$$

정수의 제법정리에 의하면 임의의 $a \in Z$에 대하여

$$a = mq + r,\ 0 \leq r < m$$

인 정수 q, r가 존재한다. 이때 $a \equiv r \pmod{m}$이고 따라서 $\overline{a} = \overline{r}$이다. 즉 $\overline{a}$는 $\overline{0}$, $\overline{1}$, $\cdots$, $\overline{m-1}$ 중 어느 하나이다. 또한 0, 1, $\cdots$, $m-1$은 어느 둘도 법 m에 관하여 합동이 아니므로 $\overline{0}$, $\overline{1}$, $\cdots$, $\overline{m-1}$는 서로 다르다.

Z의 법 m에 관한 잉여류 전체의 집합을 $\overline{Z_m}$라 하면

$$\overline{Z_m} = \{\overline{a} \mid a \in Z\} = \{\overline{0}, \overline{1}, \cdots, \overline{m-1}\}$$

정의 5.7

임의의 a, $b \in \overline{Z_m}$에 대하여 새로운 연산 덧셈(+)와 곱셈(·)을 정의한다.

(a) $\overline{a} + \overline{b} = \overline{a+b}$

(b) $\overline{a} \cdot \overline{b} = \overline{ab}$

수학에서 잘 정의 되어있다(well-defined)란 수학적 개념이나 대상이 기본 공리 체계 내에서 수학적이고 논리적으로 무모순적이며 명확하게 정의되고 요구되는 성질을 만족하는지를 기술하는데 사용된다. 위에서 우리는 집합 $\overline{Z_m}$에 새로운 연산(덧셈과 곱셈이라고 부르자)을 정의하였다. 이러한 연산이 자체적으로 모순이 없는지를 밝혀야 한다. 다음 예는 유리수 집합에서 정의된 연산 *가 '잘 정의되지 않는' 경우를 보여준다.

예제 5.6

유리수 집합 Q의 원소들은 $\frac{m}{n}(m, n \in N, n \neq 0)$꼴로 표현된다. Q에 새로운 연산 $*$를 평범한 덧셈과 곱셈을 사용하여 정의하자. 즉, $\frac{a}{b} * \frac{c}{d} = \frac{a+c}{b \times d}$으로 두자. 그땐 $\frac{1}{2} * \frac{1}{3} = \frac{2}{6} = \frac{1}{3}$. 그런데 앞에서 $\frac{1}{2}$대신 그와 동치인 분수$\frac{2}{4}$을 대입한 결과는 $\frac{1}{3} = \frac{1}{2} * \frac{1}{3} = \frac{2}{4} * \frac{1}{3} = \frac{3}{12} = \frac{1}{4}$. 그러므로 모순된 결과가 나와 $*$은 잘 정의된 연산이 아니다. 즉 연산으로 사용할 수 없다.

정리 5.21 $\overline{Z_m}$에 대해 위에서 정의한 덧셈과 곱셈은 잘 정의된다.

증명 덧셈에 대한 것만 증명하고 곱셈은 독자에게 맡긴다. $\bar{a} = \overline{a'}$, $\bar{b} = \overline{b'}$이라 할 때, $\bar{a} + \bar{b} = \overline{a'} + \overline{b'}$ 임을 보이면 된다. [정리 5.20](b)에 의해 $a \equiv a' (\text{mod } m)$, $b \equiv b' (\text{mod } m)$이 되고, [정리 5.19]에 의해 $a + b \equiv a' + b' (\text{mod } m)$이 된다.

$$\begin{aligned} \bar{a} + \bar{b} &= \overline{a+b} && : \text{덧셈의 정의} \\ &= \overline{a'+b'} && : [\text{정리 } 5.20] \\ &= \overline{a'} + \overline{b'} && : \text{덧셈의 정의} \end{aligned}$$

따라서 $\overline{Z_m}$은 덧셈에 대해 잘 정의된다. ■

예제 5.7

$\overline{Z_6} = \{\bar{0}, \bar{1}, \bar{2}, \bar{3}, \bar{4}, \bar{5}\}$의 가법과 승법

$+$	$\bar{0}$	$\bar{1}$	$\bar{2}$	$\bar{3}$	$\bar{4}$	$\bar{5}$
$\bar{0}$	$\bar{0}$	$\bar{1}$	$\bar{2}$	$\bar{3}$	$\bar{4}$	$\bar{5}$
$\bar{1}$	$\bar{1}$	$\bar{2}$	$\bar{3}$	$\bar{4}$	$\bar{5}$	$\bar{0}$
$\bar{2}$	$\bar{2}$	$\bar{3}$	$\bar{4}$	$\bar{5}$	$\bar{0}$	$\bar{1}$
$\bar{3}$	$\bar{3}$	$\bar{4}$	$\bar{5}$	$\bar{0}$	$\bar{1}$	$\bar{2}$
$\bar{4}$	$\bar{4}$	$\bar{5}$	$\bar{0}$	$\bar{1}$	$\bar{2}$	$\bar{3}$
$\bar{5}$	$\bar{5}$	$\bar{0}$	$\bar{1}$	$\bar{2}$	$\bar{3}$	$\bar{4}$

$\cdot$	$\bar{0}$	$\bar{1}$	$\bar{2}$	$\bar{3}$	$\bar{4}$	$\bar{5}$
$\bar{0}$	$\bar{0}$	$\bar{0}$	$\bar{0}$	$\bar{0}$	$\bar{0}$	$\bar{0}$
$\bar{1}$	$\bar{0}$	$\bar{1}$	$\bar{2}$	$\bar{3}$	$\bar{4}$	$\bar{5}$
$\bar{2}$	$\bar{0}$	$\bar{2}$	$\bar{4}$	$\bar{0}$	$\bar{2}$	$\bar{4}$
$\bar{3}$	$\bar{0}$	$\bar{3}$	$\bar{0}$	$\bar{3}$	$\bar{0}$	$\bar{3}$
$\bar{4}$	$\bar{0}$	$\bar{4}$	$\bar{2}$	$\bar{0}$	$\bar{4}$	$\bar{2}$
$\bar{5}$	$\bar{0}$	$\bar{5}$	$\bar{4}$	$\bar{3}$	$\bar{2}$	$\bar{1}$

▶ 연습문제 5.4

1. [정리 5.21]에서 곱셈에 대해 증명하시오. 즉 $\overline{Z_m}$에 정의한 곱셈은 잘 정의됨을 보이시오.

2. $\overline{Z_6}$에서 덧셈에 대해 각 원소의 역원을 구하시오. 그리고 곱셈에서 역원을 가지는 원소와 역원을 갖지 못하는 원소간의 차이를 말하시오.

3. $\overline{Z_8}$에 대해 [예제 5.7]과 같이 덧셈표와 곱셈표를 만들어 보시오.

5.5 합동식

문맥상 혼란이 없을 때, $\overline{Z_m} = \{ \bar{0}, \bar{1}, \ldots, \overline{m-1} \}$를 간단히 $Z_m=\{0, 1, \ldots, m-1\}$로 나타낸다. 여기서는 합동관계에서 방정식, 즉 합동식의 해를 구하는데 관심을 둔다. 합동식에서 해는 정수로 한정될 뿐만 아니라 법에 대한 합동에 따라 분류될 것이다.

정의 5.8

정수 a에 대하여 $aa' \equiv 1 \pmod{m}$인 a'을 법 m에 관한 a의 역원이라 한다.

정리 5.22 법에 대한 역원에 대해 다음이 성립한다.

(a) $(a, m) = 1$이면 $aa' \equiv 1 \pmod{m}$인 정수 a'이 존재한다.

(b) $aa' \equiv 1 \pmod{m}$인 정수 a'이 존재하면, $(a, m) = (a', m) = 1$이다.

증명 (a) $(a, m) = 1$이면, [정리 5.6]에 의해 $as + mt = 1$인 정수 s, t가 존재한다. 그러므로 $as \equiv 1 \pmod{m}$이므로 $a' = s$로 두면 위 정리가 성립한다.

(b) $aa' \equiv 1 \pmod{m}$인 정수 a'이 존재하면, $aa' - 1 = k \cdot m (k \in Z)$이고, $aa' + (-k)m = 1$이므로 [정리 5.6]에 의해 $(a, m) = (a', m) = 1$. ■

위 정리를 이용해 다음 정리를 쉽게 증명할 수 있다.

정리 5.23 자연수 m과 정수 a, b, c에 대하여 다음이 성립한다.

(a) $(a, m)=1$일 때, $ab\equiv 0 \pmod{m} \Rightarrow b\equiv 0 \pmod{m}$

(b) $(a, m)=1$일 때, $ab\equiv ac \pmod{m} \Rightarrow b\equiv c \pmod{m}$

$(a, m)=1$이면 법 m에 대해 a의 역원이 존재하므로 위 정리가 성립함을 쉽게 증명할 수 있다. 그러나 $(a, m)\neq 1$이면 법 m에 대해 a는 역원을 가질 수 없다.

만약 법 m에 대해 정수 a가 역원 a'을 가지면, $aa'\equiv 1 \pmod{m}$이면 $a'+k\cdot m(k\in Z)$도 a의 역원이 된다. 그리고 $a+k\cdot m(k\in Z)$도 역시 a'을 역원을 가진다. 그러므로 법 m에서 역원은 잉여류 집합에서 생각하여도 좋다. 잉여류 집합 $Z_p=\{0, 1, 2, \ldots, p-1\}$에서 0을 제외한 모든 원소는 곱셈에 대하여 역원을 가진다. $Z_6=\{0, 1, 2, \ldots, 5\}$에서 역원을 갖는 원소는 6과 서로소인 1과 5뿐임을 알 수 있다.

다음의 Wilson의 정리를 위해 각 소수 5, 7, 11에 대해 다음을 관찰해보자.

$4!\equiv -1 \pmod{5}$

$6!\equiv -1 \pmod{7}$

$10!=1\cdot(2\cdot 6)(3\cdot 4)(5\cdot 9)(7\cdot 8)(10)\equiv 10\equiv -1 \pmod{11}$

정리 5.24 (Wilson) p가 소수이면 $(p-1)!\equiv -1 \pmod{p}$

증명 $p=2$, 3일 때는 위 정리를 쉽게 확인할 수 있다. p가 5이상이라 하자. $\{1, 2, 3, \ldots, p-1\}=R$에서 $rr'\equiv 1 \pmod{p}$인 원소 r'이 R에서 유일하게 존재한다. 그런데 $r=r' \Leftrightarrow r^2\equiv 1 \pmod{p} \Leftrightarrow r\equiv 1 \pmod{p}$ 또는 $r\equiv -1 \pmod{p} \Leftrightarrow r=1$ 또는 $r=p-1$. 따라서 1과 $p-1$을 제외한 나머지 원소들은 각자 다른 원소를 역원으로 가진다. 그러므로 $(p-1)!\equiv(p-1)\equiv -1 \pmod{p}$. ■

정의 5.9

정수 계수 다항식 $f(x)=a_nx^n+a_{n-1}x^{n-1}+\ldots+a_0$에서 $a_n\not\equiv 0 \pmod{m}$일 때, $f(x)\equiv 0 \pmod{m}$을 미지수 x에 관한 n차 합동식이라 한다. $f(c)\equiv 0 \pmod{m}$을 만족하는 $x\equiv c \pmod{m}$를 이 합동식의 해라 한다. 합동식의 해는 완전 잉여계 $Z_m=\{0, 1, \ldots, m-1\}$안에서만 구하면 된다.

정리 5.25 d가 a, b, m의 공약수일 때, $ax \equiv b \pmod{m} \Leftrightarrow \frac{a}{d}\ x \equiv \frac{b}{d} \pmod{\frac{m}{d}}$

증명 $ax \equiv b \pmod{m}$

$\Leftrightarrow\ ax - b = k \cdot m (k \in Z)$를 만족하는 k가 존재

$\Leftrightarrow\ \frac{a}{d}x - \frac{b}{d} = k \cdot \frac{m}{d}$

$\Leftrightarrow\ \frac{a}{d}x \equiv \frac{b}{d} \pmod{\frac{m}{d}}$. ■

정리 5.26 일차합동식 $ax \equiv b \pmod{m}$은 $(a, m) = 1$일 때 단 하나의 해를 갖는다.

증명 $(a, m) = 1$이면 a의 역원 a'이 존재한다. 따라서 $x \equiv aa'x \equiv a'b \pmod{m}$. 한편 $ax_1 \equiv b \equiv ax_2 \pmod{m}$이면, [정리 5.23](b)에 의해 $x_1 \equiv x_2 \pmod{m}$, 즉 위 일차합동식의 근은 단 하나뿐이다. ■

$3x \equiv 2 \pmod{5}$의 해와 $9x \equiv 6 \pmod{15}$의 해는 어떤 차이가 있는가? [정리 5.25]에 의해 전자의 해는 후자의 해가 되고 후자의 해는 전자의 해가 된다. 위 [정리 5.26]에 의해 $3x \equiv 2 \pmod{5}$을 만족하는 정수들은 많으나 그것들은 법 5에서 같은 잉여류가 되어 유일한 해를 가지만 법 15에서는 다른 잉여류가 되어 여러 개의 해를 갖는다.

정리 5.27 $(a, m) = d$라고 하자.

(a) $ax \equiv b \pmod{m}$가 해를 가질 필요충분조건은 $d|b$이다.

(b) $x \equiv x_0 + \frac{m}{d}r \pmod{m}$, $r = 1, 2, 3, \ldots, d-1$은 해가 된다. 여기서 x_0는 $\frac{a}{d}x \equiv \frac{b}{d} \pmod{\frac{m}{d}}$의 해.

(c) $ax \equiv b \pmod{m}$의 해의 개수는 d개이다.

증명 (a) $ax \equiv b$ (mod m)이면, $ax - b = k \cdot m (k \in Z)$이고 a와 m이 d의 배수이므로 b도 d의 배수이다. 역으로 $d|b$이면 (b)에 의해 해를 가지는 것을 알 수 있다.

(b) $d|b$이면, [정리 5.25]에 의해 $ax \equiv b \pmod{m} \Leftrightarrow \frac{a}{d}x \equiv \frac{b}{d} \pmod{\frac{m}{d}}$. 그런데 $(\frac{a}{d}, \frac{m}{d}) = 1$이므로 [정리 5.26]에 의해 $\frac{a}{d}x \equiv \frac{b}{d} \pmod{\frac{m}{d}}$은 해 x_0를 갖는다. 물론 x_0도 $ax \equiv b \pmod{m}$의 해가 된다. 그런데 x_0, $x_0 + \frac{m}{d}$, $x_0 + \frac{2m}{d}$, $\ldots$, $x_0 + \frac{(d-1)m}{d}$

들은 모두 $ax \equiv b \pmod{m}$의 해가 된다.

(c) 만약 x_1가 $ax \equiv b \pmod{m}$의 해라고 하자. 그땐, $ax_1 \equiv ax_0 \pmod{m}$이고, $\frac{a}{d}(x_1 - x_0) \equiv 0 \pmod{\frac{m}{d}}$. 여기서 $(\frac{a}{d}, \frac{m}{d}) = 1$이므로 합동식의 해는 유일하므로 0이다. 즉, $x_1 - x_0 \equiv 0 \pmod{\frac{m}{d}}$. 따라서 $x_1 = x_0 + k \cdot \frac{m}{d} (k \in Z)$의 형태이므로 (b)에 나열된 것들이 해의 전부이다. 그러므로 해의 개수는 d개이다. ■

연습문제 5.5

1. 다음이 성립하지 않는 예를 찾아보시오.

   (a) $ab \equiv 0 \pmod{m} \Rightarrow b \equiv 0 \pmod{m}$

   (b) $ab \equiv ac \pmod{m} \Rightarrow b \equiv c \pmod{m}$

2. $13 \mid x^2 + 1$을 만족하는 최소의 양의 정수 x를 구하시오.

3. p가 소수일 때 모든 양의 정수 n에 대하여 $n^p \equiv n \pmod{p}$임을 수학적 귀납법으로 증명하시오.

4. $2^{20} - 1$이 41로 나누어떨어짐을 보이시오.

Chapter 6

대수계

현대수학을 '구조주의수학'이라고도 부르고 있다. 그만큼 현대수학에서 수학적 구조는 중요한 개념이며, 특히 대수적 구조는 기초적인 수와 연산을 체계화하는 데서 중요하다. 일반적으로 연산이 정의된 집합을 대수계(algebraic system)라 한다. 이를테면 자연수 전체의 집합 N은 가법과 승법이라는 두 종류의 연산이 정의되어 있는 대수계라 말 할 수 있다. 즉, 두 자연수의 합은 자연수가 되며, 곱도 자연수가 된다. 한편 대수계에 정의되어 있는 연산에 관한 여러 가지 기본 법칙까지 같이 생각할 경우 이 대수계를 대수적 구조(algebraic structure)라고 말한다. 이러한 대수적 체계 또는 대수적 구조를 연구하는 학문이 추상대수학 또는 현대 대수학이다.

6.1 연 산

연산이라는 용어는 일종의 대응・조작을 의미하는 것으로서 매우 포괄적인 의미로 사용된다. 수학적으로는 연산을 어떤 수의 집합에 속하는 두 개의 원소 a, b의 순서쌍(a, b)에 대응하는 원소 c를 그 집합의 원소 중에 일의적으로 결정하는 조작으로 정의하며 이를 구체적으로 나타내면 아래와 같다.

정의 6.1

집합$A(\neq \phi)$에서의 연산 f란 카테이션 곱(Cartesian product) $A\times A$에서 A로의 함수

$$\begin{array}{ccc} f: A\times A & \rightarrow & A \\ \Uparrow & & \Uparrow \\ (a, b) & \rightarrow & f(a, b)=c \end{array}$$

이다. 이 경우 f를 이항연산(binary operation)이라 한다.

[주의] 정의에서 보면 집합 A의 두 원소 a, b를 결합시켜 제3의 원소를 얻어 내는 규칙이 곧 결합법 또는 연산임 을 알 수 있다.

위의 연산 f대신 $*$, $\circ$, $\bullet$, $+$, $\oplus$, $\cdots$ 등의 기호로 표시하기도 하며, 이 경우 $f(a, b)$를 $a * b$, $a \circ b$ 등으로 정의한다. 한편 $*$가 집합 A에서의 연산일 때 "A에 연산 $*$가 정의되어 있다." 또는 "A는 연산 $*$에 관하여 닫혀 있다(closed)."고 말한다.

예제 6.1

자연수 전체의 집합 N에서의 가법과 승법은 연산이다. 그러나 감법은

$$\begin{array}{ccc} - : N \times N & \rightarrow & N \\ \Downarrow & & \Downarrow \\ (2, 3) & \rightarrow & 2-3=-1 \end{array}$$

이 되어 -1은 자연수의 집합에 속하지 않으므로 연산이 아니다. 또한 유리수 전체의 집합 Q에서의 제법은 연산이 아니다. 왜냐하면 $3 \div 0 \notin Q$이기 때문이다. 그러나 $Q-\{0\}$에서의 제법은 연산이다.

예제 6.2

자연수 전체의 집합 N의 임의의 두 원 a, b에 대하여 $*$를

$a * b = a$, b중에 더 작은 수 혹은 두수가 같은 경우는 공통인 수

즉, $2 * 11 = 2$; $15 * 10 = 10$; 그리고 $3 * 3 = 3$과 같이 정의하면 $*$는 N에서의 연산이다.

예제 6.3

집합 X의 부분집합 전체의 집합을 $P(X)$라 할 때 $P(X)$의 임의의 원에 대한 $\cup$ 및 $\cap$은 연산이다.

이상에서 본 바와 같이 하나의 집합에 연산을 다양하게 정의할 수 있으며 연산의 성질에 따라서 서로 다른 구조(structure)를 갖게 된다. 따라서 서로 다른 이 구조들은 어떤 관점에 따라 속성이 같은 것끼리 분류할 필요성이 있다. 그러므로 연산에 관한 다음과 같은 기본법칙들의 정의가 요청되는 것이다.

1) 가환률(commutative law)

연산 $*$가 모든 $a,\ b \in A$에 대하여

$$a * b = b * a$$

를 만족시킬 때 이 연산 $*$를 교환 또는 가환률이 성립한다고 한다.

예제 6.4

실수 전체의 집합 R에서의 가법과 승법은 각각 $a+b=b+a$, $ab=ba$이므로 가환률이 성립한다. 그러나 감법과 제법은 일반적으로 $a-b \neq b-a$, $a \div b \neq b \div a(a,\ b \neq 0)$이므로 가환률이 성립하지 않는다.

예제 6.5

집합의 합집합, 교집합의 연산은 $A \cup B = B \cup A$, $A \cap B = B \cap A$이므로 가환률이 성립한다.

2) 결합률(associative law)

연산 $*$가 모든 $a, b,\ c \in A$에 대하여

$$(a * b) * c = a * (b * c)$$

이면 이 연산 $*$를 결합률이 성립한다고 한다.

예제 6.6

모든 $a,\ b,\ c \in R$에 대하여 가법과 승법은 각각

$$(a+b)+c=a+(b+c),\ (ab)c=a(bc)$$

이므로 결합률이 성립한다. 그러나 감법과 제법은

$$(a-b)-c \neq a-(b-c),\ (a \div b) \div c \neq a \div (b \div c)(a,\ b,\ c \neq 0)$$

이므로 결합률이 성립하지 않는다.

예제 6.7

집합의 합집합, 교집합의 연산은

$$(A \cup B) \cup C = A \cup (B \cup C),\ (A \cap B) \cap C = A \cap (B \cap C)$$

이므로 결합률이 성립한다.

3) 배분률(distributive law)

두 연산 $\circ$, $*$가 모든 $a,\ b,\ c \in A$에 대하여

$$a \circ (b * c) = (a \circ b) * (a \circ c)$$

인 경우 연산 $\circ$를 연산 $*$ 위에서 배분률이 성립한다고 한다. 특히 이 경우를 좌(left) 배분률이 성립한다고 하고

$$(b \circ c) * a = (b \circ a) * (c \circ a)$$

인 경우를 우(right) 배분률이 성립한다고 한다. 일반적으로 좌우 배분률이 성립할 때 배분률이 성립한다고 한다.

예제 6.8

모든 a, b, $c \in R$에 대하여

$$a(b+c) = ab + ac(\text{좌배분률})$$
$$(b+c)a = ba + ca(\text{우배분률})$$

이므로 R상에서 승법은 가법에 대하여 배분률이 성립한다. 그러나

$$a + (bc) \neq (a+b)(a+c)$$
$$(bc) + a \neq (b+a)(c+a)$$

이므로 R상에서 가법은 승법에 대하여 배분률이 성립하지 않는다.

예제 6.9

집합의 합집합 및 교집합 연산은

$$A \cup (B \cap C) = (A \cup B) \cap (A \cup C)(\text{좌배분률})$$
$$A \cap (B \cup C) = (A \cap B) \cup (A \cap C)(\text{좌배분률})$$

이고 우배분률도 성립하므로 $\cup$은 $\cap$에 대하여 $\cap$은 $\cup$에 대하여 각각 배분률이 성립한다.

4) 항등원(identity element)

$*$가 집합 A에서의 연산이라 하자. 모든 $a \in A$에 대하여

$$e * a = a * e = a$$

인 $e \in A$를 연산 $*$에 관한 항등원이라고 한다.

예제 6.10

모든 실수 $a \in R$에 대하여 0은 $0 + a = a + 0 = a$이므로 가법에 관한 항등원이고 1은 $1 \cdot a = a \cdot 1 = a$이므로 승법에 관한 항등원이다.

예제 6.11

집합의 교집합 연산에서 전체집합(universal set) U는 모든 집합 A에 대하여

$$U \cap A = A \cap U = A$$

이므로 U는 $\cap$에 관한 항등원이고,

$$\varnothing \cup A = A \cup \varnothing = A$$

이므로 $\varnothing$는 $\cup$에 관한 항등원이다.

정리 6.1 집합 A에서의 연산 $*$에 대하여 항등원 $e \in A$가 존재하면 그 항등원 e는 유일하다.

증명 e와 e'가 연산 $*$에 대한 항등원들이라고 가정하면 $e * e' = e'$, $e * e' = e$, 따라서 $e = e * e' = e'$ ■

5) 역원(inverse element)

$*$를 집합 A에서의 연산, $e \in A$를 연산 $*$에 관한 항등원이라고 하자. 이 경우 모든 $a \in A$에 대하여

$$a * a^{-1} = a^{-1} * a = e$$

인 성질을 갖는 $a^{-1} \in A$를 a의 역원이라고 한다.

예제 6.12

실수의 가법에서 0은 항등원이므로 모든 실수 a에 대하여 $-a$는 가법에서의 역원이다. 또한 유리수의 승법에서 1은 항등원이며 이때 모든 0이 아닌 유리수 $\frac{p}{q}$에 대하여 그 역수 $\frac{q}{p}$는 승법에서의 역원이다. 한편 자연수 집합에서는 1 이외의 승법에서의 역원은 없다.

예제 6.13

집합 $S=\{a, b, c, d\}$에 다음과 같은 연산 $*$를 정의한다. 그러면 항등원은 b임을 알 수 있다. 또한 $a*c=c*a=b$이므로 c는 a의 역원이고, 동시에 a는 c의 역원이다. 즉 $a^{-1}=c$, $c^{-1}=a$

$*$	a	b	c	d
a	d	a	b	c
b	a	b	c	d
c	b	c	a	d
d	c	d	a	b

마찬가지로 $b^{-1}=b$, $d^{-1}=d$임을 알 수 있다.

▶ 연습문제 6.1

1. -1을 제외한 모든 실수 전체의 집합을 S라 하자. 임의의 $a, b\in S$에 대하여 연산 $*$를

$$a*b=a+b+ab$$

라 정의할 때

(a) $*$는 집합 S상의 이항연산이 됨을 보이시오

(b) S에서의 등식 $2*x*3=7$의 해를 구하시오

2. 유리수 전체의 집합 Q, 또 $a, b\in Q$에 대하여 연산 $\circ$을 $a\circ b=ab+1$로 정의할 때

(a) 연산 $\circ$는 가환률이 성립하는지 알아보시오.

(b) 연산 $\circ$는 결합률이 성립하는지 알아보시오.

6.2 군

한 집합은 결합법의 규칙 또는 결합법이 지닌 성질에 따라 서로 다른 구조를 갖는다. 대수계 중에서 가장 간단한 것이 반군이다. 연산 하나에 의하여 대수계가 되는 것은 반군, 단위적 반군 이외에 조건을 강화하여 군이 있으며 대수학에서 가장 기본이 되는 개념이 '군'이다.

정의 6.2

$G(\neq \varnothing)$를 집합, $*$를 G에 주어진 연산이라 하자. 이 경우

(a) G가 연산 $*$에 관하여 닫혀 있다. 즉 모든 a, $b \in G$에 대하여

$$a * b \in G$$

(b) 연산 $*$가 결합률을 만족한다. 즉 모든 a, b, $c \in G$에 대하여

$$a * (b * c) = (a * b) * c$$

를 만족할 때 $(G, *)$(또는 간단히 G)을 반군(semi-group)이라 한다.
또한 반군 $(G, *)$가 연산 $*$에 대한 항등원을 가질 때 $(G, *)$를 단위적 반군(semi-group with identity 또는 monoid)이라 한다.

자연수 전체의 집합 N은 가법에 관하여 닫혀 있고 결합률을 만족하므로 $(N, +)$는 반군이다. 한편 N은 승법에 관하여 반군이고 승법의 항등원 1을 가지므로 $(N, \cdot)$는 단위적 반군이다. 또한 정수 전체의 집합을 Z라 할 때 $(Z, +)$도 항등원 0을 갖는 단위적 반군이다.

대수계에서 가장 중요한 것은 군이며 그 정의는 다음과 같다.

정의 6.3

집합 $G(\neq \varnothing)$에 대하여 연산 $*$가 정의되어 있고 다음 조건을 만족할 때 $(G, *)$(또는 연산을 생략할 경우 간단히 G)를 군(group)이라 한다.

(a) 임의의 a, $b \in G$에 대하여 $a * b \in G$

(b) 임의의 a, b, $c \in G$에 대하여 $(a * b) * c = a * (b * c)$ (결합률)

(c) 임의의 $a \in G$에 대하여 $a * e = e * a = a$가 되는 원소 $e \in G$가 존재한다(e: 항등원).

(d) 임의의 $a \in G$에 대하여 $a * a^{-1} = a^{-1} * a = e$가 되는 원소 $a^{-1} \in G$가 존재한다(a^{-1}: a의 역원)

또한 군$(G, *)$가 임의의 a, $b \in G$에 대하여 $a * b = b * a$(가환률)을 만족할 때 이 군 $(G, *)$를 가환군(commutative group) 또는 Abel 군(Abelian group)이라 한다.

한편 군 G가 집합으로서 유한집합일 때 유한군(finite group), 집합으로서 무한집합일

때 **무한군**(infinite group)이라 한다. (Abel 군의 용어는 노르웨이의 수학자 Abel(1802~1829)를 기리기 위하여 사용한 것이다. Abel은 가환군을 연구하였고 대수학과 해석학 분야에 훌륭한 업적을 남겼다.)

군$(G, *)$에서 연산은 일반적으로 곱셈으로 표시하는 경우가 많다. 예를 들면 G의 원소 $a_1, a_2, \cdots, a_n$의 G의 연산에 의한 결합을 $a_1 a_2 \cdots a_n$으로 표시한다. 이때 만일 $a_1 = a_2 = \cdots = a_n = a$이면

$$a \cdot a \ldots a(n\text{회}) = a^n$$

같은 요령으로 $a^{-1} \cdot a^{-1} \cdots a^{-1}(n\text{회}) = (a^{-1})^n = a^{-n}$, 또 $a^0 = e$(항등원)로 표시한다. 이 경우 정수 m, n에 대하여 일반적인 지수법칙

$$a^m \cdot a^n = a^{m+n},\ (a^m)^n = a^{mn}$$

이 성립한다.

예제 6.14

정수 전체의 집합, 유리수 전체의 집합, 실수 전체의 집합 및 복소수 전체의 집합을 각각 Z, Q, R 및 C라고 하면 $(Z, +)$, $(Q, +)$, $(R, +)$, $(C, +)$는 모두 가환군이다. 이 경우 가법에 관하여 성립된 군을 **가군** 또는 **가법군**(additive group)이라 한다. 또 Q, R, C에서 0을 제외한 것을 각각 Q^*, R^*, C^*라고 하면 $(Q^*, \cdot)$ $(R^*, \cdot)$, $(C^*, \cdot)$는 가환군이다. 이 경우 승법에 관하여 성립된 군을 **승군** 또는 **승법군**(multiplicative group)이라 한다.

예제 6.15

실수를 성분(component)으로 하는 2×2 행렬(matrix) 전체의 집합을 $M_2(R)$이라 하자. 즉

$$M_2(R) = \left\{ \begin{bmatrix} a & b \\ c & d \end{bmatrix} \mid a, b, c, d \in R \right\}$$

$M_2(R)$에 다음과 같은 가법과 승법을 정의한다.

$\begin{bmatrix} a_1 & a_2 \\ a_3 & a_4 \end{bmatrix}$, $\begin{bmatrix} b_1 & b_2 \\ b_3 & b_4 \end{bmatrix} \in M_2(R)$에 대하여

$$(\text{상등})\begin{bmatrix} a_1 & a_2 \\ a_3 & a_4 \end{bmatrix} = \begin{bmatrix} b_1 & b_2 \\ b_3 & b_4 \end{bmatrix} \Leftrightarrow a_i = b_i \ \ (i = 1,\ 2,\ 3,\ 4)$$

$$(\text{가법})\begin{bmatrix} a_1 & a_2 \\ a_3 & a_4 \end{bmatrix} + \begin{bmatrix} b_1 & b_2 \\ b_3 & b_4 \end{bmatrix} = \begin{bmatrix} a_1+b_1 & a_2+b_2 \\ a_3+b_3 & a_4+b_4 \end{bmatrix}$$

$$(\text{승법})\begin{bmatrix} a_1 & a_2 \\ a_3 & a_4 \end{bmatrix} \cdot \begin{bmatrix} b_1 & b_2 \\ b_3 & b_4 \end{bmatrix} = \begin{bmatrix} a_1b_1+a_2b_3 & a_1b_2+a_2b_4 \\ a_3b_1+a_4b_3 & a_3b_2+a_4b_4 \end{bmatrix}$$

이 경우 $M_2(R)$는 위와 같이 정의된 행렬의 가법연산 하에서

$\begin{bmatrix} 0 & 0 \\ 0 & 0 \end{bmatrix}$을 항등원, $\begin{bmatrix} a_1 & a_2 \\ a_3 & a_4 \end{bmatrix}$의 역원을 $\begin{bmatrix} -a_1 & -a_2 \\ -a_3 & -a_4 \end{bmatrix}$

으로 하는 가군(Abel 군)이다.

행렬 $\begin{bmatrix} a_1 & a_2 \\ a_3 & a_4 \end{bmatrix}$의 **행렬식**(determinant) $= \begin{vmatrix} a_1 & a_2 \\ a_3 & a_4 \end{vmatrix} = a_1a_4 - a_2a_3$

이다. 임의의 행렬에 대하여 행렬식의 값이 0이 아닌 경우, 이 행렬을 **정칙행렬**(regular matrix)이라 한다.

예제 6.16

실수를 성분으로 하는 2×2 정칙 행렬 전체의 집합

$$LM_2(R) = \left\{ \begin{bmatrix} a & b \\ c & d \end{bmatrix} \mid a,\ b,\ c,\ d \in R,\ ad - bc \neq 0 \right\}$$

은 승법에 관하여 **비가환군**(non-commutative group)이다.

왜냐하면 임의의 두 원소 $\begin{bmatrix} a_1 & b_1 \\ c_1 & d_1 \end{bmatrix} \begin{bmatrix} a_2 & b_2 \\ c_2 & d_2 \end{bmatrix} \in LM_2(R)$에 대하여

$$\begin{bmatrix} a_1 & b_1 \\ c_1 & d_1 \end{bmatrix} \begin{bmatrix} a_2 & b_2 \\ c_2 & d_2 \end{bmatrix} = \begin{bmatrix} a_1a_2+b_1c_2 & a_1b_2+b_1d_2 \\ c_1a_2+d_1c_2 & c_1b_2+d_1d_2 \end{bmatrix}$$

이고 우변의 행렬식은

$$\begin{aligned}&(a_1a_2+b_1c_2)(c_1b_2+d_1d_2)-(a_1b_2+b_1d_2)(c_1a_2+d_1c_2)\\&=a_1a_2d_1d_2+b_1b_2c_1c_2-a_2b_1c_1d_2-a_1b_2c_2d_1\\&=(a_1d_1-b_1c_1)(a_2d_2-b_2c_2)\\&\neq 0\ (\because a_1d_1-b_1c_1\neq 0, a_2d_2-b_2c_2\neq 0)\end{aligned}$$

따라서 임의의 두 2×2 정칙 행렬의 곱은 2×2 정칙행렬이다. 즉$LM_2(R)$은 승법에 관하여 닫혀 있다.

한편 임의의 $\begin{bmatrix} a & b \\ c & d \end{bmatrix}\in LM_2(R)$에 대하여 $\begin{vmatrix} 1 & 0 \\ 0 & 1 \end{vmatrix}=1\neq 0$이고

$$\begin{bmatrix} 1 & 0 \\ 0 & 1 \end{bmatrix}\begin{bmatrix} a & b \\ c & d \end{bmatrix}=\begin{bmatrix} a & b \\ c & d \end{bmatrix}\begin{bmatrix} 1 & 0 \\ 0 & 1 \end{bmatrix}=\begin{bmatrix} a & b \\ c & d \end{bmatrix}$$

이므로 $\begin{bmatrix} 1 & 0 \\ 0 & 1 \end{bmatrix}$은$LM_2(R)$의 항등원이다.

또한 $LM_2(R)$에서는 승법에 관하여 결합률이 성립한다.

$LM_2(R)$의 임의의 두 원

$$\begin{bmatrix} a & b \\ c & d \end{bmatrix}\text{의 행렬식}=\begin{vmatrix} a & b \\ c & d \end{vmatrix}=ad-bc$$

를 Δ라 하면 $\Delta\neq 0$이고, 이때

$$\begin{bmatrix} a & b \\ c & d \end{bmatrix}\begin{bmatrix} \frac{d}{\Delta} & \frac{-b}{\Delta} \\ \frac{-c}{\Delta} & \frac{a}{\Delta} \end{bmatrix}=\begin{bmatrix} \frac{ad-bc}{\Delta} & \frac{-ab+ba}{\Delta} \\ \frac{cd-dc}{\Delta} & \frac{-bc+da}{\Delta} \end{bmatrix}=\begin{bmatrix} 1 & 0 \\ 0 & 1 \end{bmatrix}$$

이므로

$$\begin{bmatrix} a & b \\ c & d \end{bmatrix}\text{의 역원은}\begin{bmatrix} \frac{d}{\Delta} & \frac{-b}{\Delta} \\ \frac{-c}{\Delta} & \frac{a}{\Delta} \end{bmatrix}=\frac{1}{\Delta}\begin{bmatrix} d & -b \\ -c & a \end{bmatrix}$$

이다. 따라서 $LM_2(R)$은 승법에 관하여 군(승군)이다. 그러나 $LM_2(R)$의 두 원소에 대하여

$$\begin{bmatrix} 1 & 2 \\ 2 & 3 \end{bmatrix}\begin{bmatrix} 2 & 1 \\ 3 & 2 \end{bmatrix}=\begin{bmatrix} 8 & 5 \\ 13 & 8 \end{bmatrix}\neq\begin{bmatrix} 4 & 7 \\ 7 & 12 \end{bmatrix}=\begin{bmatrix} 2 & 1 \\ 3 & 2 \end{bmatrix}\begin{bmatrix} 1 & 2 \\ 2 & 3 \end{bmatrix}$$

가 되어 비가환임을 알 수 있다.

예제 6.17

임의의 자연수 n에 대하여 $Z_n=\{0, 1, 2, \cdots, n-1\}$에서의 가법 $\oplus$과 승법 $\odot$을 다음과 같이 정의한다.

임의의 $a, b \in Z_n$에 대하여

$$a \oplus b = a+b\text{를 } n\text{으로 나눈 나머지}$$
$$a \odot b = ab\text{를 } n\text{으로 나눈 나머지}$$

한편 $Z_n^* = \{x \in Z_n \mid x, n\text{은 서로 소}\}$라 정의하면 $(Z_n, \oplus)$, $(Z_n^*, \odot)$은 가환군이 된다.

예제 6.18

집합 S에서 S자신으로의 전단사(bijective)인 함수를 S상의 **치환**(permutation)이라 한다. (특히 집합 S가 기하학적 구조를 가지고 있는 경우에는 **변환**(transformation)이라 한다.)

S상의 치환 전체의 집합을 $\Sigma(S)$, 즉

$$\Sigma(S) = \{f \mid f : S \to S\text{는 전단사함수}\}$$

라 하자. $\Sigma(S)$에 연산으로 함수의 합성 $\circ$을 주면 $(\Sigma(S), \circ)$는 비가환군이다. 왜냐하면 임의의 $f, g \in \Sigma(S)$에 대하여 $f \circ g \in \Sigma(S)$이다. ($\Sigma(S)$는 합성 $\circ$하에 닫혀 있다.) 또 $\Sigma(S)$의 원소들의 합성은 결합률을 만족한다. 그리고 $\Sigma(S)$의 항등원은 $i_s(x) = x\,(x \in S)$로 정의되는 함수 $i_s : S \to S$이다. 또한 임의의 $f \in \Sigma(S)$는 역함수(inverse mapping) f^{-1}을 갖는다. 그런데 $f \circ g \neq g \circ f$이므로 $(\Sigma(S), \circ)$는 비가환군이다.

이 군을 S상의 **대칭군**(symmetry group) 또는 **변환군**(transformation group)이라 한다. 특히 $S=\{1, 2, \cdots, n\}$상의 대칭군 $\Sigma(S)$를 **n次의 대칭군**(symmetric group of degree n)이라 하고 $\Sigma_n, S_n, S_{ym}(n)$ 등으로 표시한다. 이 경우 Σ_n의 개수는 $n!$개이며 Σ_2만 가환군이 된다.

좀더 구체적으로 설명하면 1, 2, 3인 세 개의 숫자의 모든 순열의 집합을 Σ_3라 하자. 그러면Σ_3는 여섯 개의 원소

$$\begin{pmatrix}1\,2\,3\\1\,2\,3\end{pmatrix}=1,\ \begin{pmatrix}1\,2\,3\\2\,3\,1\end{pmatrix}=(1\,2\,3),\ \begin{pmatrix}1\,2\,3\\3\,1\,2\end{pmatrix}=(1\,3\,2),$$

$$\begin{pmatrix}1\,2\,3\\1\,3\,2\end{pmatrix}=(2\,3),\begin{pmatrix}1\,2\,3\\3\,2\,1\end{pmatrix}=(1\,3),\ \begin{pmatrix}1\,2\,3\\2\,1\,3\end{pmatrix}=(1\,2),$$

으로 구성된다. Σ_3에 다음과 같은 연산을 준다. 즉

$$(1\,2\,3)\cdot(2\,3)=\begin{pmatrix}1\,2\,3\\2\,3\,1\end{pmatrix}\begin{pmatrix}1\,2\,3\\1\,3\,2\end{pmatrix}=\begin{pmatrix}1\,2\,3\\3\,2\,1\end{pmatrix}=(1\,3)$$

이 경우 (Σ_3, ·)는 연산 ·에 관하여 닫혀 있고 결합률을 만족한다. 항등원은 1이며 또한 역원을 갖는다. 역원을 구하는 방법은 다음과 같다. 예를 들면

$$(1\,3\,2)^{-1}=\begin{pmatrix}1\,2\,3\\3\,1\,2\end{pmatrix}^{-1}=\begin{pmatrix}3\,1\,2\\1\,2\,3\end{pmatrix}=\begin{pmatrix}1\,2\,3\\2\,3\,1\end{pmatrix}=(1\,2\,3)$$

이다. 즉 $\begin{pmatrix}1\,2\,3\\3\,1\,2\end{pmatrix}$의 상행과 하행을 교환하여 $\begin{pmatrix}3\,1\,2\\1\,2\,3\end{pmatrix}$으로 고쳐 쓰고 이것을 상행의 1, 2, 3의 순서로 고쳐 쓴다. 실제 결과를 검토하면

$$(1\,3\,2)\cdot(1\,2\,3)=\begin{pmatrix}1\,2\,3\\3\,1\,2\end{pmatrix}\begin{pmatrix}1\,2\,3\\2\,3\,1\end{pmatrix}=\begin{pmatrix}1\,2\,3\\1\,2\,3\end{pmatrix}=1$$

$$(1\,2\,3)\cdot(1\,3\,2)=\begin{pmatrix}1\,2\,3\\2\,3\,1\end{pmatrix}\begin{pmatrix}1\,2\,3\\3\,1\,2\end{pmatrix}=\begin{pmatrix}1\,2\,3\\1\,2\,3\end{pmatrix}=1$$

가 되어

$(1\,3\,2)^{-1}=(1\,2\,3)$이다. 그러나

$$(1\ 2\ 3)\cdot(2\ 3)=(1\ 3)\neq(1\ 2)=(2\ 3)\cdot(1\ 2\ 3)$$

이 되어 연산 · 은 비가환이다. 따라서 (Σ_3, ·)은 3차의 대칭군이며 Σ_3의 여섯 개의 원들의 연산은 다음과 같다.

•	1	(1 2 3)	(1 3 2)	(2 3)	(1 3)	(1 2)
1	1	(1 2 3)	(1 3 2)	(2 3)	(1 3)	(1 2)
(1 2 3)	(1 2 3)	(1 3 2)	1	(1 3)	(1 2)	(2 3)
(1 3 2)	(1 3 2)	1	(1 2 3)	(1 2)	(2 3)	(1 3)
(2 3)	(2 3)	(1 2)	(1 3)	1	(1 3 2)	(1 2 3)
(1 3)	(1 3)	(2 3)	(1 2)	(1 2 3)	1	(1 3 2)
(1 2)	(1 2)	(1 3)	(2 3)	(1 3 2)	(1 2 3)	1

예제 6.19

정사각형이 아닌 직사각형을 공간 (R^3)상에서의 중심(gravity) 0을 지나는 직각을 축으로 하는 R^3의 회전 중에서 이 직사각형을 그 자신에 겹치도록 하는 회전(변환)은 다음 네 가지이다.

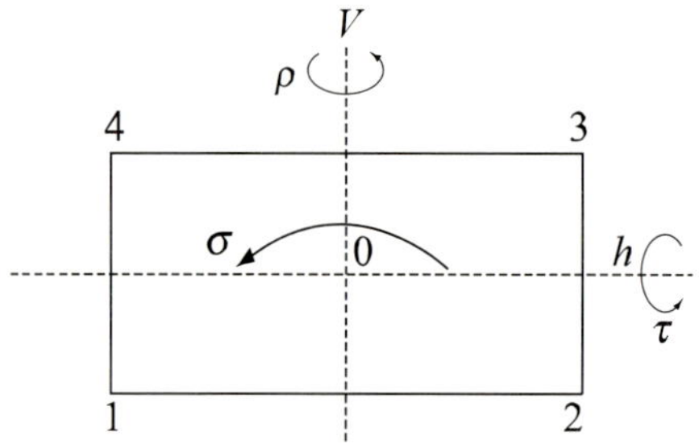

1 : 부동의 상태(0°회전)

σ: 0을 지나 이 직사각형을 품는 평면에 수직인 직선을 축으로 하는 180°회전

τ: 수평인 대칭축 h를 축으로 하는 180°회전

ρ : 수직인 대칭축 V를 축으로 하는 180°회전

이상의 네 개의 원소로 된 집합을 $V=\{1, \sigma, \tau, \rho\}$라 하고 V에 사상의 합성∘을 연산으로 정의하면 V는 군이 되며 이 군을 Klein의 4원군(Klein's four group)이라 한다. 이 경우 $\sigma^2=\tau^2=\rho^2=1$, $\sigma\tau=\tau\sigma=\rho$이며 합성표는 다음과 같다.

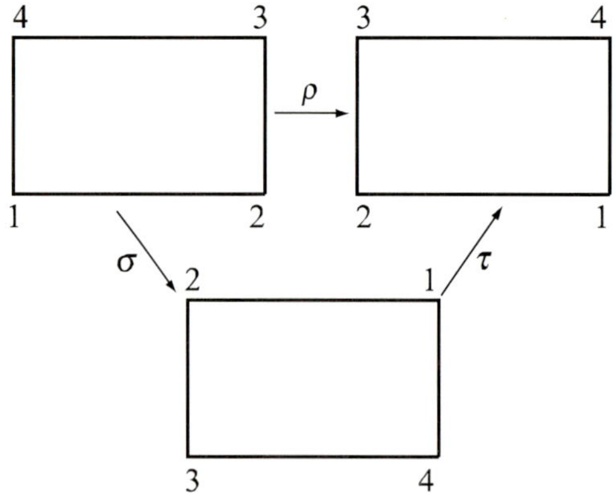

∘	1	σ	τ	ρ
1	1	σ	τ	ρ
σ	σ	1	ρ	τ
τ	τ	ρ	1	σ
ρ	ρ	τ	σ	1

한편 군에는 다음과 같은 성질이 있다.

정리 6.2 군$(G, *)$에 대하여

(a) 항등원은 유일하다.

(b) 임의의 $a \in G$의 역원 $a^{-1} \in G$는 유일하다.

(c) 임의의 $a, b, c \in G$에 대하여

$$a * b = a * c \Rightarrow b = c \text{ (left cancellation law)}$$

$$b * a = c * a \Rightarrow b = c \text{ (right cancellation law)}$$

(d) 임의의 $a, b \in G$에 대하여 방정식

$$a * x = b \text{와 } y * a = b$$

는 각각 $x = a^{-1} * b$, $y = b * a^{-1}$인 유일한 해를 갖는다.

(e) 임의의 $a \in G$에 대하여 $(a^{-1})^{-1} = a$

(f) 임의의 $a, b \in G$에 대하여

$$(a*b)^{-1} = b^{-1}*a^{-1}$$

증명 (a) e와 e'를 G의 항등원이라 하면 $e = e*e'$($\because$ e'가 항등원)$= e'$($\because$ e가 항등원). 따라서 항등원은 유일하다.

(b) x와 x'를 a의 역원이라 하면 $x' = x' * e = x' * (a * x) = (x' * a) * x = e * x = x$. 따라서 a의 역원은 유일하다.

(c) $a * b = a * c$라고 하자. 그러면 $a^{-1} * (a * b) = a^{-1} * (a * c)$, 결합률에 의하여 $(a^{-1} * a) * b = (a^{-1} * a) * c$, 즉 $b = c$. 같은 방법으로 $b * a = c * a \Rightarrow b = c$

(d) $x = a^{-1} * b$를 방정식에 대입하면 $a * (a^{-1} * b) = (a * a^{-1}) * b = e * b = b$가 되어 $x = a^{-1} * b$는 방정식 $a * x = b$의 해이다. 또한 방정식 $a * x = b$의 해를 k, k'라 하면 $a * k = a * k'$이고 (c)에 대하여 $k = k'$가 되어 해는 유일하다.

(e) $a^{-1} * a = a * a^{-1} = e$이므로 역원의 정의에 의하여 a^{-1}의 역원은 a이다. 즉 $(a^{-1})^{-1} = a$.

(f) $(a * b) * (b^{-1} * a^{-1}) = a * b * b^{-1} * a^{-1} = a * (b * b^{-1}) * a^{-1} = a * e * a^{-1} = (a * e) * a^{-1} = a * a^{-1} = e$.

같은 방법으로 $(b^{-1} * a^{-1}) * (a * b) = e$. 따라서 $a * b$의 역원은 $b^{-1} * a^{-1}$이다. 즉 $(a * b)^{-1} = b^{-1} * a^{-1}$. ■

정리 6.3 군 $(G, *)$에 대하여

(a) G가 가환군 ⇔ 임의의 $a, b \in G$에 대하여 $(a * b)^{-1} = a^{-1} * b^{-1}$

(b) 임의의 $x \in G$에 대하여 $x^2 = x * x = e$이면 G는 가환군이다.

증명 (a) $(a * b)^{-1} = b^{-1} * a^{-1} = a^{-1} * b^{-1}$. 역으로 $(a * b)^{-1} = a^{-1} * b^{-1}$라고 가정하자. 그러면 이것은 $a^{-1}, b^{-1} \in G$에 대해서도 성립하므로

$$(a^{-1} * b^{-1})^{-1} = (a^{-1})^{-1} * (b^{-1})^{-1}$$

가 성립한다. 따라서 [정리 6.2]의 (d) 및 (e)에 의하여, 임의의 $a, b \in G$에 대하여 다음이 성립한다. 즉

$$b * a = (b^{-1})^{-1} * (a^{-1})^{-1} = (a^{-1} * b^{-1})^{-1} = (a^{-1})^{-1} * (b^{-1})^{-1} = a * b$$

따라서 G는 가환군이다.

(b) $x * x = e$의 양변의 왼쪽에 x^{-1}를 곱하면 $x^{-1} * (x * x) = x^{-1} * e$, 즉 $x = x^{-1}$ 따라서 임의의 $x \in G$에 대해서 $x = x^{-1}$이다. 그러므로 임의의 $a, b \in G$에 대하여

$$a * b = (a * b)^{-1} = b^{-1} * a^{-1} = b * a$$

따라서 G는 가환군이다. ■

정의 6.4

군 $(G, \oplus)$에서 군 $(H, \odot)$로의 함수 $f: G \to H$가 모든 $a, b \in G$에 대하여

$$f(a \oplus b) = f(a) \odot f(b)$$

를 만족할 때 이 f를 G에서 H로의 (군)준동형사상(group homomorphism)이라 하고(이 경우 f는 G의 연산을 보존한다고 함), 준동형사상이 존재할 때 G와 H는 준동형(homomorphic)이라 한다. 만일 준동형사상 $f: G \to H$가 전단사함수일 때 f를 (군)동형사상(group isomorphism)이라 하고 동형사상이 존재할 때 G와 H는 동형(isomorphic)이라 하고 $G \cong H$로 표시한다.

군 $(G, \oplus)$와 군 $(H, \odot)$가 동형이라는 것은 그들이 같은 대수적 구조(algebraic structure)를 갖는다는 뜻이다. 즉 G와 H는 원과 연산들이 다르더라도 G의 원과 H의 원을 적당히 대응시킴으로써 전단사가 성립하고, 또한 G의 연산$\oplus$에 관한 모든 성질이 그대로 H의 연산 $\odot$에 관한 성질로 이동된다는 뜻이다. 따라서 원소와 연산만 다를 뿐 연산에 관한 모든 성질이 완전히 일치함을 의미한다.

예제 6.20

군 $(Z, +)$에서 군 $(nZ, +)$에 대하여 함수 $f: Z \to nZ$를 임의의 $a \in Z$에 대하여 $f(a) = na$로 정의하면, 임의의 $a, b \in Z$에 대하여

$$f(a+b) = n(a+b) = na + nb = f(a) + f(b)$$

이므로 f는 준동형사상이며, 또한 f는 전단사함수이므로 f는 동형사상이다. 따라서 이들 두 군은 동형이다. 즉 $Z \cong nZ$.

예제 6.21

군 $(Z, +)$에서 군 $(\{1, -1\}, \cdot)$으로의 사상 $f: Z \to \{1, -1\}$를 임의의 $n \in Z$에 대하여 $f(n) = (-1)^n$으로 정의하면 임의의 $m, n \in Z$에 대하여

$$f(m+n) = (-1)^{m+n} = (-1)^m \cdot (-1)^n = f(m) \cdot f(n)$$

이 되어 f는 준동형사상이다. 그러나 f는 전사(surjective)이나 단사(injective)는 아니다. 따라서 f는 동형사상이 아니다. 그러므로 두 군은 동형이 아니다. 즉 $Z \ncong \{1, -1\}$

정리 6.4 군 $(G, \oplus)$, $(H, \odot)$, $(K, *)$에 대하여 $f: G \to H$와 $g: H \to K$가 준동형사상이면 결합사상 $g \circ f: G \to K$도 준동형사상이다.

증명 임의의 $a, b \in G$에 대하여

$$(g \circ f)(a \oplus b) = g(f(a \oplus b)) = g(f(a) \odot f(b))$$

$$= g(f(a)) * g(f(b)) = (g \circ f)(a) * (g \circ f)(b)$$

따라서 합성사상 $g \circ f$는 G에서 K로의 준동형사상이다. ■

정리 6.5 군의 동형관계($\cong$)는 동치관계이다.

증명 (반사율) 임의의 군 G에 대하여 항등사상 i_c: $G \to G$는 동형사상이므로 $G \cong G$.
(대칭률) 군 G, H에 대하여 $G \cong H$라 가정하고 $f: G \to H$를 동형사상이라 하면 f는 전단사사상이므로 f의 역사상f^{-1}: $H \to G$가 존재한다. 이 경우 f는 전단사사상이다. 한편 a', $b' \in H$라 하면 $f(a) = a'$, $f(b) = b'$인 경우 a, $b \in G$가 존재하고 이때 $f^{-1}(a') = a$, $f^{-1}(b') = b$. 따라서

$f^{-1}(a'b') = f^{-1}(f(a)f(b)) = f^{-1}(f(ab)) = ab = f^{-1}(a')f^{-1}(b')$.

그러므로 f^{-1}는 동형사상이다. 따라서 $H \cong G$.
(추이율) 군 G, H, K에 대하여 $G \cong H$, $H \cong K$라 가정하고 사상 $f: G \to H$와 $g: H \to K$를 동형사상이라 한다. 이 경우 $g \circ f: G \to K$은 [정리 6.4]에 의하여 준동형사상이고 f, g가 전단사사상이므로 $g \circ f$도 전단사사상이다. 따라서 $g \circ f$는 동형사상이다. 그러므로 $G \cong K$. ■

정의 6.5

군 $(G, *)$의 부분집합 H가 연산 $*$에 관하여 군이 될 때 H를 G의 **부분군**(subgroup)이라 한다.

예제 6.22

군 $(Z, +)$, $(Q, +)$, $(R, +)$는 군 $(C, +)$의 부분군이며, 군 $(C, +)$는 군 $(C, +)$의 부분군이다.

예제 6.23

군 $(Q-\{0\}, \cdot)$은 군 $(R-\{0\}, \cdot)$의 부분군이며 군 $(\{1, -1\}, \cdot)$은 군 $(Q-\{0\}, \cdot)$의 부분군이다. 한편 $R-\{0\}$는 R의 부분집합이지만 군 $(R-\{0\}, \cdot)$는 연산이 다르기 때문에 군 $(R, +)$의 부분군이 아니다.
군 $(G, *)$의 항등원을 e라 할 때 $(\{e\}, *)$는 부분군이다. 또 G자신도 군 G의 부분군이다. 이때 부분군 $(\{e\}, *)$은 군 $(G, *)$의 **자명한 부분군**(trivial subgroup)이라 하고 G자신이 아닌 부분군을 **진부분군**(proper subgroup)이라 한다.

정리 6.6 H가 군 G의 부분군, K가 H의 부분군이면 K는 G의 부분군이다.

정리 6.7 H가 군$(G, *)$의 부분군이면 H의 항등원은 G의 항등원 e와 같다. 또한 임의의 $a \in H$의 역원은 G에서의 역원 a^{-1}이다.

증명 H의 항등원을 e'라 하면 임의의 $a \in H$에 대하여 $e' * a = a$이고, 한편 $a \in G$이므로 $e * a = a$이다. 따라서 $e = e'$. 또 $a \in H$의 H에서의 역원을 x라 하면 $a * x = e$, $a \in G$이므로 a의 G에서의 역원 a^{-1}에 대하여 $a * a^{-1} = e$가 되고 따라서 $x = a^{-1}$. ■

정리 6.8 $H(\neq \phi)$가 군 $(G, *)$의 부분집합일 때 다음은 서로 동치이다.

(a) H는 G의 부분군이다.

(b) (i) $a, b \in H \Rightarrow a * b \in H$

(ii) $a \in H \Rightarrow a^{-1} \in H$

(c) $a, b \in H \Rightarrow a * b^{-1} \in H$

증명 (a) ⇒ (b) H가 G의 부분군이면 군의 정의에 의하여 (b)가 성립된다.

(b) ⇒ (c) (b)의 성립을 가정하고 $a, b \in H$라 하자. 그러면 조건 (ii)에 의하여 $b^{-1} \in H$이고 따라서 조건 (i)에 의하여 $a, b^{-1} \in H$일 때 $a * b^{-1} \in H$이다.

(c) ⇒ (a) (c)의 성립을 가정하자. G에서 결합률이 성립하고 H는 G의 부분집합이므로 H에서도 결합률이 성립한다. 또한 $H \neq \phi$이므로 적어도 한 원소 $a \in H$가 존재한다. 따라서 (c)에 의하여 $a \in H$일 때 $e = a * a^{-1} \in H$이고, 또한 임의의 $b \in H$에 대하여 $b^{-1} = e * b^{-1} \in H$이다. 따라서 임의의 $a, b \in H$에 대하여 $a * b = a * (b^{-1})^{-1} \in H$가 되어 G는 군의 공리를 만족하므로 G의 부분군이다. ■

정리 6.9 $H(\neq \phi)$를 군 G의 유한부분집합이라 하면 다음은 동치이다.

(a) H는 G의 부분군이다.

(b) a, b∈H ⇒ ab∈H(ab는 a∗b)

증명 (a) ⇒ (b) H가 부분군이므로 (b)는 분명히 성립한다.

(b) ⇒ (a) (b)의 성립을 가정하고 $H = \{a_1, a_2, \cdots, a_n\}$이라 하자. 임의의 $a \in H$에 대하여 $aH = \{aa_1, aa_2, \cdots, aa_n\}$을 생각하면 (b)에 의해 $aH \subseteq H$이다. 만일 $aa_i = aa_j$이면 군 G의 소거법칙에 의하여 $a_i = a_j$이므로 aH의 원소는 모두 다르다. 따라서 $aH = H$이고 특히 $a \in aH$이다. 이것은 $a = aa_i$인 $a_i \in H \subseteq G$가 존재함을 뜻하고 따라서 $e = a_i \in H$이다.

특히 $e \in aH$이므로 $e = aa_j$인 $a_j \in H \subseteq G$가 존재한다. 따라서 $a^{-1} = a_j \in H$이다. 그러므로 [정리 6.8]에 의하여 H는 G의 부분군이다. ■

정리 6.10 $\{H_\alpha\}$를 군 G의 부분군들로 이루어진 집합족(family of sets)이라 하면 $H = \cap H_\alpha$는 G의 부분군이다.

증명 $e \in H$이므로 $H \neq \phi$이다. $a, b \in H$라 하면 임의의 H_α에 대하여 $a, b \in H_\alpha$이고 따라서 $ab^{-1} \in H_\alpha = H$이다. 그러므로 [정리 6.8]에 의하여 H는 G의 부분군이다.

■

연습문제 6.2

1. 다음 중 군인 것을 찾으시오(+와 •은 일상의 가법과 승법이다).

   (a) $(Q, \bullet)$ (b) $(R, \bullet)$

   (c) $(G, +)$, $G = \{1, -1\}$ (d) $(\{1, -1, i, -i\}, \bullet)$, $(i^2 = -1)$

2. 집합 $G = R - \{1\}$는 다음과 같이 정의된 연산에 관하여 군을 이룬다.

$$a \circ b = a + b + ab$$

   군$(G, \circ)$의 항등원과 각 원소 $a \in G$의 역원을 구하시오.

3. 군 $(G, *)$에서 다음이 성립함을 보이시오.

$$(a_1 * a_2 * \cdots * a_n)^{-1} = a_n^{-1} * \cdots * a_2^{-1} * a_1^{-1}$$

   (단 $a_1, a_2, \cdots, a_n \in G$)

4. 군 $(Z, +)$과 군$(R, +)$은 서로 동형이 아니고, 또 군$(Q, +)$과 군 $(R, +)$는 동형이 아니다. 그 이유를 말하시오.

5. 8을 법으로 하는 소수의 집합 $\{1, 3, 5, 7\}$은 승법에 관하여 군이나 가법에 관하여 군이 되지 않음을 보이시오.

6. 아래의 사실에 대하여 참 혹은 거짓을 (　　)안에 표시하시오.
   (a) 모든 군에서 결합률이 성립 한다(　　).
   (b) 소거법칙(cancellation law)이 성립하지 않은 군도 있을 수 있다(　　).
   (c) 모든 군은 자기 자신의 부분군이다(　　).
   (d) 덧셈 연산 하에서 군이 되는 모든 수의 집합은 곱셈 하에서도 또한 군이 된다(　　).

6.3 환

한 집합에 한 가지 이항 연산이 정의되었을 때, 군이라고 불려지는 대수적 구조가 성립하였다. 그러나 대수적 체계 중에는 한 집합 S에 두 가지 이항 연산 ($\circ$, $*$)이 정의되어 있어, 이들 이항연산이 S의 각 원소 a, b, c에 대하여

$$a * (b * c) = (a * b) \circ (a * c)$$

와 같은 배분법칙에 의하여 상호간에 관련지어진 것이 있다.

두 가지 이항연산이 정의되어 있는 대수적 체계 중에 환이라고 불려지는 대수적 체계에 대하여 알아본다.

정의 6.6

집합 R에 두 개의 연산 $\oplus$, $\odot$가 정의되어 있고 다음 조건을 만족할 때 (R, $\oplus$, $\odot$)(또는 간단히 R)을 환(ring)이라 한다.

(a) (R, $\oplus$)는 가환군이다.

(b) (R, $\odot$)는 반군이다.

즉, 임의의 a, $b \in R$에 대하여 $a \odot b \in R$이고 $\odot$은 결합률을 만족한다.

(c) 배분율이 성립한다. 즉 임의의 a, b, $c \in R$에 대하여

$$a \odot (b \oplus c) = (a \odot b) \oplus (a \odot c) \text{ (좌 배분률)}$$
$$(a \oplus b) \odot c = (a \odot c) \oplus (b \odot c) \text{ (우 배분률)}$$

편의상 환 R의 두 개의 연산 $\oplus$, $\odot$을 각각 가법, 승법으로 표시한다면 환 R의 가법에 관한 항등원을 영원(zero element) 또는 영(zero)이라 하며 0으로 표시한다.

만일 환 R의 승법에 관한 항등원이 존재한다면 그것을 단위원(unit element, unity)이라 하며 1로 표시한다.

정의 6.7

환 $(R, \oplus, \odot)$이 단위원 1을 가질 때, 즉 임의의 $a \in R$에 대하여 $1 \odot a = a \odot 1 = a$인 $1 \in R$이 존재할 때 R을 **단위적 환**(unitary ring with unity)이라 한다.

한편 환 R이 승법 $\odot$에 관하여 가환율을 만족할 때, 즉 임의의 $a, b \in R$에 대하여 $a \odot b = b \odot a$인 환 R을 **가환환**(commutative ring)이라 하고 가환율이 성립하지 않는 환을 **비가환환**(non-commutative ring)이라 한다.

또 환 R의 원소의 개수가 유한일 때 이 환을 **유한환**(finite ring)이라 하며 유한환이 아닌 경우의 환 R을 **무한환**(infinite ring)이라 한다.

예제 6.24

정수 전체의 집합, 유리수 전체의 집합, 실수 전체의 집합 및 복소수 전체의 집합을 각각 Z, Q, R 및 C라 하면 일상의 가법 및 승법에 대하여 $(Z, +, \bullet)$, $(Q, +, \bullet)$, $(R, +, \bullet)$ 및 $(C, +, \bullet)$는 모두 단위적 가환환이다. (특히 환$(Z, +, \bullet)$을 **정수환**(ring of integers)이라 한다.)

예제 6.25

실수를 성분으로 갖는 2×2 행렬 전체의 집합을 $M_2(R)$, 즉

$$M_2(R) = \left\{ \begin{bmatrix} a & b \\ c & d \end{bmatrix} \mid a, b, c, d \in R \right\}$$

이라 하고 $M_2(R)$에 통상적인 행렬의 가법과 승법을 정의하면 $(M_2(R), +, \bullet)$는 단위원 $\begin{bmatrix} 1 & 0 \\ 0 & 1 \end{bmatrix}$을 갖는 비 가환환이다. 이 환을 R상의 **2차행렬환**(matrix of degree 2)라 한다.

이것을 일반화하여 $n \times n$ 행렬 전체의 집합

$$M_n(R) = \left\{ \begin{bmatrix} a_{11} & \ldots & a_{1n} \\ \vdots & & \\ a_{n1} & \ldots & a_{nn} \end{bmatrix} \mid a_{ij} \in R,\ i, j = 1, 2, \ldots, n \right\}$$

에 위와 같은 가법과 승법을 주면 $(M_n(R), +, \bullet)$도 역시 단위적 비가환환이 된다. 이 환을 R 상의 **n차행렬환**(matrix ring of degree n)이라 한다.

예제 6.26

집합 $Q(\sqrt{2})=\{a+b\sqrt{2} \mid a, b\in Q\}$에 통상적인 가법과 승법을 준다. 즉 $Q(\sqrt{2})$의 임의의 두 元 $a+b\sqrt{2}$, $c+d\sqrt{2}$에 대하여

$$(a+b\sqrt{2}) + (c+d\sqrt{2})=(a+c)+(b+d)\sqrt{2}\in Q(\sqrt{2})$$

$$(a+b\sqrt{2})\cdot(c+d\sqrt{2})=(ac+2bd)+(ad+bc)\sqrt{2}\in Q(\sqrt{2})$$

이다. 따라서 $Q(\sqrt{2})$는 가법과 승법에 관하여 닫혀 있다.

이 경우, 첫째 $(Q(\sqrt{2}), +)$는 가환군이다. 즉

(a) 가법은 결합률이 성립한다.

(b) 영원 $0=0+0\cdot\sqrt{2}$가 존재한다.

(c) $a+b\sqrt{2}$의 역원은 $(-a)+(-b)\sqrt{2}$이다.

(d) 가법의 가환률이 성립한다.

둘째, $(Q(\sqrt{2}), \bullet)$는 반군(단위적이고 가환)이다. 즉

(a) 승법의 결합률이 성립한다.

(b) 단위원 $1=1+0\cdot\sqrt{2}$가 존재한다.

(c) 승법의 가환률이 성립한다.

셋째, $(Q(\sqrt{2}), +, \bullet)$은 가법(+)에 대한 승법(•)의 배분률이 성립한다.

이상의 결과에서 $(Q(\sqrt{2}), +, \bullet)$는 단위적 가환환이다.

예제 6.27

집합 $R^n=R\times R\times\ldots\times R(n\text{회})=\{(x_1,x_2,\cdots,x_n)\mid x_1,x_2,\cdots,x_n\in R\}$에 가법과 승법을 R^n의 임의의 두 원소 $(x_1,x_2,\cdots,x_n)$과 $(y_1,y_2,\cdots,y_n)$에 대하여

$$(x_1, x_2, \cdots, x_n)+(y_1, y_2, \cdots, y_n)=(x_1+y_1, x_2+y_2, \cdots, x_n+y_n)$$

$$(x_1,x_2,\cdots,x_n)\cdot(y_1,y_2,\cdots,y_n)=(x_1y_1,x_2y_2,\cdots,x_ny_n)$$

으로 정의하면$(R^n, +, \cdot)$는 단위원 $(1, 1, \cdots, 1)$을 갖는 가환환이다.

정리 6.11 $(R, +, \cdot)$을 환이라 할 때 임의의 x, $y\in R$에 대하여 다음이 성립한다.(+, •은 ⊕, ⊙를 편의상 표시한 것임을 잊어서는 안 된다).

(a) $x\cdot 0=0\cdot x=0$

(b) $x \cdot (-y) = (-x) \cdot y = -(x \cdot y)$

(c) $(-x) \cdot (-y) = xy$

증명 (a). $0+0=0$이므로 배분률에 의하여

$$x \cdot 0 = x \cdot (0+0) = x \cdot 0 + x \cdot 0$$

한편 $(R, +)$는 군이므로 임의의 $a \in R$에 대하여 $a+a=a$이면 $a=0$이므로 $x \cdot 0 = 0$이다. 같은 방법으로 $0 \cdot x = 0$이다.

(b). 배분률과 (a)에 의하여

$$x \cdot y + x \cdot (-y) = x \cdot (y + (-y)) = x \cdot 0 = 0$$

따라서 $x \cdot (-y)$의 가법에 관한 역원은 $-(x \cdot y)$이다. 즉 $x \cdot (-y) = -(x \cdot y)$. 같은 방법으로 $(-x) \cdot y = -(x \cdot y)$이다.

(c). (b)에 의하여

$$(-x) \cdot (-y) = -((-x) \cdot y) = -(-(x \cdot y))$$

한편 $(R, +)$는 군이므로 임의의 $a \in R$에 대하여 $-(-a) = a$이므로 $-(-(x \cdot y)) = x \cdot y$이다. 따라서 $(-x) \cdot (-y) = x \cdot y$이다. ■

군에서 부분군과 동형의 개념을 논하였듯이 이 개념을 환에 대해서도 확장시킬 수 있다.

정의 6.8

$(R, +, \cdot)$을 환이라 하고 $S(\neq \varnothing)$를 R의 부분집합이라 할 때 $(S, +, \cdot)$도 또한 환이 되면 S를 R의 **부분환**(subring)이라 한다.

예제 6.28

〈예제 6.24〉에서 $(Z, +, \cdot)$, $(Q, +, \cdot)$, $(R, +, \cdot)$ 및 $(C, +, \cdot)$는 모두 환이었다. 이 경우 Z는 Q의, Q는 R의, R은 C의 부분환이다.

예제 6.29

$2Z = \{2x \mid x \in Z\}$일 때 환 $(2Z, +, \cdot)$는 환 $(Z, +, \cdot)$의 부분환이다. 이때 환 Z의 단위원(승법의 항등원)은 1이나 부분환 $2Z$에는 단위원이 없다.

예제 6.30

집합 $Z^2 = Z \times Z = \{(x_1, x_2) \mid x_1, x_2 \in Z\}$과 집합 $S = \{(x_1, 0) \mid x_1 \in Z\}$에 대하여 〈예제 6.27〉과 같이 가법과 승법을 주면 환 $(S, +, \bullet)$은 환 $(Z^2, +, \bullet)$의 부분환이다. 이때 환 Z^2의 단위원은 (1, 1)이지만 부분환 S의 단위원은 (1, 0)이다.

[주의] 위의 예에서 본 바와 같이 환의 정의에서는 단위원의 존재를 가정하지 않으므로 환 R이 단위원을 갖는 환(단위적 환)일지라도 그 부분환 S는 단위원을 갖지 않을 수 있으며, 또 그 단위원이 1과 다를 수도 있다.

정리 6.12 환 $(R, +, \cdot)$의 부분집합 $S(\neq \phi)$가 환 R의 부분환이 되기 위한 필요충분조건은 다음 두 조건을 만족하는 것이다.

(a) $(S, +)$는 $(R, +)$의 부분군이다. 즉

$$x, y \in S \Rightarrow x - y \in S$$

(b) $x, y \in S \Rightarrow x \cdot y \in S$

증명 S가 R의 부분환이면 $(S, +, \cdot)$는 환이므로 두 조건 (a), (b)가 성립한다. 역으로 두 조건 (a), (b)가 성립한다고 가정하자. 이때 (a)에 의하여 $(S, +)$는 가환환이고 (b)에 의하여 S는 승법에 관하여 닫혀 있다. 또 S는 R의 부분집합이므로 S는 승법에 관한 결합률과 승법과 가법에 대한 배분율을 만족한다. 따라서 $(S, +, \cdot)$는 환이다. 그러므로 S는 R의 부분환이다. ■

예제 6.31

정수환 $(Z, +, \cdot)$의 부분군은 모두 $(nZ, +, \cdot)(nZ = \{nx \mid x \in Z, n \geq 0\})$의 꼴이다. 왜냐하면 $(nZ, +)$는 $(Z, +)$의 부분군이고(조건(a)) 또 nZ는 승법에 관하여 닫혀 있기 때문이다(조건 (b)).

정리 6.13 $\{S_\alpha\}$를 환 $(R, +, \cdot)$의 부분환들로 이루어진 집합족이라 할 때

$$\cap S_\alpha = \{a \in R \mid \text{모든 } \alpha\text{에 대하여 } a \in S_\alpha\}$$

는 R의 부분환이다.

증명 모든 α에 대해 $(S_\alpha, +)$는 $(R, +)$의 부분군이므로 $(\cap S_\alpha, +)$도 $(R, +)$의 부분군이다. (정리 6.10을 참고할 것). 이제 $a, b \in S_\alpha$ 이라 하면 각 α에 대하여 $a, b \in \cap S_\alpha$ 이므로 $ab \in \cap S_\alpha$. 따라서 $\cap S_\alpha$는 부분환이다. ■

정의 6.9

두 개의 환 $(R, +, \cdot)$와 $(R', +, \cdot)$ 사이에 사상 $f : R \to R'$가 환의 두 연산(R, R'의 두 개의 연산이 편의상 가법과 승법에 동일한 것으로 간주한다.)을 보존할 때, 즉 임의의 $a, b \in R$에 대하여

$$f : R \to R'$$

$$a+b \mapsto f(a+b) = f(a) + f(b)$$

$$a \cdot b \mapsto f(a \cdot b) = f(a) \cdot f(b)$$

를 만족할 때 f를 R에서 R'로의 **(환)준동형사상**(ring homomorphism)이라 한다.

특히 준동형사상 $f : R \to R'$가 전단사사상일 때 f를 **(환)동형사상**(ring isomorphism)이라 한다. 또 환 R에서 환 R'로의 동형사상이 존재할 때 R와 R'는 **(환)동형**(ring isomorphic)이라 하고 $R \cong R'$로 표시한다.

예제 6.32

정수환 $(Z, +, \cdot)$에서 잉여류환$(\overline{Z_n}, +, \cdot)$로의 사상 $f : Z \to \overline{Z_n}$을 $f(x) = \overline{x}\,(x \in Z)$로 정의하면 f는 환준동형사상이다.

왜냐하면 임의의 $x, y \in Z$에 대하여

$$f(x+y) = \overline{x+y} = \overline{x} + \overline{y} = f(x) + f(y),$$

$$f(x \cdot y) = x \cdot y = \overline{x} \cdot \overline{y} = f(x) \cdot f(y)$$

이기 때문이다.

한편 환 $(R, +, \cdot)$. $(R', +, \cdot)$에서 사상 $f : R \to R'$가 환준동형사상이라 하면 이 사상은 군 $(R, +)$에서 군 $(R', +)$로의 군준동형사상이다. 따라서 다음 성질이 성립된다.

(a) $f(0) = 0$ (좌변의 0은 R의 영원, 우변의 0은 R'의 영원)

(b) 임의의 $a \in R$에 대하여 $f(-a) = -f(a)$

정리 6.14 R, R' R''를 환이라 할 때 $f: R \to R'$와 $g: R' \to R''$가 환준동형사상이면 합성사상 $g \circ f: R \to R'$도 환준동형사상이다.

증명 임의의 x, $y \in R$에 대하여

$$(g \circ f)(x+y) = g(f(x+y)) = g(f(x)+f(y)) = g(f(x))+g(f(y))$$
$$= (g \circ f)(x)+(g \circ f)(y)$$

이고

$$(g \circ f)(x \cdot y) = g(f(x \cdot y)) = g(f(x) \cdot f(y)) = g(f(x)) \cdot g(f(y))$$
$$= (g \circ f)(x) \cdot (g \circ f)(y)$$

이므로 $g \circ f$는 R에서 R''로의 환준동형사상이다. ■

정리 6.15 환 R, R'에 대하여 $f: R \to R'$를 환준동형사상이라 할 때 f의 상(image)

$$\text{im} f = f(R)$$

은 R'의 부분환이다.

증명 x', $y' \in f(R)$이라 하면 $x' = f(x)$, $y' = f(y)$를 만족하는 원소 x, $y \in R$이 존재한다. 이때 $x-y \in R$이고 $xy \in R$이므로
$x'-y' = f(x)-f(y) = f(x)+f(-y) = f(x-y) \in f(R)$,
$x'y' = f(x)f(y) = f(xy) \in f(R)$
이다. 따라서 $f(R)$은 R'의 부분환이다. ■

▶ 연습문제 6.3

1. $(R, +, \cdot)$을 환이라 할 때 임의의 x, $y \in R$에 대하여 다음이 성립함을 증명하시오.
   (a) $0 \cdot x = 0$　　(b) $(-x) \cdot y = -(x \cdot y)$

2. 환 R의 모든 원소 a, b에 대하여 $a^2 - b^2 = (a+b)(a-b)$일 필요충분조건은 R이 가환환임을 보이시오

3. $f: Z \to 2Z$를 $f(n) = 2n$으로 정의할 때 다음을 보이시오.
   (a) f는 군 $(Z, +)$에서 군 $(2Z, +)$로의 군동형사상이다.
   (b) f는 환준동형사상이 아니다.

4. 아래 사항들이 참(T) 혹은 거짓(F)인지를 (   )속에 표시하여 보시오
   (a) 모든 환은 단위원을 가진다(   ).
   (b) 단위원을 갖는 모든 환은 적어도 두개의 단위원을 갖는다(   ).
   (c) 단위원을 갖는 모든 환은 기껏해야 두개의 단위원을 갖는다(   ).
   (d) 환이 되기 위해서 배분법칙은 그리 중요하지 않다(   ).
   (e) 모든 환에서 덧셈은 가환 적이다(   ).
   (f) 환에서 모든 원소는 덧셈에 관한 역원을 갖는다(   ).

5. 집합 $R = \{0, 1, a, b\}$에 대하여 가법 $(+)$과 승법$(\cdot)$을 다음과 같이 정의할 때 $(R, +, \cdot)$은 가환환임을 보이시오.

$+$	0	1	a	b
0	0	1	a	b
1	1	0	b	a
a	a	b	0	1
b	b	a	1	0

$\cdot$	0	1	a	b
0	0	0	0	0
1	0	1	a	b
a	0	a	a	0
b	0	b	0	b

6. $R^2 = R \times R = \{(a, b) \mid a, b \in R\}$에 가법 $(+)$과 승법 $(\cdot)$을 다음과 같이 정의할 때

$$(a, b) + (c, d) = (a + c, b + d)$$

$$(a, b) \cdot (c, d) = (ac - bd, ad + bc)$$

   다음이 성립함을 증명하시오.
   (a) $(R^2, +, \cdot)$는 단위원 $(1, 0)$을 갖는 가환환이다.
   (b) $f: C \to R^2$를 $f(a + bi) = (a, b)$로 정의할 때 f는 C에서 R^2으로의 동형사상이다.

7. 2차행렬환$M_2(R)$에서

$$A=\left\{\begin{bmatrix} a & b \\ 0 & c \end{bmatrix} \mid a,\ b,\ c \in R\right\}, \qquad B=\left\{\begin{bmatrix} a & b \\ 0 & 0 \end{bmatrix} \mid a,\ b \in R\right\}$$

$$C=\left\{\begin{bmatrix} a & 0 \\ 0 & b \end{bmatrix} \mid a,\ b \in R\right\}, \qquad D=\left\{\begin{bmatrix} a & b \\ -b & a \end{bmatrix} \mid a,\ b \in R\right\}$$

은 모두$M_2(R)$의 부분환임을 보이시오.

6.4 체

유리수 전체의 집합 Q는 덧셈에 대해서 가환군이다. 그러나 곱셈에 대해서는 가환군이 아니다. 왜냐하면 $0 \cdot x = \frac{1}{2}$을 만족시키는 x가 존재하지 않고 또 $0 \cdot x = 0$을 만족시키는 x는 무수히 있어서 일의적으로 정해지지 않는, 말하자면 곱셈의 역연산이 가능하지 않기 때문이다. 그러나 Q에서 0을 제외한 집합 $Q-\{0\}$을 생각하면 곱셈의 역연산은 항상 가능하다.

유리수의 집합 Q를 연산에서 본 특징은 다음과 같다.

(a) 덧셈에 대해서 가환군이다.
(b) 0을 제외하면 곱셈에 대해서 군이다
(c) 분배법칙 $a(b+c)=ab+ac$가 성립한다.
(d) $Q-\{0\}$은 곱셈의 역연산이 가능하다

이들 4개의 조건 중 (a), (b), (c)는 Q가 가환환이 되기 위한 조건이므로, Q의 특징은 다음과 같이 간결하게 정의된다.

- Q는 가환환이다.
- $Q-\{0\}$은 곱셈에 대해서 가환군이다.

이때 유리수의 집합 Q를 체라고 한다.

정의 6.10

$(F, +, \cdot)$가 단위원을 갖는 가환환이고 $F^* = F - \{0\}$(0은 F의 영원)가 F에 정의되어 있는 승법에 관하여 가환군이 될 때 $(F, +, \cdot)$를 **체**(field)라 한다.

예제 6.33

유리수 전체의 집합, 실수 전체의 집합, 복소수 전체의 집합 Q, R, C에 대하여 $(Q, +, \cdot)$, $(R, +, \cdot)$, $(C, +, \cdot)$는 모두 체이다. 이들을 각각 **유리수체**(field of rational numbers), **실수체**(field of real numbers), **복소수체**(field of complex numbers)라 한다.

예제 6.34

법 3에 관한 잉여류환 $(\overline{Z_3}, +, \cdot)$는 체이나 법 4에 관한 잉여류환 $(\overline{Z_4}, +, \cdot)$는 체가 아니다.

[주의] 일반적으로 법 n에 관한 잉여류환 $(\overline{Z_n}, +, \cdot)$가 체가 될 필요충분조건은 n이 소수(prime)이다.

정의 6.11

체 $(F, +, \cdot)$의 부분집합 F'가 F의 연산 $(+, \cdot)$에 의하여 체를 이룰 때 F'를 F의 **부분체**(subfield)라 한다. 만일 체 F가 그 자신을 제외하고는 부분체가 없을 때 체 F를 **소체**(prime field)라 한다.

예제 6.35

유리수체 Q는 실수체 R의 부분체이고, 실수체 R은 복소수체 C의 부분체이다.

정리 6.16 유리수체 Q(유리수 전체의 집합으로 된 체)는 소체이다.

증명 Q의 부분체 Q'를 $Q' \subsetneq Q$라 하자. 이때 Q'가 체이므로 Q'에는 단위원 1이 존재한다. 따라서 $1 \in Q'$이므로 결국 정수체 Z(정수 전체의 집합으로 된 환)는 Q'에 포함됨을 알 수 있다. 기약분수 $\frac{q}{p}$가 Q'에 속하지 않는다고 가정하자. 그러나 $p \in Q'$이므로 p의 역원$\frac{1}{p}$ $\in Q'$이다. 따라서

$$\frac{1}{p} + \frac{1}{p} + \cdots + \frac{1}{p}(q\text{회}) = \frac{q}{p} \in Q'$$

가 모순이다. 그러므로 $Q = Q'$이다. 즉 Q의 부분체는 반드시 Q와 일치되고 따라서 Q는 소체이다. ■

▶ 연습문제 6.4

1. $R = \{0, 1, a, b\}$에 가법 (+)과 승법 (·)을 다음과 같이 정의할 때 $(R, +, \cdot)$은 체임을 보이시오.

+	0	1	a	b
0	0	1	a	b
1	1	0	b	a
a	a	b	0	1
b	b	a	1	0

·	0	1	a	b
0	0	0	0	0
1	0	1	a	b
a	0	a	b	1
b	0	b	1	a

2. $(\overline{Z_5}, +, \cdot)$의 가법표 및 승법표를 만들고 이것이 체가 됨을 보이시오.

3. 어떤 체 F의 부분체 F'의 단위원(unity element)은 원래의 체 F의 단위원과 일치함을 보이시오.

4. 어떤 체 F의 부분체들의 교집합(intersection)은 다시 체 F의 부분체가 됨을 보이시오.

6.5 행렬과 행렬식

행렬과 행렬식은 현대수학뿐만 아니라 자연과학, 사회과학, 공학 등 여러 방면에 걸쳐 광범위하게 응용되는 분야로서 이들 개념의 정의와 성질을 살펴본다.

1) 행렬

정의 6.12

$m \times n$ **행렬**(matrix) A란 m개의 수평인 **행**(row)과 n개의수직인 **열**(column)로써 mn개의 수를 직사각형 모양으로 배열한 것이다. 즉

$$A = \begin{bmatrix} a_{11} & a_{12} & \ldots & a_{1n} \\ a_{21} & a_{22} & \ldots & a_{2n} \\ \vdots & & & \\ a_{m1} & a_{m2} & \ldots & a_{mn} \end{bmatrix}$$

이다. 행렬 A의 i째 행은

$$\left[a_{i1}a_{i2}\ldots a_{in}\right](1 \le i \le m)]$$

이고 행렬 A의 j째 열은

$$\begin{bmatrix} a_{1j} \\ a_{2j} \\ \vdots \\ a_{mj} \end{bmatrix} (1 \le j \le n)$$

가 된다. $m=n$일 때 행렬 A를 n차 **정방행렬**(square matrix of order n)이라 하고 수 $a_{11}, a_{22}, \cdots, a_{nn}$을 A의 **주대각성분** 또는 간단히 **대각성분**(diagonal entry)이라 한다. 행렬 A의 i째 행과 j째 열에 위치한 수a_{ij}를 A의 $(i,\ j)$**성분**(entry) 또는 **원소**(element)라 하고 $m \times n$행렬 A를 간단히

$$A = [a_{ij}]_{m \times n} \quad \text{또는} \quad A = [a_{ij}]$$

와 같이 표시한다.

또 $1 \times n$ 행렬을 **행** 또는 n차원 **행벡터**(row vector), $m \times 1$ 행렬을 **열** 또는 m차원 **열벡터**(column vector)라고 한다.

예제 6.36

$$A=\begin{bmatrix} 1 & 2 & 3 \\ -1 & 0 & 1 \end{bmatrix}: a_{12}=2, a_{22}=0 \text{인 } 2\times 3 \text{행렬}$$

$$B=\begin{bmatrix} 1 \\ -1 \\ 2 \end{bmatrix}: b_{11}=1, b_{21}=-1, b_{31}=2 \text{인 행렬(열} vector)$$

$$C=\begin{bmatrix} 1 & 1 & 0 \\ 2 & 0 & 1 \\ 3 & -1 & 3 \end{bmatrix}: 3\text{차정방행렬}$$

$$D=[-1,0,2]: 1\times 3 \text{행렬(행} vector)$$

$$E=[3]: 1\text{차정방행렬}$$

정의 6.13

주대각성분을 제외한 모든 성분이 0, 즉 $i \neq j$일 때 a_{ij}=0인 정방행렬 $A=[a_{ij}]$를 **대각행렬**(diagonal matrix)이라 하고, 주대각성분이 모두 같은 대각행렬, 즉$i \neq j$이면 a_{ij}=0이고 $i=j$이면 $a_{ij}=k$인 대각행렬 $A=[a_{ij}]$를 **스칼라행렬**(scalar matrix)이라 한다.

예제 6.37

$$A_1=\begin{bmatrix} 3 & 0 \\ 0 & -2 \end{bmatrix},\ A_2=\begin{bmatrix} -2 & 0 & 0 \\ 0 & -3 & 0 \\ 0 & 0 & 4 \end{bmatrix}$$

$$A_3=\begin{bmatrix} -3 & 0 \\ 0 & -3 \end{bmatrix},\ I_3=\begin{bmatrix} 1 & 0 & 0 \\ 0 & 1 & 0 \\ 0 & 0 & 1 \end{bmatrix}$$

은 모두 대각행렬이고 A_3 및 I_3는 스칼라 행렬이다.

정의 6.14

$m\times n$행렬 $A=[a_{ij}]$, $B=[b_{ij}]$$(1 \le i \le m,\ 1 \le j \le n)$에 대하여

(a) (상등) $A=B \Leftrightarrow a_{ij}=b_{ij}$

(b) (가법) $A+B=[a_{ij}+b_{ij}]$

예제 6.38

$A=\begin{bmatrix}1 & 2 & 3\\ -1 & 0 & 4\\ 0 & 3 & 4\end{bmatrix}, B=\begin{bmatrix}1 & x & 3\\ -1 & 0 & y\\ z & 3 & 4\end{bmatrix}$일 때 $x=2,\ y=4,\ z=0$이면 $A=B$이다.

예제 6.39

$$A=\begin{bmatrix}-4 & 6 & 3\\ 0 & 1 & 2\end{bmatrix},\ B=\begin{bmatrix}5 & -1 & 0\\ 3 & 1 & 0\end{bmatrix}$$ 일 때

$$A+B=\begin{bmatrix}-4+5 & 6+(-1) & 3+0\\ 0+3 & 1+1 & 2+0\end{bmatrix}=\begin{bmatrix}1 & 5 & 3\\ 3 & 2 & 2\end{bmatrix}$$

정리 6.17 임의의 $m\times n$행렬 $A,\ B,\ C$에 대하여

(a) $A+B=B+A$(가환율)

(b) $(A+B)+C=A+(B+C)$(결합률)

(c) $A+O=O+A=A$인 $m\times n$행렬 O가 유일하게 존재한다(이 행렬 O를 **영행렬**(zero matrix)이라 한다).

(d) $A+(-A)=(-A)+A=O$인 $m\times n$행렬 $-A$가 유일하게 존재한다(행렬 $-A$를 A의 **음행렬**(negative matrix of A)이라 한다. 이런 의미에서 $A+(-B)$를 $A-B$로 쓰고 이것을 A와 B의 **차**(difference)라 한다).

정의 6.15

$m\times p$행렬 $A=[a_{ij}]$와 $p\times n$행렬 $B=[b_{ij}]$에 대하여 $m\times n$행렬 $C=[c_{ij}]$를

$$c_{ij}=a_{i1}b_{1j}+a_{i2}b_{2j}+\ldots+a_{ip}b_{pj}\,(1\le i\le m, 1\le j\le n)$$

로 정의하고 $C=[c_{ij}]$를 A와 B의 **곱**(product)이라 한다. 즉

$$AB=\begin{bmatrix}a_{11} & a_{12} & \ldots & a_{1p}\\ a_{21} & a_{22} & \ldots & a_{2p}\\ \vdots & \vdots & & \vdots\\ a_{m1} & a_{m2} & \ldots & a_{mp}\end{bmatrix}\begin{bmatrix}b_{11} & b_{12} & \ldots & b_{1n}\\ b_{21} & b_{22} & \ldots & b_{2n}\\ \vdots & \vdots & & \vdots\\ b_{p1} & b_{p2} & \ldots & b_{pn}\end{bmatrix}=\begin{bmatrix}c_{11} & c_{12} & \ldots & c_{1n}\\ c_{21} & c_{22} & \ldots & c_{2n}\\ \vdots & \vdots & & \vdots\\ c_{m1} & c_{m2} & \ldots & c_{mn}\end{bmatrix}=C$$

단 $c_{ij}=\begin{bmatrix}a_{i1} & a_{i2} & \ldots & a_{ip}\end{bmatrix}\begin{bmatrix}b_{1j}\\ b_{2j}\\ \vdots\\ b_{pj}\end{bmatrix}$

위의 정의에 의하면 행렬 C의 $(i,\ j)$성분은 A의 i째 행에 있는 각각의 성분과 B의 j째 열에 있는 각각의 대응하는 성분끼리 곱한 것을 모두 합한다는 사실이다. 따라서 A와 B의 곱 (승법)은 반드시 A의 열의 개수와 B의 행의 개수가 일치할 때만 가능하다.

예제 6.40

$$\begin{bmatrix}1 & -1 & 2\\ 3 & 0 & 2\end{bmatrix}\begin{bmatrix}1 & 2 & 0\\ 0 & -1 & 1\\ 1 & 2 & -1\end{bmatrix}$$

$$=\begin{bmatrix}1\times1+(-1)\times0+2\times1 & 1\times2+(-1)\times(-1)+2\times2 & 1\times0+(-1)\times1+2\times(-1)\\ 3\times1+0\times0+2\times1 & 3\times2+0\times(-1)+2\times2 & 3\times0+0\times1+2\times(-1)\end{bmatrix}$$

$$=\begin{bmatrix}3 & 7 & -3\\ 5 & 10 & -2\end{bmatrix}$$

예제 6.41

$A=\begin{bmatrix}1 & 2\\ -1 & 3\end{bmatrix},\ B=\begin{bmatrix}2 & 1\\ 0 & 1\end{bmatrix}$일 때

$$AB=\begin{bmatrix}2 & 3\\ -2 & 2\end{bmatrix}\neq\begin{bmatrix}1 & 7\\ -1 & 3\end{bmatrix}=BA$$

위의 사실들로부터 $A=[a_{ij}]_{m\times p},\ B=[b_{ij}]_{p\times n}$이면 $AB=[c_{ij}]_{m\times n}$이다.

그러나

(a) BA가 정의되지 않을 수도 있다. 즉 $n\neq m$일 때는 BA는 정의되지 않는다.

(b) $m=n$일 때 BA가 정의되어도 BA는 $p\times p$행렬이고, AB는 $m\times n$ 행렬이므로, $m\neq p$이면 AB와 BA는 서로 다른 크기의 행렬이다.

(c) BA와 AB가 같은 크기일지라도 이들은 서로 같지 않을 수도 있다.

예제 6.42

$A=\begin{bmatrix}1 & 2\\ 2 & 4\end{bmatrix},\ B=\begin{bmatrix}4 & -6\\ -2 & 3\end{bmatrix}$일 때 $AB=\begin{bmatrix}0 & 0\\ 0 & 0\end{bmatrix}$이다. 즉 $A,\ B$가 영행렬이 아니어도 곱 AB는 영행렬이다. 즉 $A\neq0,\ B\neq0$이고 $AB=0$이다. 이 경우 $A,\ B$를 **영인자**(zero factor)라 한다.

예제 6.43

$$A=\begin{bmatrix}1&2\\2&4\end{bmatrix},\ B=\begin{bmatrix}2&1\\3&2\end{bmatrix},\ C=\begin{bmatrix}-2&7\\5&-1\end{bmatrix}$$ 에 대하여

$$AB=AC=\begin{bmatrix}8&5\\16&10\end{bmatrix}$$ 이다.

즉 $AB=AC$, $A\neq 0$이어도 $B\neq C$라는 사실이다. 이 성질은 수에서는 성립되지 않는다.

정리 6.18 (행렬의 승법에 관한 성질)

(a) A, B, C가 각각 $m\times n$, $n\times r$, $r\times s$ 행렬이면

$(AB)C=A(BC)$ (결합률)

(b) (i) A가 $m\times n$ 행렬, B와 C가 $n\times r$ 행렬이면

$A(B+C)=AB+AC$ (좌배분률)

(ii) A와 B가 $m\times r$ 행렬, C가 $r\times n$ 행렬이면

$(A+B)C=AC+BC$ (우배분률)

예제 6.44

$$A=\begin{bmatrix}1&2\\3&4\\0&1\end{bmatrix},\ B=\begin{bmatrix}4&3\\2&1\end{bmatrix},\ C=\begin{bmatrix}1&0\\2&3\end{bmatrix}$$ 에 대하여

$$AB=\begin{bmatrix}1&2\\3&4\\0&1\end{bmatrix}\begin{bmatrix}4&3\\2&1\end{bmatrix}=\begin{bmatrix}8&5\\20&13\\2&1\end{bmatrix}$$

$$(AB)C=\begin{bmatrix}8&5\\20&13\\2&1\end{bmatrix}\begin{bmatrix}1&0\\2&3\end{bmatrix}=\begin{bmatrix}18&15\\46&39\\4&3\end{bmatrix}$$

한편 $$BC=\begin{bmatrix}4&3\\2&1\end{bmatrix}\begin{bmatrix}1&0\\2&3\end{bmatrix}=\begin{bmatrix}10&9\\4&3\end{bmatrix}$$

$$A(BC)=\begin{bmatrix}1&2\\3&4\\0&1\end{bmatrix}\begin{bmatrix}10&9\\4&3\end{bmatrix}=\begin{bmatrix}18&15\\46&39\\4&3\end{bmatrix}$$

따라서 $(AB)C=A(BC)$이다.

예제 6.45

$A=\begin{bmatrix}2 & 2 & 3\\3 & -1 & 2\end{bmatrix}, B=\begin{bmatrix}1 & 0\\2 & 2\\3 & -1\end{bmatrix}, C=\begin{bmatrix}-1 & 2\\1 & 0\\2 & -2\end{bmatrix}$에 대하여

$$A(B+C)=\begin{bmatrix}2 & 2 & 3\\3 & -1 & 2\end{bmatrix}\begin{bmatrix}0 & 2\\3 & 2\\5 & -3\end{bmatrix}=\begin{bmatrix}21 & -1\\7 & -2\end{bmatrix}$$

한편 $AB+AC=\begin{bmatrix}15 & 1\\7 & -4\end{bmatrix}+\begin{bmatrix}6 & -2\\0 & 2\end{bmatrix}=\begin{bmatrix}21 & -1\\7 & -2\end{bmatrix}$

따라서 $A(B+C)=AB+AC$

주대각선 성분이 모두 1이고 그 외의 성분은 모두 0인 $n\times n$ 대각행렬

$$I_n=\begin{bmatrix}1 & 0 & \dots & 0\\0 & 1 & \dots & 0\\\vdots & & \ddots & \\0 & 0 & \dots & 1\end{bmatrix}$$

을 n**차 단위행렬**(identity matrix)이라 한다. 이 경우 A가 $m\times n$ 행렬일 때

$$I_mA=AI_n=A$$

이다.

예제 6.46

$A=\begin{bmatrix}4 & -2 & 3\\5 & 0 & 2\end{bmatrix}$일 때 2차 단위행렬 $I_2=\begin{bmatrix}1 & 0\\0 & 1\end{bmatrix}$에 대하여 $I_2A=A$이다.

한편 3차 단위행렬 $I_3=\begin{bmatrix}1 & 0 & 0\\0 & 1 & 0\\0 & 0 & 1\end{bmatrix}$에 대하여 $AI_3=A$이다.

정의 6.16

$A=[a_{ij}]_{m\times n}$이고 r이 실수일 때 A의 r**스칼라배**(scalar multiple) rA를

$$b_{ij}=ra_{ij}(1\le i\le m, 1\le j\le n)$$

로 정의되는 행렬 $B=[b_{ij}]_{m\times n}$으로 정의한다. 즉 B는 A의 각 성분에 r을 곱한 것이다.

예제 6.47

$r=-3$이고 $A=\begin{bmatrix}4 & -2 & 3\\ 2 & -5 & 0\\ 3 & 6 & -2\end{bmatrix}$이면 $rA=\begin{bmatrix}-12 & 6 & -9\\ -6 & 15 & 0\\ -9 & -18 & 6\end{bmatrix}$이다.

정리 6.19 실수 r, s에 대하여

(a) A가 $m\times n$ 행렬이면 $r(sA)=(rs)A$

(b) A가 $m\times n$ 행렬이면 $(r+s)A=rA+sA$

(c) A, B가 $m\times n$ 행렬이면 $r(A+B)=rA+rB$

(d) A는 $m\times p$, B는 $p\times n$ 행렬이면 $A(rB)=r(AB)$

예제 6.48

$r=-2$, $A=\begin{bmatrix}1 & 2 & 3\\ -2 & 0 & 1\end{bmatrix}$, $B=\begin{bmatrix}2 & -1\\ 1 & 4\\ 0 & -2\end{bmatrix}$일 때

$$A(rB)=\begin{bmatrix}1 & 2 & 3\\ -2 & 0 & 1\end{bmatrix}\begin{bmatrix}-4 & 2\\ -2 & -8\\ 0 & 4\end{bmatrix}=\begin{bmatrix}-8 & -2\\ 8 & 0\end{bmatrix}$$

$$r(AB)=(-2)\begin{bmatrix}4 & 1\\ -4 & 0\end{bmatrix}=\begin{bmatrix}-8 & -2\\ 8 & 0\end{bmatrix}$$

따라서 $A(rB)=r(AB)$이다.

정의 6.17

$A=[a_{ij}]$가 $m\times n$ 행렬일 때

$$a_{ij}^t=a_{ji}(1\leq i\leq m, 1\leq j\leq n)$$

으로 정의되는 $n\times m$ 행렬 $A^t=[a_{ij}^t]$를 A의 전치행렬(transposed matrix)이라 한다. 즉 A의 전치행렬 A^t는 A의 행과 열을 교환해서 얻게 된다. 또 $A^t=A$ 일 때 행렬 $A=[a_{ij}]$를 대칭행렬(symmetric matrix)이라 한다. 따라서 A가 대칭행렬이면 A의 성분은 주대각선에 관하여 대칭이다.

예제 6.49

$$A=\begin{bmatrix}2&3\\1&4\\5&6\end{bmatrix}\Rightarrow A^t=\begin{bmatrix}2&1&5\\3&4&6\end{bmatrix}$$

$$B=[1\ 3\ 5]\Rightarrow B^t=\begin{bmatrix}1\\3\\5\end{bmatrix}$$

$$C=\begin{bmatrix}3&5&-2\\5&4&1\\-2&1&7\end{bmatrix}\Rightarrow C^t=\begin{bmatrix}3&5&-2\\5&4&1\\-2&1&7\end{bmatrix}$$

정리 6.20 r이 스칼라이고 A와 B가 행렬이면

(a) $(A^t)^t=A$

(b) $(A+B)^t=A^t+B^t$

(c) $(AB)^t=B^tA^t$

(d) $(rA)^t=rA^t$

증명 (c) $A=[a_{ij}]_{m\times p}$, $B=[b_{ij}]_{p\times n}$이라 하자. 그리고 $(AB)^t$의 $(i,\ j)$ 성분을 c_{ij}^t라 하자. 그러면

$$\begin{aligned}c_{ij}^t&=c_{ij}=a_{j1}b_{1i}+a_{j2}b_{2i}+\ldots+a_{jp}b_{\pi}\\&=a_{1j}^tb_{i1}^t+a_{2j}^tb_{i2}^t+\ldots a_{pj}^tb_{ip}^t\\&=b_{i1}^ta_{1j}^t+b_{i2}^ta_{2j}^t+\ldots+b_{ip}^ta_{pj}^t\\&=B^tA^t\text{의 }(i,j)\text{성분}\end{aligned}$$

■

예제 6.50

$$A=\begin{bmatrix}1&3&2\\2&-1&3\end{bmatrix},\quad B=\begin{bmatrix}0&1\\2&2\\3&-1\end{bmatrix}\text{에 대하여}$$

$$(AB)^t=\begin{bmatrix}12&7\\5&-3\end{bmatrix}\text{이고,}$$

$$B^tA^t=\begin{bmatrix}0&2&3\\1&2&-1\end{bmatrix}\begin{bmatrix}1&2\\3&-1\\2&3\end{bmatrix}=B=\begin{bmatrix}12&7\\5&-3\end{bmatrix}$$

따라서 $(AB)^t=B^tA^t$.

정의 6.18

$n \times n$ 행렬 A에 대하여

$$AB = BA = I_n$$

을 만족하는 $n \times n$ 행렬 B가 존재할 때 A를 가역(invertible) 또는 정칙(non-singular)이라 하고, B를 A의 역행렬(inverse matrix)이라 하며 A^{-1}로 표시한다. 만일 이러한 B가 존재하지 않을 때 A를 비가역(non-invertible) 또는 비정칙(singular)이라 한다.

예제 6.51

$A = \begin{bmatrix} 4 & 0 & 5 \\ 0 & 1 & -6 \\ 3 & 0 & 4 \end{bmatrix}$, $B = \begin{bmatrix} 4 & 0 & -5 \\ -18 & 1 & 24 \\ -3 & 0 & 4 \end{bmatrix}$라 하면

$$AB = BA = I_3$$

이다.

예제 6.52

$A = \begin{bmatrix} 1 & 2 \\ 2 & 4 \end{bmatrix}$라 하자. 만일 $B = \begin{bmatrix} a & b \\ c & d \end{bmatrix}$가 A의 역행렬이라 하면

$$AB = \begin{bmatrix} 1 & 2 \\ 2 & 4 \end{bmatrix} \begin{bmatrix} a & b \\ c & d \end{bmatrix} = \begin{bmatrix} 1 & 0 \\ 0 & 1 \end{bmatrix}$$

이므로

$$\begin{bmatrix} a+2c & b+2d \\ 2a+4c & 2b+4d \end{bmatrix} = \begin{bmatrix} 1 & 0 \\ 0 & 1 \end{bmatrix}$$

이다. 따라서

$$a + 2c = 1, \ 2a + 4c = 0$$

을 얻게 된다. 그러나 이 연립 방정식은 해를 갖지 않는다. 따라서 A의 역행렬 B는 존재하지 않는다. 즉 A는 비가역이다.

정리 6.21 어떤 행렬이 역행렬을 갖는다면 그 역행렬은 유일하다.

증명 B와 C를 A의 역행렬이라 하자. 그러면

$$BA = AC = I_n$$

이다. 그런데

$$B = BI_n = B(AC) = (BA)C = I_nC = C$$

이므로 따라서 A의 역행렬은 하나뿐이다. ■

예제 6.53

$A = \begin{bmatrix} 1 & 2 \\ 3 & 4 \end{bmatrix}$라 하자. A^{-1}을 구하기 위하여 $A^{-1} = \begin{bmatrix} a & b \\ c & d \end{bmatrix}$라 하자. 그러면

$$AA^{-1} = \begin{bmatrix} 1 & 2 \\ 3 & 4 \end{bmatrix}\begin{bmatrix} a & b \\ c & d \end{bmatrix} = I_2 = \begin{bmatrix} 1 & 0 \\ 0 & 1 \end{bmatrix}$$

즉

$$\begin{bmatrix} a+2c & b+2d \\ 3a+4c & 3b+4d \end{bmatrix} = \begin{bmatrix} 1 & 0 \\ 0 & 1 \end{bmatrix}$$

이다. 따라서 연립방정식

$$\begin{matrix} a+2c=1 \\ 3a+4c=0 \end{matrix} \quad \text{과} \quad \begin{matrix} b+2d=0 \\ 3b+4d=0 \end{matrix}$$

을 풀면 이 해는 $a=-2$, $b=1$, $c=\frac{3}{2}$, $d=-\frac{1}{2}$이 된다. 그러므로 A는 정칙이며

$$A^{-1} = \begin{bmatrix} -2 & 1 \\ \frac{3}{2} & -\frac{1}{2} \end{bmatrix}$$

정리 6.52 (a) A가 정칙이면A^{-1}도 정칙이고$(A^{-1})^{-1} = A$이다.

(b) A, B가 정칙이면 AB도 정칙이고 $(AB)^{-1} = B^{-1}A^{-1}$이다.

(c) A가 정칙이면 $(A^t)^{-1} = (A^{-1})^t$이다.

증명 (a) 만일$A^{-1}B = B^{-1}A = I_n$인 B가 존재한다면A^{-1}는 정칙이다. 그런데 A가 정칙이므로 $A^{-1}A = AA^{-1} = I_n$이다. 따라서A^{-1}는 정칙이고 $B = A$는 A^{-1}의 역행렬이다. 즉$(A^{-1})^{-1} = A$.

(b) $(AB)(B^{-1}A^{-1}) = A(BB^{-1})A^{-1} = AI_nA^{-1} = AA^{-1} = I_n$,

$$(B^{-1}A^{-1})(AB) = B^{-1}(A^{-1}A)B = B^{-1}I_nB = I_n$$

이므로 AB는 정칙이다. 그런데 역행렬은 유일하므로

$$(AB)^{-1} = B^{-1}A^{-1}$$

(c) $AA^{-1} = A^{-1}A = I_n$이므로 전치행렬을 구하면

$$(AA^{-1})^t = (A^{-1}A)^t = I_n^t = I_n$$

이다. 이것은 $(A^{-1})^tA^t = A^t(A^{-1})^t = I_n$이므로 $(A^t)^{-1} = (A^{-1})^t$ 일반적으로 $A_1, A_2, \ldots, A_r$가 $n \times n$ 정칙행렬이면 $A_1A_2 \ldots A_r$도 정칙이고 $(A_1A_2 \ldots A_r)^{-1} = A_r^{-1}A_{r-1}^{-1} \ldots A_2^{-1}A_1^{-1}$이다. ■

▶ 연습문제 6.5

1. $A = \begin{bmatrix} 3 & 2 \\ -1 & 3 \end{bmatrix}$, $B = \begin{bmatrix} 4 & 0 \\ 1 & 5 \end{bmatrix}$, $C = \begin{bmatrix} 0 & -1 \\ 4 & 6 \end{bmatrix}$이고 $a = -3$, $b = -2$라고 할 때 다음을 밝히시오.

   (a) $A + (B + C) = (A + B) + C$
   (b) $(AB)C = A(BC)$
   (c) $(a + b)C = aC + bC$
   (d) $a(B - C) = aB - aC$
   (e) $a(BC) = (aB)C = B(aC)$
   (f) $A(B - C) = AB - AC$
   (g) $(A^t)^t = A$
   (h) $(A + B)^t = A^t + B^t$
   (i) $(aC)^t = aC^t$
   (j) $(AB)^t = B^tA^t$

2. $\begin{bmatrix} \cos\theta & \sin\theta \\ -\sin\theta & \cos\theta \end{bmatrix}$의 역행렬을 구하여라.

3. $A = \begin{bmatrix} 1 & 0 \\ 2 & 3 \end{bmatrix}$일 때 다음을 구하여라.

   ① A^3　　② A^{-3}　　③ $A^2 - 2A + I$

4. $\begin{bmatrix} 1 & 1 & 0 \\ 0 & 1 & 1 \\ 1 & 0 & 1 \end{bmatrix}$의 역행렬을 구하여라.

2) 행렬식

행렬식의 사상은 1693년에 Leibniz가 쓴 편지 속에서 찾아 볼 수 있으나, G. Cramer가 그의 저서 대수곡선론(1750년)에서 일차연립방정식의 해법과 관련시켜서 행렬식을 사용한 이후 그 이론이 연구되기 시작하였다. 여기서는, 행렬식의 기본 성질을 조사하고, 그 간단한 응용을 알아본다.

정의 6.19

자연수의 집합 $\{1, 2, 3, \cdots, n\}$의 원소를 빠지거나 중복이 없이 어떤 순서로 나열하는 것을 순열(permutation)이라 한다.

예제 6.54

자연수의 집합 {1, 2, 3}에는 다음 여섯 가지의 순열이 존재한다.

$$(1,\ 2,\ 3),\ (2,\ 1,\ 3),\ (3,\ 1,\ 2)$$
$$(1,\ 3,\ 2),\ (2,\ 3,\ 1),\ (3,\ 2,\ 1)$$

일반적으로 집합 $\{1,\ 2,\ \cdots,\ n\}$은 $n(n-1)\cdots 2\cdot 1 = n!$개의 순열을 갖는다.

집합 $\{1,\ 2,\ \cdots,\ n\}$의 순열을 일반적으로 나타내기 위하여$(j_1,\ j_2,\ \ldots,\ j_n)$인 기호를 사용하자. 순열$(j_1,\ j_2,\ \ldots,\ j_n)$에 있어서 어떤 큰 자연수가 작은 자연수보다 앞에 나타나 있을 때 **전도**(inversion) 또는 **도치**(transposition)가 나타났다고 한다. 전도가 발생하고 있는 합계수를 **전도수**(numbers of inversions)라 한다. 전도수를 계산하려면 다음과 같이 하는 것이 편리하다.

(a) 첫째로 j_1보다 작은 자연수의 개수를 구한다.

(b) 다음에 $j_2,\ \ldots,\ j_{n-1}$ 중에서 j_2 보다 작은 자연수의 개수를 구한다. 이하 이것을 반복해서 개수의 합계를 취하면 총 전도수가 된다.

예제 6.55

다음 순열의 전도수를 구하여라.

(a) (6, 1, 3, 4, 5, 2)의 전도수는 5+0+1+1+1=8

(b) (2, 4, 1, 3)의 전도수는 1+2+0=3

(c) (1, 2, 3, 4)의 전도수는 0+0+0=0

정의 6.20

전도수가 짝수인 순열을 **우순열**(even permutation), 홀수인 순열을 **기순열**(odd permutation)이라 한다.

예제 6.56

집합 {1, 2, 3}의 순열들을 예로 하여 우, 기순열을 분류하면 다음 표와 같다.

순열	전도수	구분
(1, 2, 3)	0	우순열
(1, 3, 2)	1	기순열
(2, 1, 3)	1	기순열
(2, 3, 1)	2	우순열
(3, 1, 2)	2	우순열
(3, 2, 1)	3	기순열

정의 6.21

$n \times n$ 행렬

$$A = \begin{bmatrix} a_{11} & a_{12} & \dots & a_{1n} \\ a_{21} & a_{22} & \dots & a_{2n} \\ \vdots & \vdots & & \vdots \\ a_{n1} & a_{n2} & \dots & a_{nn} \end{bmatrix}$$

에 대하여 다음 어느 행, 어느 열에서나 하나씩 택한 A의 성분의 n개의 곱을 A의 **기본곱**(elementary product from A)이라 한다.

예제 6.57

다음 행렬의 기본곱을 구하여라.

(a) $\begin{bmatrix} a_{11} & a_{12} \\ a_{21} & a_{22} \end{bmatrix}$

(b) $\begin{bmatrix} a_{11} & a_{12} & a_{13} \\ a_{21} & a_{22} & a_{23} \\ a_{31} & a_{32} & a_{33} \end{bmatrix}$

[해답] (a)기본곱은 두 성분의 곱이고 각 성분은 다른 행에서 택하여지므로 $a_{1\_}a_{2\_}$ 인 형식으로 표현된다(_ 의 기호는 성분의 열 번호). 또한 어느 열에서도 하나의 성분만을 택해야 하므로 열의 수는 $\underline{1}$, $\underline{2}$ 또는 $\underline{2}$, $\underline{1}$이다. 따라서 $a_{11}a_{22}$ 및$a_{12}a_{21}$이 구하는 기본곱이다.
(b) 기본곱은 세 개의 성분의 곱으로서 어떤 행에서도 한 개의 성분만을 택해야 하므로 $a_{1\_}a_{2\_}a_{3\_}$ 의형으로 표현된다. 또 어느 열에서도 한 개의 성분만을 택해야 하므로 "_" 중에 들어가는 열 번호에 중복은 허용되지 않는다. 즉 이들은 집합 {1, 2, 3}의 순열과 같은 개수의 선택법이 있다. 따라서 구하는 기본곱은 3!=6개 있고

$a_{11}a_{22}a_{33}$, $a_{12}a_{21}a_{33}$, $a_{13}a_{21}a_{32}$

$a_{11}a_{23}a_{32}$, $a_{12}a_{23}a_{31}$, $a_{13}a_{22}a_{31}$이다.

위의 예에서 본 바와 같이 $n \times n$ 행렬은 $n!$개의 기본곱을 갖는다. 이들은 $a_{1j_1}a_{2j_2}\cdots a_{nj_n}$의형인 곱의 전체이다. 여기서$(j_1, j_2, \ldots, j_n)$은 {1, 2, ⋯, n}의 순열 전체를 나타내는 것을 의미한다.

기본곱$a_{1j_1}a_{2j_2}\cdots a_{nj_n}$에 + 또는 − 부호를 붙인 것을 행렬 A의 **부호부 기본곱**(signed elementary product from A)이라 한다. 단 이 부호는$(j_1, j_2, \ldots, j_n)$이 우순열일 때는 +, 기순열일 때는 −를 붙이는 것으로 약속한다. ■

예제 6.58

다음 행렬의 부호부 기본곱을 모두 구하여라.

(a) $\begin{bmatrix} a_{11} & a_{12} \\ a_{21} & a_{22} \end{bmatrix}$

(b) $\begin{bmatrix} a_{11} & a_{12} & a_{13} \\ a_{21} & a_{22} & a_{23} \\ a_{31} & a_{32} & a_{33} \end{bmatrix}$

[해답]

	기본곱	열번호의 순열	구분	부호부 기본곱
(a)	$a_{11}a_{22}$	(1, 2)	우	$a_{11}a_{22}$
	$a_{12}a_{21}$	(2, 1)	기	$-a_{12}a_{21}$
(b)	$a_{11}a_{22}a_{33}$	(1, 2, 3)	우	$a_{11}a_{22}a_{33}$
	$a_{11}a_{23}a_{32}$	(1, 3, 2)	기	$-a_{11}a_{23}a_{32}$
	$a_{12}a_{21}a_{33}$	(2, 1, 3)	기	$-a_{12}a_{21}a_{33}$
	$a_{12}a_{23}a_{31}$	(2, 3, 1)	우	$a_{12}a_{23}a_{31}$
	$a_{13}a_{21}a_{32}$	(3, 1, 2)	우	$a_{13}a_{21}a_{32}$
	$a_{13}a_{22}a_{31}$	(3, 2, 1)	기	$-a_{13}a_{22}a_{31}$

정의 6.22

A를 정방행렬이라 할 때 행렬식함수(determinant function)를 det로 표현하고 det(A)를 모든 부호부 기본곱의 합으로 정의하고 이 수 det(A)를 A의 **행렬식**(determinant)이라 한다. 또 det(A)를 $|A|$로 표시하기도 한다. 즉

$$\det(A) = |A| = \sum \pm a_{1j_1} a_{2j_2} \cdots a_{nj_n}$$

예제 6.59

(a) $\det\begin{bmatrix} a_{11} & a_{12} \\ a_{21} & a_{22} \end{bmatrix} = a_{11}a_{22} - a_{12}a_{21}$

(b) $\det\begin{bmatrix} a_{11} & a_{12} & a_{13} \\ a_{21} & a_{22} & a_{23} \\ a_{31} & a_{32} & a_{33} \end{bmatrix} = a_{11}a_{22}a_{33} + a_{12}a_{23}a_{31} + a_{13}a_{21}a_{32}$

$$- a_{13}a_{22}a_{31} - a_{12}a_{21}a_{33} - a_{11}a_{23}a_{32}$$

위의 예를 기억하여 두면 편리하나 이것을 암기하려면 곤란함이 많다. 따라서 Sarrus의 방법(2차 및 3차 행렬식에 한한다)을 소개한다. 〈예제 6.59〉의 (a)는 그림 (ⅰ)에서 우측으로 향한 화살표 위의 성분의 곱에서 좌측으로 향한 화살표 위의 성분의 곱을 빼서 얻었다. 또 (b)는 첫째 열과 둘째 열을 그림 (ⅱ)에서 표시한 것처럼 다시 쓰고 우측으로 향한 화살표 위의 모든 성분의 곱을 각각 합한 것에서 좌측으로 향한 화살표 위의 성분의 곱들을 뺀 것이다.

(ⅰ)

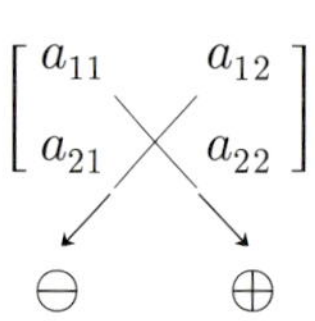

(ⅱ)

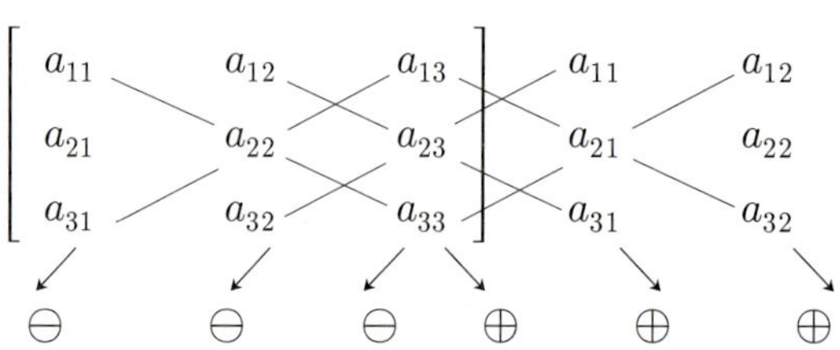

예제 6.60

다음 행렬식을 sarrus의 방법으로 계산하여라.

(a) $\begin{vmatrix} 3 & 1 \\ 4 & -2 \end{vmatrix} = (3)(-2)-(1)(4) = -10$

(b) $\begin{vmatrix} 1 & 2 & 3 \\ -4 & 5 & 6 \\ 7 & -8 & 9 \end{vmatrix} = 45+84+96-105-(-48)-(-72) = 240$

정의에 따라서 행렬식을 계산하는 작업은 일반적으로 매우 번거로운 일이다. 실제로 4차 행렬식의 경우 4!=24개의 기본곱과 그 부호의 결정이 필요하게 된다. 만약 10차 행렬식의 경우 10!=3,628,800개의 기본곱이 생긴다. 더 나아가서 고성능 컴퓨터를 사용했다 하여도 25차 행렬식 정도가 되면 실용적인 시간 내에 계산하기는 곤란하다. 따라서 행렬식의 계산은 가능한 한 간단한 방법이 요청되는 것이다.

정리 6.23 정방행렬 A가 0으로 이루어진 행을 가질 때 det(A)=0이다.

증명 행렬 A의 어떤 부호부 기본곱도 반드시 각각의 행에서 한 개씩의 성분이 택하여진다. 따라서 만일 행렬 A가 0으로만 이루어진 행을 갖는다면 어느 기본곱도 0을 인자로서 포함하게 되고 따라서 0이다. 그런데 det(A)는 기본곱에 +, 또는 −를 붙인 것의 총합이므로 결국 det(A)=0이다. ■

정의 6.23

주대각선보다 아래의 성분이 모두 0인 정방행렬을 **상삼각행렬**(upper triangular matrix), 주대각선보다 위쪽의 성분이 모두 0인 정방행렬을 **하삼각행렬**(lower triangular matrix)이라 한다. 또한 주대각선보다 위쪽 또는 아래쪽의 성분이 모두 0인 정방행렬을 간단히 **삼각행렬**(triangular matrix)이라 한다.

예제 6.61

(a) $\begin{bmatrix} a_{11} & a_{12} & a_{13} \\ 0 & a_{22} & a_{23} \\ 0 & 0 & a_{33} \end{bmatrix}$ (3차 상삼각행렬)

(b) $\begin{bmatrix} a_{11} & 0 & 0 & 0 \\ a_{21} & a_{22} & 0 & 0 \\ a_{31} & a_{32} & a_{33} & 0 \\ a_{41} & a_{42} & a_{43} & a_{44} \end{bmatrix}$ (4차 하삼각행렬)

예제 6.62

〈예제 6.61〉의 (b)에서 행렬을 A라 할 때 det(A)를 구하여라.

[해답] 행렬 A의 기본곱 중에서 0이 아닌 나머지는 $a_{11}a_{22}a_{33}a_{44}$뿐이다. 왜냐하면 대표적인 기본곱 $a_{1j_1}a_{2j_2}a_{3j_3}a_{4j_4}$를 살펴보면 $a_{12}=a_{13}=a_{14}=0$이므로 0이 아닌 기본곱을 가지려면 $j_1=1$이어야 하고 $j_1=1$이면 같은 열에 두 인자가 들어올 수 없으므로 $j_2 \neq 1$이어야 한다. 더구나 $a_{23}=a_{24}=0$이므로 0이 아닌 기본곱을 가지려면 $j_2=2$이어야 한다. 이와 같은 방법으로 계산하면 $j_3=3$, $j_4=4$를 얻는다. 부호부 기본곱을 구성할 때 $a_{11}a_{22}a_{33}a_{44}$에는 +1이 곱해지므로

$$\det(A)=a_{11}a_{22}a_{33}a_{44}$$

이다. ■

위의 예를 일반화하면 $n\times n$인 삼각행렬에 대하여 다음 정리가 성립함을 알 수 있다.

정리 6.24 A가 n차 삼각행렬이면, 그 행렬식 det(A)는 주대각선상의 성분의 곱과 같다. 즉

$$\det(A)=a_{11}a_{22}\ldots a_{nn}$$

예제 6.63

$$\begin{vmatrix} 2 & 7 & -3 & 8 & 3 \\ 0 & -3 & 7 & 5 & 1 \\ 0 & 0 & 6 & 7 & 6 \\ 0 & 0 & 0 & 9 & 8 \\ 0 & 0 & 0 & 0 & 4 \end{vmatrix} = (2)(-3)(6)(9)(4) = -1296$$

다음 정리는 행렬에 관한 기본 행연산이다.

정리 6.25 A가 $n\times n$ 행렬일 때

(a) A'가 A의 어떤 한 행을 어떤 상수 k배해서 만든 행렬이면

$$\det(A')=k\det(A)$$

(b) A'가 A의 두 개의 행을 교환해서 만든 행렬이면

$$\det(A')=-\det(A)$$

(c) A'가 A의 어떤 한 행을 몇 배해서 다른 행에 더해서 만든 행렬이면

$$\det(A') = \det(A)$$

예제 6.64

$$A = \begin{bmatrix} 1 & 2 & 3 \\ 0 & 1 & 4 \\ 1 & 2 & 1 \end{bmatrix},\quad A_1 = \begin{bmatrix} 4 & 8 & 12 \\ 0 & 1 & 4 \\ 1 & 2 & 1 \end{bmatrix},\quad A_2 = \begin{bmatrix} 0 & 1 & 4 \\ 1 & 2 & 3 \\ 1 & 2 & 1 \end{bmatrix},\quad A_3 = \begin{bmatrix} 1 & 2 & 3 \\ -2 & -3 & 2 \\ 1 & 2 & 1 \end{bmatrix}$$

에 대하여

$$\det(A) = -2,\ \det(A_1) = -8,\ \det(A_2) = 2,\ \det(A_3) = -2$$

이다. 그런데 A_1은 A의 제 1행을 4배 한 것이고, A_2는 A의 제 1행과 제 2행을 교환한 것이며, A_3는 A의 제 3행을 (−2)배 하여 제 2행에 더한 것이다. 이때

$$\det(A_1) = 4\det(A)$$

$$\det(A_2) = -\det(A)$$

$$\det(A_3) = \det(A)$$

이다.

예제 6.65

[정리 6.25]의 (a)는 행렬의 행의 성분이 공통인자(common factor)를 가질 때 그것을 행렬식 기호 밖으로 끌어낼 수 있다고 이해하면 계산응용이 편리하다. 즉

$$\begin{vmatrix} a_{11} & a_{12} & a_{13} \\ ka_{21} & ka_{22} & ka_{23} \\ a_{31} & a_{32} & a_{33} \end{vmatrix} = k\begin{vmatrix} a_{11} & a_{12} & a_{13} \\ a_{21} & a_{22} & a_{23} \\ a_{31} & a_{32} & a_{33} \end{vmatrix}$$

예제 6.66

$A = \begin{bmatrix} 0 & 1 & 5 \\ 3 & -6 & 9 \\ 2 & 6 & 1 \end{bmatrix}$에 대한 $\det(A)$를 계산하여라.

[해답]

$$\det(A) = \begin{vmatrix} 0 & 1 & 5 \\ 3 & -6 & 6 \\ 2 & 6 & 1 \end{vmatrix}$$

$$\det(A) + \det(A') = (a_{11}a_{22} - a_{12}a_{21}) + (a_{11}a'_{22} - a_{12}a'_{21})$$
$$= a_{11}(a_{22} + a'_{22}) - a_{12}(a_{21} + a'_{21})$$
$$= \det\begin{bmatrix} a_{11} & a_{12} \\ a_{21} + a'_{21} & a_{22} + a'_{22} \end{bmatrix}$$

를 얻는다. 즉

$$\det\begin{bmatrix} a_{11} & a_{12} \\ a_{21} & a_{22} \end{bmatrix} + \det\begin{bmatrix} a_{11} & a_{12} \\ a'_{21} & a'_{22} \end{bmatrix} = \det\begin{bmatrix} a_{11} & a_{12} \\ a_{21} + a'_{21} & a_{22} + a'_{22} \end{bmatrix}$$

가 성립한다. 이 경우를 일반화하여 다음 결과가 얻어진다.

정리 6.27 $n \times n$행렬A, A', A''는 어느 한 개의 행을 제외하고는 일치하고 있으며 그 행을 r행이라 가정하고 A의 r행과 A'의 r행과의 합이 A''의 r행과 같다고 하면

$$\det(A'') = \det(A) + \det(A')$$

가 성립한다. 열에 대해서도 같은 성질이 성립한다.

예제 6.70

$$\det\begin{bmatrix} 1 & 7 & 5 \\ 2 & 0 & 3 \\ 1+0 & 4+1 & 7+(-1) \end{bmatrix} = \det\begin{bmatrix} 1 & 7 & 5 \\ 2 & 0 & 3 \\ 1 & 4 & 7 \end{bmatrix} + \det\begin{bmatrix} 1 & 7 & 5 \\ 2 & 0 & 3 \\ 0 & 1 & -1 \end{bmatrix}$$

정리 6.28 A, B를 같은 크기의 정방행렬이라 할 때

$$\det(AB) = \det(A)\det(B)$$

가 성립한다.

예제 6.71

$A=\begin{bmatrix}3&1\\2&1\end{bmatrix}$, $B=\begin{bmatrix}-1&3\\5&8\end{bmatrix}$, $AB=\begin{bmatrix}2&17\\3&14\end{bmatrix}$라고 하면

$$\det(A)\det(B)=(1)(-23)=(-23)$$

이다. 또

$$\det(AB)=-23$$

따라서

$$\det(AB)=\det(A)\det(B)$$

이다.

다음은 행렬식계산의 편리하고 유용한 방법을 찾고 이것을 응용하여 역행렬의 계산공식과 행렬식에 의하여 연립일차방정식의 해법에 관한 공식을 유도한다.

정의 6.24

정방행렬 A의 제 i행과 제 j열을 빼고 만든 부분행렬의 행렬식을 성분 a_{ij}의 소행렬식(minor of entry a_{ij})이라 하고 M_{ij}로 표시한다. 또한

$$C_{ij}=(-1)^{i+j}M_{ij}$$

을 a_{ij}의 여인자(cofactor of entry a_{ij})라고 한다.

예제 6.72

$A=\begin{bmatrix}3&1&-4\\2&5&6\\0&4&8\end{bmatrix}$이라 할 때 성분$a_{11}$의 소행렬식은

$$M_{11}=\begin{bmatrix}5&6\\4&8\end{bmatrix}=16$$

또한 성분 a_{11}의 여인자는

$$C_{11}=(-1)^{1+1}M_{11}=M_{11}=16$$

같은 방법으로 성분 a_{32}의 소행렬식과 여인자는 각각

$$M_{32}=\begin{vmatrix}3&-4\\2&6\end{vmatrix}=26, C_{32}=(-1)^{3+2}M_{32}=-M_{32}=-26$$

이다.

3×3 행렬 $A=\begin{bmatrix} a_{11} & a_{12} & a_{13} \\ a_{21} & a_{22} & a_{23} \\ a_{31} & a_{32} & a_{33} \end{bmatrix}$에 대하여

$$\begin{aligned}\det(A) &= a_{11}a_{22}a_{33}+a_{12}a_{23}a_{31}+a_{13}a_{21}a_{32}-a_{13}a_{22}a_{31}-a_{12}a_{21}a_{33}-a_{11}a_{23}a_{32} \\ &= a_{11}(a_{22}a_{32}-a_{23}a_{32})+a_{21}(a_{13}a_{32}-a_{12}a_{33})+a_{31}(a_{12}a_{23}-a_{13}a_{22})\end{aligned}$$

이 식의 우변의 괄호 속이 각각 여인자 C_{11}, C_{21}, C_{31}과 같으므로

$$\det(A)=a_{11}C_{11}+a_{21}C_{21}+a_{31}C_{31}$$

으로 쓸 수 있다. 이것은 A의 행렬식이 A의 제 1열의 성분과 그 성분의 여인자를 곱한 것을 합한 것임을 나타낸다.

이와 같은 $\det(A)$의 계산방법을 A의 제 1열에 관한 **여인자전개**(cofactor expansion)라 한다.

예제 6.73

$A=\begin{bmatrix} 3 & 1 & 0 \\ -2 & -4 & 3 \\ 5 & 4 & -2 \end{bmatrix}$ 라고 할 때 A의 제1열에 관한 여인자전개를 사용하여 $\det(A)$를 구하여라.

[해답] $\det(A)=3\begin{vmatrix} -4 & 3 \\ 4 & -2 \end{vmatrix}-(-2)\begin{vmatrix} 1 & 0 \\ 4 & -2 \end{vmatrix}+5\begin{vmatrix} 1 & 0 \\ -4 & 3 \end{vmatrix}$

$=3(-4)-(-2)(-2)+5(3)=-1$

앞에서 $\det(A)=a_{11}C_{11}+a_{12}C_{12}+a_{13}C_{13}$이다. 그러나 $\det(A)$의 원래의 전개식에서 각 열 및 행의 성분을 기준으로 전개하면

$$\begin{aligned}\det(A) &= a_{11}C_{11}+a_{12}C_{12}+a_{13}C_{13} \\ &= a_{11}C_{11}+a_{21}C_{21}+a_{31}C_{31} \\ &= a_{21}C_{21}+a_{22}C_{22}+a_{23}C_{23} \\ &= a_{12}C_{12}+a_{22}C_{22}+a_{32}C_{32} \\ &= a_{31}C_{31}+a_{32}C_{32}+a_{33}C_{33} \\ &= a_{13}C_{13}+a_{23}C_{23}+a_{33}C_{33}\end{aligned}$$

이다. 이들의 공식은 어느 것이나 det(A)의 여인자전개라 한다. 이것을 일반화하면 다음 성질이 얻어진다.

정리 6.29 $n \times n$ 행렬 A의 행렬식은 어느 하나의 행(또는 열)의 성분들과 그 성분들에 관한 여인자를 각각 곱한 후에 그 곱들을 합한 것이다. 즉 임의의 $1 \leqq i,\ j \leqq n$에 대하여

$$\det(A) = a_{i1}C_{i1} + a_{i2}C_{i2} + \ldots + a_{in}C_{in} \quad \text{(i행에 관한 여인자전개)}$$

또는

$$\det(A) = a_{1j}C_{1j} + a_{2j}C_{2j} + \ldots + a_{nj}C_{nj} \quad \text{(j열에 관한 여인자전개)}$$

예제 6.74

$A = \begin{bmatrix} 3 & 1 & 0 \\ -2 & -4 & 3 \\ 5 & 4 & -2 \end{bmatrix}$ 일 때 A의 제 1행에 관한 여인자전개를 사용하여 det(A)를 계산하여라.

[해답]

$$\det(A) = \begin{vmatrix} 3 & 1 & 0 \\ -2 & -4 & 3 \\ 5 & 4 & -2 \end{vmatrix}$$

$$= 3\begin{vmatrix} -4 & 3 \\ 4 & -2 \end{vmatrix} - (1)\begin{vmatrix} -2 & 3 \\ 5 & -2 \end{vmatrix} + 0\begin{vmatrix} -2 & -4 \\ 5 & 4 \end{vmatrix}$$

$$= 3(-4) - (1)(-11) = -1$$

위의 예에서 알 수 있듯이 전개할 행(또는 열)의 성분이 0이면 그 여인자는 계산할 필요가 없으므로 가능한 한 0을 많이 포함하는 행(또는 열)에 관해서 여인자를 전개하는 것이 행렬식 계산의 요령이다. 그리고 행렬식 계산에서 여인자전개만을 이용하는 것보다는 행과 열의 기본연산과 혼합해서 사용하는 것이 편리하다.

예제 6.75

$A = \begin{bmatrix} 3 & 5 & -2 & 6 \\ 1 & 2 & -1 & 1 \\ 2 & 4 & 1 & 5 \\ 3 & 7 & 5 & 3 \end{bmatrix}$ 일 때 det(A)를 계산하여라.

[해답] 먼저 A의 제 2행을 (−2)배 해서 제 3행에 더하고, 제 2행을 (−3)배 해서 제 1행, 제 4행에 더한다. 이 경우

$$\det(A)=\begin{vmatrix} 0 & -1 & 1 & 3 \\ 1 & 2 & -1 & 1 \\ 0 & 0 & 3 & 3 \\ 0 & 1 & 8 & 0 \end{vmatrix}$$

$$=-\begin{vmatrix} -1 & 1 & 3 \\ 0 & 3 & 3 \\ 1 & 8 & 1 \end{vmatrix} \text{ (제 1열에 관한 여인자전개)}$$

$$=-\begin{vmatrix} -1 & 1 & 3 \\ 0 & 3 & 3 \\ 0 & 9 & 3 \end{vmatrix} \text{ (제 1행을 제 3행에 더함)}$$

$$=-(-1)\begin{vmatrix} 3 & 3 \\ 9 & 3 \end{vmatrix} \text{ (제 1열에 관한 여인자전개)}$$

$$=-18$$

여인자전개는 어떤 하나의 행 또는 열의 성분마다 그 여인자를 곱하여 합하였다. 그러나 어떤 한 행 또는 열의 성분에 이것과 다른 행 또는 열의 성분마다 만든 여인자를 곱하여 합하면 0이다.

예제 6.76

$A=\begin{bmatrix} a_{11} & a_{12} & a_{13} \\ a_{21} & a_{22} & a_{23} \\ a_{31} & a_{32} & a_{33} \end{bmatrix}$에 대하여 A의 제 1행의 성분과 제 3행의 성분의 여인자를 곱하여 합하면

$$a_{11}C_{31}+a_{12}C_{32}+a_{13}C_{33}$$

이다. 여기서 A의 제 3행을 제 1행과 같은 것으로 놓아서

$$A'=\begin{bmatrix} a_{11} & a_{12} & a_{13} \\ a_{21} & a_{22} & a_{23} \\ a_{11} & a_{12} & a_{13} \end{bmatrix}$$

를 만든다. 이때 $C'_{31}, C'_{32}, C'_{33}$를 A'의 제 3행의 성분의 여인자라 하자. A와 A'는 처음 두 행은 같고 C_{31}, C_{32}, C_{33}과$C'_{31}, C'_{32}, C'_{33}$의결과는 A와 A'의 처음 두 행의 성분만을 포함하므로

$$C_{31} = C'_{31}, C_{32} = C'_{32}, C_{33} = C'_{33}$$

가 되고 A'는 같은 두 행을 가지므로

$$\det(A')=0$$

이다. 한편 $\det(A')$를 제 3행에 관하여 여인자전개하면

$$\det(A') = a_{11}C'_{31} + a_{12}C'_{32} + a_{13}C'_{33} = a_{11}C_{31} + a_{12}C_{32} + a_{13}C_{33}$$

이다. 따라서 위의 결과로부터

$$a_{11}C_{31} + a_{12}C_{32} + a_{13}C_{33} = 0$$

정의 6.25

A를 $n \times n$ 행렬, C_{ij}를 A의 a_{ij}성분에 관한 여인자라 할 때

$$\begin{bmatrix} C_{11} & C_{12} & \ldots & C_{1n} \\ C_{21} & C_{22} & \ldots & C_{2n} \\ \vdots & \vdots & & \vdots \\ C_{n1} & C_{n2} & \ldots & C_{nn} \end{bmatrix}$$

을 A의 **여인자행렬**(matrix of cofactors from A)이라 하고 이 행렬의 전치 행렬을 **전치여인자행렬**(transposed cofactors matrix) 또는 **수반행렬**(adjoint of A)이라 하고 $\text{adj}(A)$로 표시한다.

예제 6.77

$A = \begin{bmatrix} 3 & 2 & -1 \\ 1 & 6 & 3 \\ 2 & -4 & 0 \end{bmatrix}$ 일 때 A의 각 성분의 여인자는

$$C_{11} = 12, C_{12} = 6, C_{13} = -16$$

$$C_{21} = 4, C_{22} = 2, C_{23} = 16$$

$$C_{31} = 12, C_{32} = -10, C_{33} = 16$$

이다. 따라서 A의 여인자행렬은

$$\begin{bmatrix} 12 & 6 & -16 \\ 4 & 2 & 16 \\ 12 & -10 & 16 \end{bmatrix}$$

이고 A의 전치여인자행렬은

$$adj(A) = \begin{bmatrix} 12 & 4 & 12 \\ 6 & 2 & -10 \\ -16 & 16 & 16 \end{bmatrix}$$

정리 6.30 A가 가역행렬이면

$$A^{-1} = \frac{1}{\mathrm{def}(A)} \cdot adj(A)$$

증명 첫째 A adj(A)=det$(A)I$ 임을 밝힌다. 이를 위하여 다음 곱을 생각한다.

$$Aadj(A) = \begin{bmatrix} a_{11} & a_{12} & \dots & a_{1n} \\ a_{21} & a_{22} & \dots & a_{2n} \\ \vdots & \vdots & & \vdots \\ a_{i1} & a_{i2} & \dots & a_{in} \\ \vdots & \vdots & & \vdots \\ a_{n1} & a_{n2} & \dots & a_{nn} \end{bmatrix} \begin{bmatrix} C_{11} & C_{21} & \dots & C_{j1} & \dots & C_{n1} \\ C_{12} & C_{22} & \dots & C_{j2} & \dots & C_{n2} \\ \vdots & \vdots & & \vdots & & \vdots \\ C_{1n} & C_{2n} & \dots & C_{jn} & \dots & C_{nn} \end{bmatrix}$$

이것으로부터 A adj(A)의 i번째 행과 j번째 열의 성분은

$$a_{i1}C_{j1} + a_{i2}C_{j2} + \dots + a_{in}C_{jn}$$

이다. 이 경우 $i = j$이면 윗식은 A의 i째 행에 관한 det(A)의 여인자전개이다. 한편 $i \neq j$이면 A의 i행 성분과 이것과는 다른 제 i행의 성분의 여인자의 곱을 합한 것이 되므로 그 값은 0이다. 따라서

$$Aadj(A) = \begin{bmatrix} \det(A) & 0 & \dots & 0 \\ 0 & \det(A) & \dots & 0 \\ \vdots & \vdots & & \vdots \\ 0 & 0 & \dots & \det(A) \end{bmatrix} = \det(A)I$$

를 얻는다. A는 가역이므로 $\det(A) \neq 0$(이것은 정리인데 이 책에서는 기술하지 않았으므로 다른 문헌을 참고할 것)이다. 따라서 양변을 $\det(A)$로 나누면

$$\frac{1}{\det(A)}[Aadj(A)] = I$$

즉

$$A[\frac{1}{\det(A)} \cdot adj(A)] = I$$

이다. 이때 양변에 A^{-1}을 곱하면

$$A^{-1}=\frac{1}{\det(A)}adj(A)$$

■

예제 6.78

〈예제 6.77〉에서 보인 행렬 A에 대하여 역행렬 A^{-1}을 구하여라.

[해답] A의 행렬식 $\det(A)=64$이다. 따라서

$$A^{-1}=\frac{1}{\det(A)}adj(A)$$

$$=\frac{1}{64}\begin{bmatrix}12 & 4 & 12\\ 6 & 2 & -10\\ -16 & 16 & 16\end{bmatrix}=\begin{bmatrix}\frac{12}{64} & \frac{4}{64} & \frac{12}{64}\\ \frac{6}{64} & \frac{2}{64} & \frac{-10}{64}\\ \frac{-16}{64} & \frac{16}{64} & \frac{16}{64}\end{bmatrix}$$

다음은 n 변수의 n개의 일차방정식으로 이루어진 연립일차방정식에 관한 공식을 살펴본다.

정리 6.31 (크라메르의 공식, Cramer's rule)

$AX=B$를 n 변수의 n개의 일차방정식으로 이루어진 연립일차방정식이라 하자. 만일 $\det(A)\neq 0$이면 이 연립일차방정식은 유일한 해

$$x_1=\frac{\det(A_1)}{\det(A)},\ x_2=\frac{\det(A_2)}{\det(A)},\ \dots,\ x_n=\frac{\det(A_n)}{\det(A)}$$

을 갖는다. 여기서 A_j는 A의 j열의 성분을 행렬

$$B=\begin{bmatrix}b_1\\ b_2\\ \vdots\\ b_n\end{bmatrix}$$

의 성분으로 바꾼 행렬을 표시한다.

증명 $\det(A)\neq 0$이므로 행렬 A는 가역이고, 따라서 $X=A^{-1}B$가 $AX=B$의 유일한 해이다. 따라서 앞의 [정리 6.30]을 이용하면

$$X = A^{-1}B = \frac{1}{\det(A)} adj(A) \cdot B$$

$$= \frac{1}{\det(A)} \begin{bmatrix} C_{11} & C_{21} & \dots & C_{n1} \\ C_{12} & C_{22} & \dots & C_{n2} \\ \vdots & \vdots & & \vdots \\ C_{1n} & C_{2n} & \dots & C_{nn} \end{bmatrix} \begin{bmatrix} b_1 \\ b_2 \\ \vdots \\ b_n \end{bmatrix}$$

$$= \frac{1}{\det(A)} \begin{bmatrix} b_1 C_{11} + b_2 C_{21} + \dots + b_n C_{n1} \\ b_1 C_{12} + b_2 C_{22} + \dots + b_n C_{n2} \\ \vdots \\ b_1 C_{1n} + b_2 C_{2n} + \dots + b_n C_{nn} \end{bmatrix}$$

따라서 X의 j 행의 성분은

$$x_j = \frac{b_1 C_{1j} + b_2 C_{2j} + \dots + b_n C_{nj}}{\det(A)} \dots\dots (*)$$

이다. 그런데

$$A_j = \begin{bmatrix} a_{11} & a_{12} & \cdots & a_{1j-1} & b_1 & a_{1j+1} & \cdots & a_{1n} \\ a_{21} & a_{22} & \cdots & a_{2j-2} & b_2 & a_{2j+2} & \cdots & a_{2n} \\ \vdots & \vdots & & \vdots & \vdots & \vdots & & \vdots \\ a_{n1} & a_{n2} & \cdots & a_{nj-1} & b_n & a_{nj+1} & \cdots & a_{nn} \end{bmatrix}$$

이다. 성분 $b_1,\ b_2,\ \dots,\ b_n$의 여인자는 A의 j 열의 성분의 여인자와 일치한다. 즉 $\det(A_j)$를 제 j 열에 관한 여인자전개를 하면

$$\det(A_j) = b_1 C_{1j} + b_2 C_{2j} + \dots + b_n C_{nj}$$

이다. 이것을 위의 식 (*)에 대입하면

$$x_j = \frac{\det(A_j)}{\det(A)}$$ ■

예제 6.79

크라메르의 공식을 사용하여 다음 연립일차방정식을 풀어라.

$$\begin{aligned} x_1 \qquad\quad + 2x_3 &= 6 \\ -3x_1 + 4x_2 + 6x_3 &= 30 \\ -x_1 - 2x_2 + 3x_3 &= 8 \end{aligned}$$

[해답] $A=\begin{bmatrix}1&0&2\\-3&4&6\\-1&-2&3\end{bmatrix}$ $A_1=\begin{bmatrix}6&0&2\\30&4&6\\8&-2&3\end{bmatrix}$

$A_2=\begin{bmatrix}1&6&2\\-3&30&6\\-1&8&3\end{bmatrix}$ $A_3=\begin{bmatrix}1&0&6\\-3&4&30\\-2&-2&8\end{bmatrix}$

이므로

$$x_1=\frac{\det(A_1)}{\det(A)}=\frac{-40}{44}=-\frac{10}{11}$$

$$x_2=\frac{\det(A_2)}{\det(A)}=\frac{72}{44}=\frac{18}{11}$$

$$x_3=\frac{\det(A_3)}{\det(A)}=\frac{152}{44}=\frac{38}{11}$$

▶ 연습문제 6.6

1. 행렬 A에 대하여 다음을 구하시오.

$$A=\begin{bmatrix}4&0&4&4\\-1&0&1&1\\1&-3&0&3\\6&3&14&2\end{bmatrix}$$

(a) M_{13}과 C_{13} (b) M_{23}과 C_{23} (c) M_{22}와 C_{22}

2. 다음 행렬의 행렬식의 값을 여인자전개에 의하여 구하시오.

(a) $A=\begin{bmatrix}1&3&7\\2&0&-8\\-1&-3&4\end{bmatrix}$ (b) $B=\begin{bmatrix}k-1&2&3\\2&k-3&4\\3&4&k-4\end{bmatrix}$

3. $A=\begin{bmatrix}1&3&1&1\\2&5&2&2\\1&3&8&9\\1&3&2&2\end{bmatrix}$에 대하여 역행렬$A^{-1}$을 구하시오.

4. 크라메르의 공식을 이용하여 다음 연립일차방정식을 풀어보시오.

$$2x+3y-z=1$$

$$3x+5y+2z=8$$

$$x-2y-3z=-1$$

Chapter 7

유클리드 기하

7.1 기하의 시작

수학이 학문 또는 과학으로서 주목받게 된 것은 고대 그리스 시대, 대체로 서력 기원전 6세기경이라고 볼 수 있다. 물론 그 이전에도 일찍 문명의 꽃을 피운 고대의 인도·중국·바빌로니아·이집트 등에서는 수학을 비롯하여 괄목할 만한 문화가 발달하였다. 이집트인은 이미 1년이 365일과 1/4 이라는 사실을 알고 있었고, 또 당시 나일강의 범람으로 인해 국민이 입은 피해의 정도에 맞추어 그 세금을 절감해야 했으므로 이로 인하여 수의 계산기술도 상당히 진보되었다.

기하의 시작은 수학의 역사만큼이나 길다. 수학의 역사를 살펴보면 기하와 대수에 관한 내용이 대부분을 차지하고 있음을 알 수 있다. 수학활동에 대한 지속적인 기록은 역사적인 유산들이 만들어지면서 수학이 필수적인 요소가 되기 시작한 기원전 2세기경부터 시작되었다. 기원전 2900년 경 초기 이집트의 피라미드를 만든 사람들은 기하와 측량술에 대한 중요한 지식을 소유하였지만 수학활동에 대한 기록은 이로부터 1000년이 지난 후의 것들에 관한 것인데, Rhind 파피루스와 모스크바 파피루스로부터 고대 이집트 수학에 대한 기록이 알려졌기 때문이다.

대영 박물관의 Rhind 수집품 중에 있는 아메스(Ahmes, B.C. 1680?~1620?)의 파피루스는 현재까지 알려져 있는 세계 최고의 수학서이다. 아메스의 파피루스에는 신관문자(神官文字)로 분수의 계산을 표기하고 있고, 또한 1개의 미지수를 가지는 1차방정식 및 2차방정식에 귀속되는 문제도 다루고 있다. 또 아메스의 파피루스에는 여러 가지 기하문제 등이 있고, 원주율 π로서는 $(16/9)^2 = 3.1604\cdots$를 이용하고 있다. 또한 원과 면적이 같은 정 4각형의 존재도 알았던 흔적도 있다. 이집트의 고문서에는 등차급수, 등비급수 등에 해당되는 예를 볼 수 있다. 아메스의 파피루스와 이집트의 피라미드는 아마도 기하학적 지식을 표시하고 있는 최고의 증거품일 것이다.

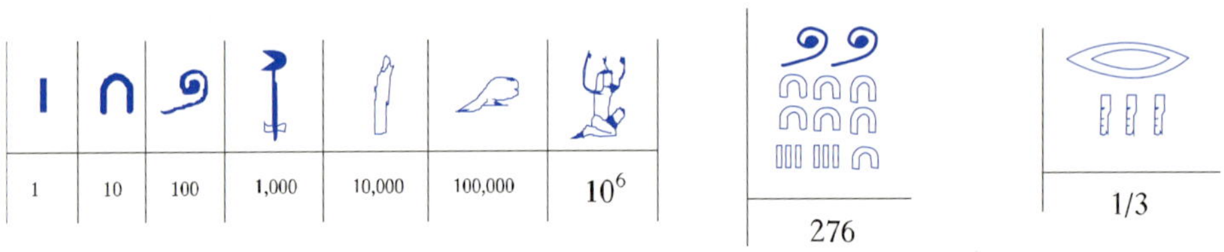

〈그림 7.1〉 기원전 3세기경 고대 이집트인의 수표기

수학이 학문으로서 자리를 잡고 꽃을 피우기 시작한 그리스인들은 이집트에서 기하학을, 바빌로니아에서 대수학을 배운 것으로 알려져 있다. 그리스의 탈레스(B.C. 640~546)나 피타고라스(B.C. 580?~500?), 또 플라톤(B.C. 428~347?)도 이집트에 유학하여 그 문화에 접하였다. 그리스는 이들 문화를 받아들여 새로운 문명의 한 시기를 형성하였다. 예술과 과학에도 많은 성과를 보이고 있으나 특히 수학에서는 불멸의 업적을 남기고 있다. 유클리드(B.C. 330?~275?)의 기하학원론(스토이케이아), 아르키메데스(B.C. 287~212)의 많은 연구업적, 아폴로니오스(B.C. 262~200)의 원뿔곡선론, 디오판토스(B.C. 246?~330?)의 수론 등이 그것이다. 아리스토텔레스(B.C. 384~322)·플라톤 등으로 대표되는 여러 학자들의 관심사는 철학과 수학이었다. 이오니아란 고대 그리스의 식민지였던 소아시아의 서안지방의 고대지명이다. 그리스 최초의 철학파인 이오니아 학파의 창시자는 탈레스(B.C. 640~546)이다. 기하학을 그리스에 소개한 것도 탈레스이며 또한 그는 피라미드의 그림자를 측정하여 그 실제의 높이를 재어 아마시스 왕을 경탄시켰다고 한다. 탈레스는 그 본질에 있어서 추상적인 직선과 각의 기하학을 창설했다고 말할 수 있다. 이에 대해서 이집트 사람들은 주로 실험적 성질을 갖는 면적과 입체의 기하학을 취급했다고 말할 수 있을 것이다.

기하는 기원전 3세기 경에 그리스 수학자 유클리드(Euclid)가 당시에 알려진 기하의 내용을 수집하고 새로운 것을 연구하여 내용을 정리하고 확장하여 465개의 명제를 13권의 기하학 원론(Elements)이라는 저서에 수록하면서 체계적으로 발전되었다. 이 책은 평면기하와 입체기하뿐만 아니라 대수, 삼각법 및 고등의 산술까지를 포함하고 있다. 시대가 지나면서, 465개의 명제들은 재배열되고 그 증명도 원론의 것과는 다르게 발달되어왔지만, 기하학원론에 있는 기본적인 아이디어는 변함이 없다. 즉, 유클리드의 저작내에서 기하학적 사실들이 유목화되고 현대적인 방법으로 발전되어왔다.

기원전 3세기 경에도 기하는 수학자들만을 위한 것으로 인식된 것이 아니다. 모든 사람들은 기본적인 기하를 공부함으로써 얻을 수 있는 것이 있다. 예를 들면, 추론을 어떻게 하며, 의도하는 바를 어떻게 표현하며, 특히 일련의 추론을 통하여 기본 개념들을 어떻게 증명할 수 있는가와 같은 것들이 있다. 기하 수업을 통해 논리적으로 사고하고 설득력 있게 입증하는 기법을 배울 수 있다. 모든 사람이 입증할 필요는 없지만 모든 사람들은 입증의 생활 속에서 살고 있다. 정치가, 광고주 그리고 많은 사람들이 설득력 있는 주장을 한다. 우리는 그들의 주장이 입증가능하며 합당한지를 구분할 수 있어야 한다.

기하는 우주의 단순 모형과 같다. 기하에서의 점과 선은 믿을 수 있는 규칙을 따르고, 그에 따른 결론은 쉽게 입증되기 때문이다. 이같이 단순화된 우주에서 추론하는 방법을 익힌 사람들은 궁극적으로 연습과 경험을 통하여 복잡한 실세계에서의 추론법을 익히게 된다. 고대에는 기하가 모든 사람이 습득해야하는 교육의 일부로 인식되었다. 초기 그리스 철학자들은 Euclid의 기하학 원론을 배우지 않은 사람은 자신들의 학파에 입문할 수 없게 했다.

▶ 연습문제 7.1

1. 신관문자에 관해 조사해보시오. 특히 신관문자의 수 표기법에 관해 논하시오.

2. 이집트, 바빌로니아, 및 그리스 수학자 또는 학파들을 조사하고, 당시의 알려진 수학적 사실을 나열해 보시오.

3. Geometry를 중국 명나라의 정치가 서광계(1562~1633)가 중국식으로 음역하여 기하(기어와 지허의 중간 발음)로 명명하였다. 기하의 초기 어원에 대해 조사하시오.

7.2 유클리드 기하학 원론

역사적으로보면 기하학의 중요성을 강조한 예는 많은데, 플라톤은 그의 아카데미 입구에 '기하학을 모르는 자는 들어오지 말라'고 써 붙였다는 이야기는 유명하다. 유클리드도 아리스토텔레스와 플라톤의 영향을 많이 받았다고 알려져 있다. 그의 기하학원론은 역사상 처음으로 수학을 논리적으로 정리하여 체계화한 것으로서 유럽에서는 19세기 말경까지 교과서로 쓰이고 있었다. 이 책은 공리에서 출발하여 차례로 정리를 증명하여 체계화하는 오늘날의 수학의 형식에 가까운 것을 이미 기원전 3세기경에 보여주었다. 내용은 피타고라스를 비롯하여 많은 선인들의 업적이 대종을 이루고 있는데 제1권에서 제4권까지가 평면기하학, 제5권이 비례론, 제6권의 닮은꼴의 기하학에서는 황금비에 관한 내용이 수록되어 있으며, 제7권에서 제8권의 산술에서는 두 수의 최대공약수를 구하는 Euclid호제법이 있으며, 산술의 내용을 담고 있는 9권에서는 Euclid의 소수정리라고 불리는 '소수의 개수는 유한이 아니다'가 증명되어 있다. 제10권이 무리수, 제11권에서 제13권은 입체기하학에 관한 것이고, 그리고 정다면체에 관한 문제가 설명되어 있다. 즉, 정 8, 12, 20면체가 제시되어 있고 그리고 이미 잘 알려진 정 4, 6면체를 보태면 정다면체는 다섯 종뿐이라는 것을 알 수 있다. 그러나 이것의 증명은 그 당시 이루어지지 못하였고, 18세기에 가서야 Euler(1707~1783)가 해결하였다(9장 3절 참조). 전체 13권 중 8권이 기하학인데, 이는 당시의 수학 전반에 관한 것으로 볼 수 있다. 이 체계에는 오늘날의 수학적 체계에서 바라보면 여러 가지 결점도 있으나 이것이 이후의 수학에 끼친 영향은 헤아릴 수 없을 정도로 크다.

지식의 어떤 부분을 둘러보아도 고대의 저술가 가운데 기하학에 있어서 유클리드만큼 근대 교육에 권위 있는 위치를 차지하고 있는 사람은 없다. 프톨레마이오스 왕은 유클리드에게 "원론에 의하지 않고 기하학을 배울 지름길은 없을까?"하고 물었다. 그러자 유클리드는 즉석에서 "기하학에는 왕도가 없습니다."라고 대답했다고 한다. 유클리드는 기하학을 배워서 무엇에 쓰느냐고 묻는 청년한테 "돈 3 펜스를 갖다 주라"고 말했다는 일화는 유명하다.

▶ 연습문제 7.2

1. 유클리드의 「기하학 원론」이 미친 수학교육철학에 대해 조사하시오.

7.3 기하학 원론의 내용

기하학 원론 13권 중 제1권에는 23개의 정의와 5개의 공준과 5개의 공리, 그리고 48개의 명제가 실려 있다. 여기서는 1권에 있는 정의와 공리, 공준을 다루고자 한다. 특히 다섯 개의 공리 중 평행선 공준을 주목하기 바란다. 여기서 공리와 공준은 둘 다 전개될 이론의 기본적인 원리이자 출발점으로 쓰인다. 고대 그리스의 학문 세계에서는 이들을 구분하여 사용하였으나 지금은 혼용한다.

1) 23개의 정의

정의 1 점은 부분으로 분해할 수 없는 것이다.

정의 2 선은 길이가 있고 폭이 없는 것이다.

정의란 '개념 또는 용어의 의미를 분명하게 규정짓는 것'이다. 정의를 내리면 그 대상의 본성이 뚜렷이 부각되어 나타나야 한다. 위의 두 정의에서 점과 선의 정의는 정의라기보다는 각각의 성질에 관한 것이다. 현대 수학에서는 점, 직선, 평면을 다른 기하학적인 도형을 정의하는데 가장 기초되는 무정의어(undefined term)로 규정짓고 있다. 아래의 선, 직선, 면, 평면에 대해서도 마찬가지이다. 특히 정의 4의 직선은 곡선과의 구분을 모호하게 한다.

정의 3 선의 양끝은 점이다.

정의 4 직선은 그 위에 점이 균등하게 놓여 있는 선이다.

정의 5 면은 길이와 폭만 있는 것이다.

정의 6 면의 끝은 선이다.

정의 7 평면은 그 위에 직선이 균등하게 놓여 있는 면이다.

정의 8 평면각은 한 직선 위에 있지 않은 두 직선이 만날 때 이 두 선의 기울기이다.

정의 9 만나는 두 선이 직선일 때 그 각을 직선 각이라 한다.

정의 10 한 직선에 다른 직선이 만나 이웃하는 두 각이 서로 같을 때 이 각을 직각이라 부르고 한 직선을 다른 직선에 수직이다라고 한다.

정의 11 둔각이라는 것은 직각보다 큰 각이다.

정의 12 예각이라는 것은 직각보다 작은 각이다.

정의 13 경계(둘레)는 어떤 것의 끝이다.

정의 14 도형은 하나 이상의 경계로 둘러싸인 것이다.

정의 15 원은 원주라고 불리는 하나의 곡선에 의해 둘러싸인 평면도형으로 어떤 한 점에서 원주까지의 직선은 모두 같다.

정의 16 이때 이 점을 원의 중심이라 부른다.

[정의 15]의 원에 대한 정의, '원주라고 불리는 하나의 곡선에 의해 둘러싸인 평면도형'은 원 둘레와 그 내부를 모두 합한 도형인 '원판'(disk)을 말하고 있다. 아래 반원, 다변형, 삼변형, 사변형도 마찬가지로 도형의 내부까지를 포함하고 있다. 그리고 [정의 22]에서는 당시의 도형용어가 지금과는 다르게 사용되었음을 알 수 있다.

정의 17 원의 지름은 그 중심을 통과해 양끝이 원주로 끝나는 직선이며 이 직선은 원을 이등분한다.

정의 18 반원은 지름과 그것에 의해 나누어지는 원주에 의해 둘러싸인 도형을 말한다.

정의 19 다변형(다각형)은 몇 개의 직선에 의하여 둘러싸인 도형이고, 삼변형(삼각형)은 세 개의 직선에 의하여, 사변형(사각형)은 네 개의 직선에 의하여 둘러싸인 도형이다.

정의 20 삼변형 중에서 세 변이 같은 것을 삼등변 삼각형(정삼각형), 두 변만 같은 것을 이등변삼각형, 세 변이 모두 같지 않은 것을 부등변삼각형이라 부른다.

정의 21 삼변형 중에 한 각이 직각인 것을 직각삼각형, 한 각이 둔각인 것은 둔각삼각형, 그리고 세 각이 모두 예각인 것은 예각삼각형이다.

정의 22 사변형 중에서 네 변이 같고 네 각이 모두 직각인 것은 정사각형, 네 각은 모두 직각이지만 등변이 아닌 것은 직사각형, 네 변은 같으나 각이 직각이 아닌 것은 마름모, 마주 보는 변과 각은 같지만 네 변은 같은 것이 아니고 각이 직각이 아닌 것은 평행사변형이다. 이외 것은 부등변사변형이다.

정의 23 동일 평면상에 있는 두 직선을 양방향으로 아무리 연장하더라도 서로 만나지 않을 때 두 직선이 평행이다라고 한다.

유클리드의 정의는 다소 엉성하게 설정되어 있음을 알 수 있다. 그리고 다음에 언급되는 각각 다섯 개의 공준과 공리가 논리적으로 완벽한 유클리드 기하 체계를 형성시키지 못한다는 것을 알 수 있는데 이에 대해서는 다음절의 유클리드 기하의 결함에서 다루기로 한다. 우리는 유클리드의 공준과 공리를 현대적인 용어로 풀어서 설명한다.

2) 다섯 개의 공준

공준 1 주어진 두 점을 잇는 선분이 유일하게 존재한다.

공준 2 주어진 선분은 어느 쪽으로도 끝없이 연장할 수 있다.

공준 3 평면 위의 두 점이 주어졌을 때, 한 점 A를 중심으로 B를 지나는 원이 유일하게 존재한다.

공준 4 모든 직각은 서로 같다.

공준 5 (평행선 공준) 한 직선이 두 개의 직선과 만나고 같은 쪽에서 만든 두 안각의 합이 두 직각보다 작을 때 두 직선을 그 쪽으로 연장시키면 만난다.

유클리드 기하에서는 자와 컴퍼스를 사용한 작도를 통해 경험적이고 논리적인 연쇄적 추론에 따라 연역되는 명제를 만드는데 이는 현대 수학의 초석이 되었다. 공준 1은 눈금 없는 자로서 아무리 멀리 떨어져 있어도 두 점을 연결할 수 있다는 의미이고, 공준 2는 자의 길이에 상관없이 무한히 연장 가능하다는 의미이다. 공준 3은 한 점 A에서 주어진 길이를 반경으로 갖는 원을 그릴 수 있다는 것을 직접적으로 말하지는 않으나 나머지 공준을 사용하면 이것이 가능하다(5절의 명제 7.2 참조). 공준 4는 각을 수량화하지 않았지만 특수한 각(직각)에 대해서는 이름을 붙여놓았다. 평행선 공준은 다음 〈그림7.2〉과 같이 두 안각의 합이 π보다 작은 쪽에서 선(점선)을 연장하면 (P점에서) 만난다. 이는 좀 더 알기 쉬운 문장으로 대체될 수 있다(연습문제 7.5의 4 참조).

유클리드의 공준은 유클리드 기하에 사용되는 위한 공리이며 다음의 공리는 모든 수학에 적용될 수 있는 일반적인 공리라 볼 수 있다.

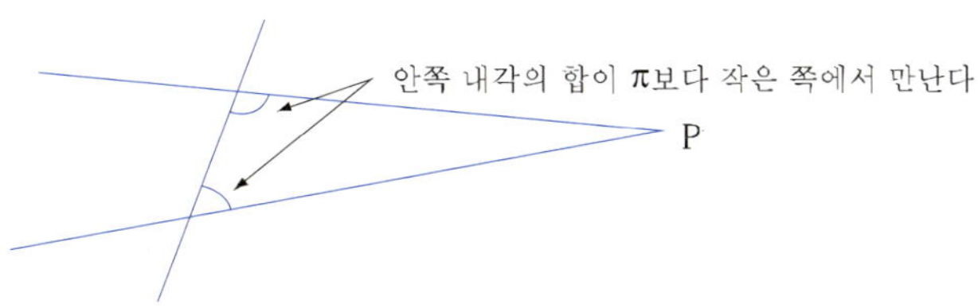

〈그림 7.2〉

3) 다섯 개의 공리

공리 1 어떤 것과 같은 것은 서로 같다. 즉, $a=b$, $b=c$이면 $a=c$이다.

공리 2 같은 것에 같은 것을 더하면 그 전체는 서로 같다. 즉, $a=a'$이고, $b=b'$이면 $a+b=a'+b'$이다.

공리 3 같은 것에서 같은 것을 빼면 그 나머지는 서로 같다. 즉, $a=a'$이고, $b=b'$이면 $a-b=a'-b'$이다.

공리 4 포개어지는 것은 같다. 즉, 기하학적으로 일치하는 것은 같다.

공리 5 전체는 부분보다 크다.

유클리드는 '포개지는 것은 같다'를 공리로 채택하여 자신의 명제를 증명하고 있는데 두 개의 도형이 어떻게 포개어지는지에 대해서는 구체적인 언급이 없었다(5절 명제7.4 참조). 또한 '전체는 부분보다 크다'는 직관적 · 외형적 측면에서는 합당하지만 개념적 측면에서는 그렇지 않는 경우가 많다. 예를 들면 유리수집합과 자연수집합의 기수는 같다(4장 3절 기수 참조).

7.4 유클리드 기하의 결함

Shakespeare가 극찬했듯이 유클리드의 학문적인 업적은 그 누구도 의심할 바 없지만, 2200년이란 세월이 흐른 후에 보면 그래도 군데군데 결함이 발견되고 있다. 그것은 어떻게 보면 당연한 것이고, 그러한 흠결이 있다고 해서 Euclid의 공적에 금이 갈 수야 없지 않은가?

앞 절의 정의에서 우리는 이미 약간의 오류가 있음을 알 수 있었다. 그러한 것들은 사소한 것이라 할지라도 다음에 소개되는 것들은 공리체계상에 중대한 오류가 있음을 말해주고 있다. 결함 1은 유클리드 원론 제1권의 48명제 중 가장 먼저 나오는 명제이다.

결함 1 주어진 선분 AB를 한 변으로 하는 정삼각형을 그릴 수 있다.

선분 AB가 좌표 평면 위의 점 (0,0)과 (1,0)의 점이라 가정하면, 유클리드 공준 3에 의

해 정삼각형을 작도할 수 있다. 그러나 잘 생각해보면, 삼각형의 꼭지점 C는 $\left(\frac{1}{2}, \frac{\sqrt{3}}{2}\right)$이 된다(그림 7.3 참조).

실수개념이 확실하지 않았던 유클리드 시대에는 평면상의 점은 모두 유리수 쌍으로 보았을 것이다. 유리수 집합에서는 점 C가 존재할 수 없다. 이러한 결함은 후에 Dedekind(1831~1916)가 1871년에 연속성 공리를 도입함으로써 보완하였다.

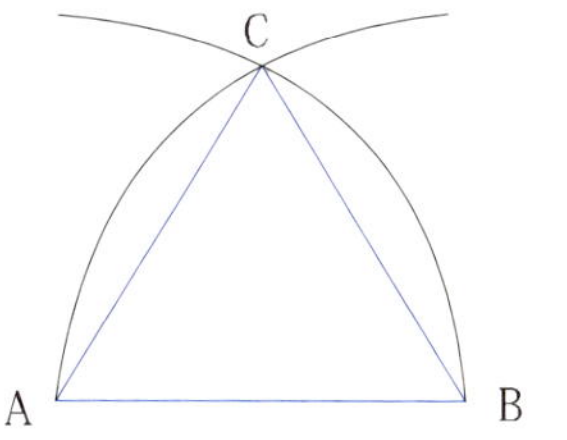

〈그림 7.3〉

결함 2 모든 삼각형은 이등변삼각형이다.

〈그림 7.4〉에 있는 부등변 삼각형 ABC에서 ∠A의 이등분선과 변 BC의 중점 D에서의 수직이등분선과 교점을 P라 하고, P에서 변 AB, AC에 내린 수선의 발을 각각 E, F라 하자.

(i) 교점 P가 △ABC의 내부에 있는 경우

〈그림 7.5〉에 있는 △APE와 △APF에서 ∠PAE = ∠PAF이고 ∠PEA = ∠PFA = ∠R, 또 AP는 공통변이므로

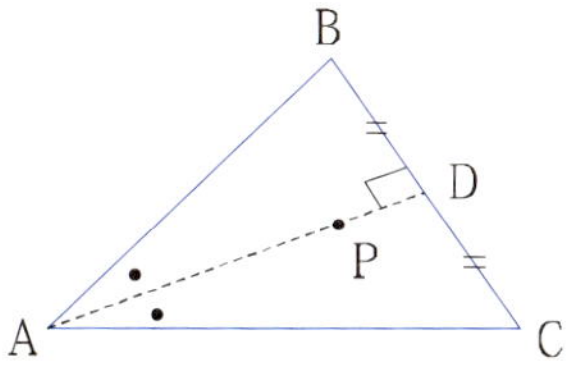

〈그림 7.4〉

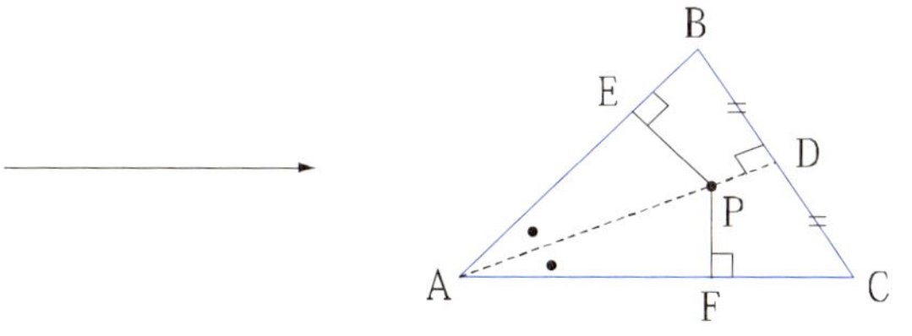

〈그림 7.5〉

△APE ≡△APF이다. 그래서

$$AE = AF \quad ①$$

이고

$$PE = PF \quad ②$$

그리고 △BPD와 △CPD에서 BD=CD, ∠PDB=∠PDC=∠R이고 PD는 공통변이므로

명제 4 두 개의 삼각형 △ABC와 △A'B'C'가 AB=A'B', AC=A'C', ∠A=∠A'이면 BC=B'C', ∠B=∠B', ∠C=∠C'이다 (명제 7.4).

명제 5 A를 꼭지점으로 하는 이등변삼각형 △ABC의 밑각 ∠B와 ∠C는 같다.

명제 6 △ABC의 두 각 ∠B와 ∠C가 같으면 두 변 AB와 AC의 길이가 같다.

명제 7 선분 AB의 같은 쪽에 있는 두 점 C와 D에 대해 AC와 AD의 길이가 같고 BC와 BD의 길이가 같으면 C=D이다.

설명 만약 C와 D가 같지 않다면 다음 〈그림 7.16〉의 △ACD와 △BCD는 이등변삼각형이므로 ∠ACD=∠ADC이고 ∠BCD=∠BDC이다(명제 5). 그러나 ∠ACD=∠ADC 〈 ∠BDC=∠BCD 〈 ∠ACD이 되어 모순이 된다.

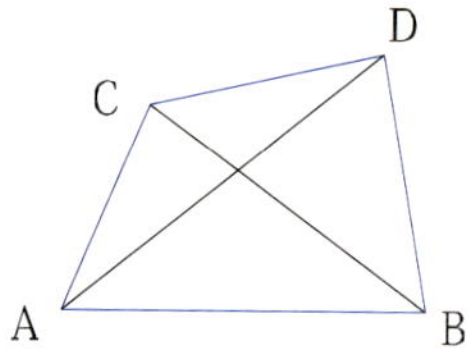

〈그림 7.16〉

위 설명을 명제 8에 적용하면 즉, AB=A'B'으로 두고 C와 C'를 같은 쪽에 놓으면 C=C'가 되어 △ABC와 △A'B'C'는 합동인 삼각형이 된다. 그러므로 명제 8이 성립한다.

명제 8 △ABC와 △A'B'C'의 대응하는 변 AB와 A'B', BC와 B'C', CA와 C'A'가 같으면 ∠A=∠A', ∠B=∠B', ∠C=∠C'이다.

명제 9 주어진 각을 이등분할 수 있다.

설명 ∠BAC가 주어졌다고 하자. 〈그림 7.17〉과 같이 A를 중심으로 하는 반원을 그려 AD=AE되는 점 D, E를 연결한 DE를 한 변으로 하는 정삼각형 DEF를 그린다. A와 F를 연결하면 △ADF와 △AEF는 합동이므로(명제 8) 선분 AF는 ∠BAC를 이등분한다.
위 증명에서 △ADF와 △AEF는 합동이므로(명제 4) AF는 선분 DE를 수직이등분하는 선이 된다. 그러므로 명제 10과 11, 12가 성립함을 쉽게 알 수 있다.

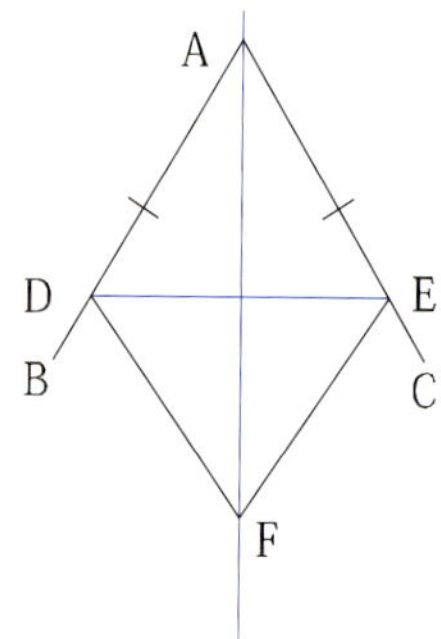

〈그림 7.17〉

명제 10 주어진 선분을 이등분할 수 있다.

명제 11 선분 위의 한 점에서 수선을 세울 수 있다.

명제 12 직선 위에 있지 않은 점에서 수선을 내릴 수 있다.

명제 13 직선 CD에 직선 AB가 세워져 있을 때 각 ∠CBA와 ∠ABD의 합은 π이다.

설명 명제 12에 의해 CD위에 〈그림 7.18〉과 같이 수선(점선)을 내릴 수 있다. 그러므로 합은 π이다.

위 설명에 의해 평면각이 항상 π이므로 명제 15가 성립한다. 그리고 명제 14에 대해서는 〈그림 7.19〉와 같이 C, B, D가 한 직선 위에 있지 않으면 CB를 연장하여 CBD'가 한 직선 위에 있도록 할 수 있다. 그땐 명제 13에 의해 ∠CBA+∠D'BA=π이고 이것은 ∠CBA+∠DBA과 같아서 모순이 생긴다.

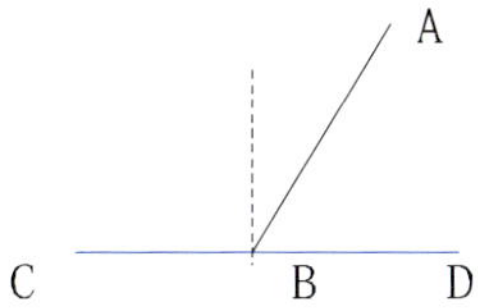

〈그림 7.18〉

명제 14 직선 AB의 점 B에서 반직선 BC와 BD를 반대쪽에 각 ∠CBA와 ∠DBA의 합이 π되도록 연장시키면 C, B, D는 한 직선 위에 있다.

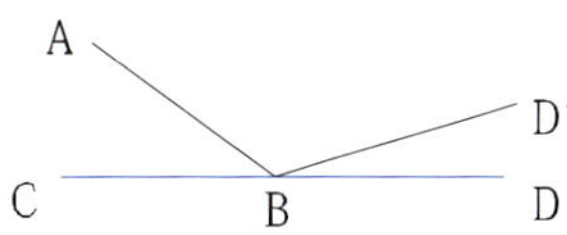

〈그림 7.19〉

명제 15 두 직선이 만날 때, 맞꼭지각은 같다.

명제 16 △ABC의 변 BC를 반직선으로 연장하여 그 위의 점 D를 잡았을 때 외각 ∠ACD는 내각 ∠A(∠B)보다 크다(명제 7.5).

명제 17 삼각형 두 내각의 합은 π보다 작다.

설명 명제 13에 의해 ∠ACD+∠C=π이고, 명제 16에 의해 ∠A+∠C는 π보다 작다.

명제 18 삼각형의 긴 변에 대응하는 내각이 짧은 변에 대응하는 내각보다 크다.

설명 △ABC에서 변BC >변AC이면 AC=DC가 되도록 D를 잡으면 ∠CAD=∠CDA가 된다(명제 5).

명제 16에 의해 ∠ABD < ∠CDA가 되어 ∠ABD < ∠BAC가 된다.

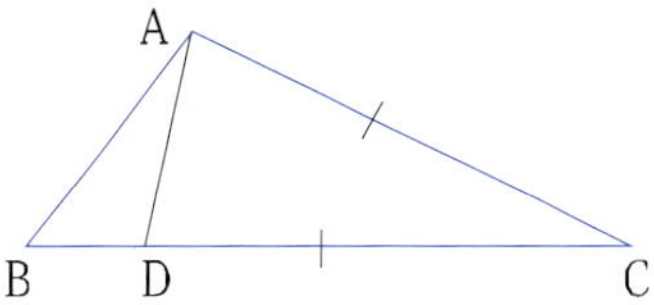

〈그림 7.20〉

명제 18의 역으로 '큰 내각에 대응하는 변이 길어야 한다'. 그렇지 않으면 명제 18에 모순되거나 명제 5에 모순된다. 그러므로 명제 19가 성립한다. 이를 이용하면 명제 20도 쉽게 얻을 수 있다. 즉, 〈그림 7.20〉에서 ∠BDC = π > ∠BAC + ∠DAC이므로 ∠BDA > ∠BAD 이다. 그러므로 명제 19에 의해 AB > BD이고 명제 20이 성립한다.

명제 19 삼각형의 큰 내각에 대응하는 변이 길다.

명제 20 삼각형의 두 변의 합은 나머지 한 변보다 길다.

명제 21 삼각형 △ABC의 안에 있는 점 D를 잡으면 BA+AC > BD+DC이고 ∠BDC > ∠BAC이다.

설명 명제 20에 의해 DC < DE+EC 이고 BD+DC < BE + EC, BE < BA+AE이므로 BD+DC < BA + AC이 성립하고, 명제 16에 의해 ∠A < ∠DEC < ∠BDC이므로 명제 21이 성립한다(그림 7.21).

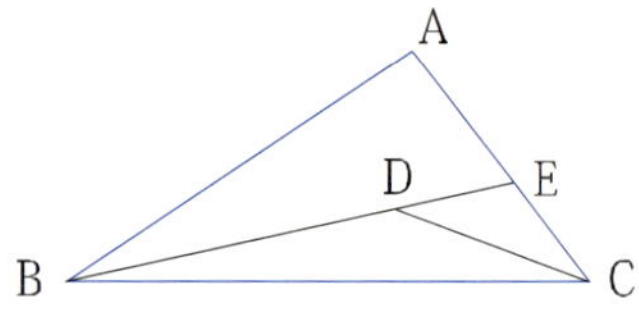

〈그림 7.21〉

영문으로 번역된 Euclid 기하의 명제에 대한 증명을 볼 수 있다. 원문의 증명은 여기에 소개된 것보다 더 상술되어 있다.

http://aleph0.clarku.edu/~djoyce/java/elements/bookI/propI○.html

○에 번호 1~48 중 하나를 넣으면 해당 명제○의 증명을 볼 수 있다.

▶ 연습문제 7.6

1. 48명제 중 6절에서 다루지 못한 아래 명제들을 증명하시오.

(명제 22) 주어진 세 선분 중 어느 두 선분의 길이의 합도 나머지 한 선분의 길이보다 길면 이들 선분을 변으로 하는 삼각형이 존재한다.

(명제 23) 선분 AB와 각 ∠EDF가 주어졌을 때 이것과 같은 각 ∠BAC를 만들 수 있다.

(명제 24) 두 개의 삼각형 △ABC와 △A'B'C'이 AB=A'B', AC=A'C'이고 ∠A > ∠A'이면 BC > B'C'이다.

(명제 25) 두 개의 삼각형 △ABC와 △A'B'C'가 AB=A'B', AC=A'C'이고 BC > B'C'이면 ∠A > ∠A'이다.

(명제 26) 두 개의 삼각형 △ABC와 △A'B'C'가 BC=B'C', ∠B=∠B', ∠C=∠C'이면 AB=A'B', AC=A'C', ∠A= ∠A'이다. 한편 BC=B'C', ∠A= ∠A', ∠B=∠

B'이면 AB=A'B', AC=A'C', ∠C=∠C'이다.

(명제 27) 두 직선 AB와 A'B'에 직선 EF가 점 C와 C'에서 만나고 ∠ACC'=∠B'C'C이면 AB와 A'B'은 평행이다(명제 7.7).

(명제 28) 위에서 ∠ECB=∠FC'B'이면 AB와 A'B'은 평행하다. 또 ∠BCC'+∠B'C'C=π이면 AB와 A'B'은 평행이다.

(명제 29) 평행한 두 직선 AB와 A'B'에 직선 EF가 C와 C'에서 만날 때 ∠ACC'=∠B'C'C이고 ∠ECB=∠B'C'C이다. 그리고 ∠BCC'+∠B'C'C=π이다.

(명제 30) 직선 l과 l'이 평행이고 직선 l'과 l''이 평행이면 l과 l''도 평행이다.

(명제 31) 직선 l과 그 위에 있지 않는 점 A가 주어졌을 때, 점 A를 지나고 l에 평행한 직선을 그을 수 있다(명제 7.8).

(명제 32) 삼각형의 한 꼭지점에서의 외각은 다른 두 꼭지점의 내각의 합과 같다. 또 세 내각의 합은 π이다.

(명제 33) 선분 AB와 CD가 같은 방향으로 평행이고 길이가 같으면 AC와 BD도 평행이고 길이가 같다.

(명제 34) 평행사변형의 서로 마주보는 변의 길이는 같고 서로 마주보는 각은 같다. 또 대각선은 평행사변형을 이등분한다.

(명제 35) 두 평행사변형의 밑변이 같고 윗변이 한 직선 위에 있으면 넓이가 같다.

(명제 36) 밑변과 윗변이 평행한 두 직선 위에 있는 두 평행사변형의 밑변의 길이가 같으면 넓이도 같다.

(명제 37) 밑변이 같은 두 삼각형의 꼭지점이 밑변에 평행한 한 직선 위에 있으면 넓이가 같다.

(명제 38) 두 삼각형 △ABC와 △DEF의 밑변 BC와 EF가 한 직선 위에 있고 길이가 같으며, 꼭지점 A와 D가 밑변에 평행한 한 직선 위에 있으면 두 삼각형의 넓이가 같다.

(명제 39) 밑변이 같은 두 삼각형 △ABC와 △DBC의 넓이가 같고 꼭지점 A와 D가 같은 쪽에 있으면 A와 D는 BC에 평행한 직선 위에 있다.

(명제 40) 넓이가 같은 두 삼각형의 밑변의 길이가 서로 같고 같은 직선 위에 있으며 두 삼각형의 꼭지점이 같은 쪽에 있으면 두 꼭지점은 밑변에 평행한 한 직선 위에 있다.

(명제 41) 평행사변형 □ABCD의 넓이는 BC를 밑변으로 하고 꼭지점 E가 AD의 연장선 위에 있는 △EBC의 넓이의 두 배이다.

(명제 42) 주어진 각을 하나의 각으로 하고 주어진 삼각형과 넓이가 같은 평행사변형을 만들 수 있다.

(명제 43) 평행사변형 □ABCD의 대각선 AC 위의 한 점 K를 통과해 AD에 평행한 직선 EF와 AB에 평행한 직선 GH를 아래 〈그림 7.22〉와 같이 그었을 때 □EBGK와 □HKFD는 넓이가 같다.

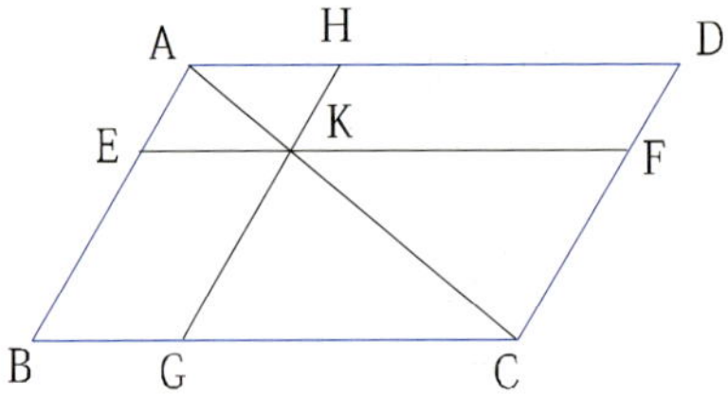

〈그림 7.22〉

(명제 44) 주어진 선분을 한 변으로 하고 주어진 각을 한 각으로 해서 주어진 삼각형과 넓이가 같은 평행사변형을 만들 수 있다.

(명제 45) 주어진 각을 한 각으로 하고 주어진 사변형과 넓이가 같은 평행사변형을 만들 수 있다.

(명제 46) 주어진 선분을 한 변으로 하는 정삼각형을 만들 수 있다.

(명제 47) △ABC의 각 ∠A가 직각이면 $AB^2+AC^2=BC^2$이다.(피타고라스 정리)

(명제 48) 삼각형 △ABC에서 $AB^2+AC^2=BC^2$이면 각∠A는 직각이다.(피타고라스 정리의 역)

Chapter 8

도형의 변환

도형변환은 유사한 사물간의 관계를 수학적으로 이해하는데 있다. 초등학교에서는 구체물이나 그림의 옮기기, 뒤집기, 돌리기 등의 용어를 사용하지만 후에는 평행이동, 대칭이동, 회전이동, 축소와 확대 등 두 도형간의 관계를 함수적 의미로 해석한다. 변환에 의해 보존되는 성질을 탐구하는 아핀기하, 사영기하, 위상기하 등 현대기하에 접근하기 위해서는 변환에 대한 이해가 중요하다. 먼저 변환의 정의와 합동변환에 대해 알아본다.

집합 X에서 X 위로의 전단사함수(1-1 대응)를 X에서 X 위로의 변환 또는 X에서의 변환이라고 한다. 변환 T에 의해 $x \in X$가 $y \in Y$에 대응하면

$$T(x) = y \text{ 또는 } T : x \rightarrow y$$

등으로 나타내고, y는 T에 의한 x의 상(image)이라고 한다. 만약 변환 T가 위와 같이 주어지면 T의 역변환 T^{-1}가 존재하고 $T^{-1}(y) = x$이다.

이 장에서는 임의의 집합 X 대신에 유클리드 평면(R^2) 위의 점들의 집합에서의 변환들 중에서 특별한 성질을 갖는 변환에 대해서 알아본다.

8.1 합동 변환

합동변환이란 평면상의 임의의 도형을 그것과 합동인 도형으로 이동시키는 변환이다. 그럼 두 도형이 합동이란 무엇을 말하는가? 모양과 형태가 같은 도형이라 할 수 있는데 유클리드 기하의 공리 4에서 '포개지는 것은 같다'의 의미이기도 하다. 합동변환은 두 점을 잇는 선분을 길이가 같은 선분으로 이동시켜주므로 임의의 두 점사이의 직선거리가 그대로

유지된다. 이런 변환을 등거리변환이라 부른다. 역으로 T가 등거리변환이면 삼각형 $\triangle ABC$의 각 변이 T에 의해 $\triangle A'B'C'$으로 이동되었다면 두 삼각형의 대응하는 세 변의 길이가 서로 같아야하므로 결국 이들은 합동이 되어야 한다. 이들 변환은 각도 보전시켜준다는 것을 쉽게 알 수 있다.

정의 8.1

등거리변환(isometry)은 두 점사이의 거리를 보존하는 평면에서의 변환을 말한다. 즉, 두 점 P, Q의 거리를 $d(P, Q)$라 두면, $d(P, Q) = d(T(P), T(Q))$를 만족하는 변환을 말한다.

앞에서 합동과 합동변환에 대한 정의는 엄밀하지 못하다는 것을 알 수 있는데 합동에 대한 정의를 등거리변환을 사용하여 정의함으로써, 예를 들면, 7장 Euclid '공리 4'와 같은 정의상의 모호성을 피할 수 있다.

정의 8.2

만약 A, B가 평면 R^2의 부분집합이라 하면 $T(A) = B$를 만족하는 등거리변환 T가 존재하면 A와 B는 합동이라고 한다.

그러므로 평면변환으로서 합동변환과 등거리변환은 같은 것으로 본다. 이제 기본적인 합동변환에는 평행이동, 회전이동, 대칭이동이 있는데 이에 대해 알아본 후 이들 변환의 관계와 합동변환의 일반적인 형태에 대해 알아본다.

1) 평행이동

정의 8.3

평면 R^2 위의 모든 점을 일정한 방향으로 일정한 거리만큼 옮기는 이동을 평행이동이라 한다.

한 점 $P(x, y)$가 평행이동 T에 의하여 $P'(x', y')$로 옮겨졌다고 하자. $d(P, P')=d$라 하고, P, P'가 x축의 양의 방향과 이루는 θ라 할 때

$$T:\ \begin{cases} x' = x + d\cos\theta \\ y' = y + d\sin\theta \end{cases} \quad \text{또는} \quad \begin{cases} x' = x + a \\ y' = y + b \end{cases} \qquad ①$$

(단, $d\cos\theta = a,\quad d\sin\theta = b$)이고,

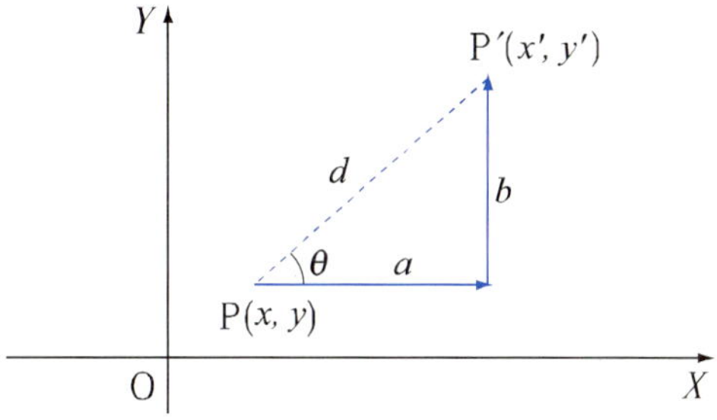

〈그림 8.1〉

이것을 행렬로 나타내면 평행이동

$T: (x,\ y) \to (x',\ y')$는

$$\begin{pmatrix} x' \\ y' \end{pmatrix} = \begin{pmatrix} 1 & 0 \\ 0 & 1 \end{pmatrix}\begin{pmatrix} x \\ y \end{pmatrix} + \begin{pmatrix} a \\ b \end{pmatrix} \qquad ②$$

으로 나타낼 수 있다. 여기서 행렬 $A = \begin{pmatrix} 1 & 0 \\ 0 & 1 \end{pmatrix}$의 행렬식 det(A)=1이다.

2) 회전이동

정의 8.4

평면 R^2 위의 모든 점을 한 정점 A의 둘레로 일정한 각 θ만큼 돌리는 이동을 회전이동이라 하고, 정점 A를 회전의 중심, θ를 회전각의 크기라 한다.

한 점 P$(x,\ y)$가 회전이동 T에 의해서 정점 A$(x_0,\ y_0)$을 중심으로 θ만큼 회전하여 P′$(x',\ y')$로 옮겨졌다고 하자.

위의 것을 복소평면에서 생각하면 세 점 P, P′, A는 각각 〈그림 8.2〉와 같고, 중심 A를 원점 O로 옮기면 점 P와 P′는 각각 〈그림 8.3〉과 같다.

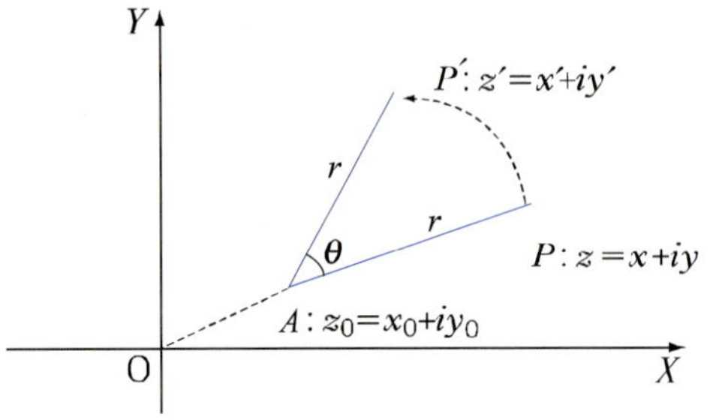

〈그림 8.2〉

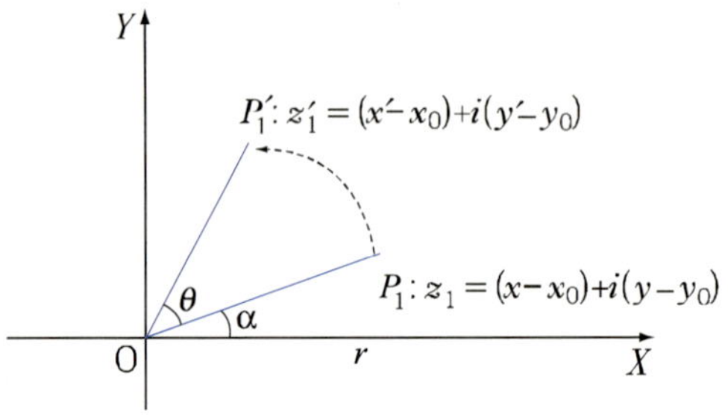

〈그림 8.3〉

OP_1과 x축의 양의 방향과 이루는 각을 α라 하고, $OP_1=r$이라 할 때 점 P_1을 극점으로 표현하면

$$z_1 = r(\cos\alpha + i\sin\alpha)\text{이고}$$

점 $P_1{}'$은

$$z'_1 = r\ \{\cos(\alpha+\theta) + i\sin(\alpha+\theta)\}\ \text{이다.}$$

그런데 〈그림 8.3〉에서 $z'_1 = (x' - x_0) + i(y' - y_0)$이므로

$$\begin{cases} x' - x_0 = r\cos(\alpha+\theta) = r\cos\alpha\cos\theta - r\sin\alpha\sin\theta \\ y' - y_0 = r\sin(\alpha+\theta) = r\sin\alpha\cos\theta + r\cos\alpha\sin\theta \end{cases} \quad ③$$

한편

$$z_1 = (x - x_0) + i(y - y_0) = r(\cos\alpha + i\sin\alpha)\ \text{이므로}$$

$$r\cos\alpha = x - x_0, \quad r\sin\alpha = y - y_0 \quad ④$$

④를 ③에 대입하면

$$\begin{cases} x' - x_0 = (x - x_0)\cos\theta - (y - y_0)\sin\theta \\ y' - y_0 = (y - y_0)\cos\theta + (x - x_0)\sin\theta \end{cases}$$

따라서 점 A$(x_0,\ y_0)$를 중심으로 하고 θ만큼 회전한 회전이동 $T: (x,\ y) \to (x',\ y')$는

$$T: \begin{cases} x' = (x - x_0)\cos\theta - (y - y_0)\sin\theta + x_0 \\ y' = (x - x_0)\sin\theta + (y - y_0)\cos\theta + y_0 \end{cases} \quad ⑤$$

만약 점 A$(x_0,\ y_0)$가 원점이면 $x_0 = y_0 = 0$ 이므로

$$T:\begin{cases} x' = x\cos\theta - y\sin\theta \\ y' = x\sin\theta + y\cos\theta \end{cases} \qquad ⑥$$

그리고 ⑤와 ⑥을 행렬로 나타내면 각각

$$\begin{pmatrix} x' \\ y' \end{pmatrix} = \begin{pmatrix} \cos\theta & -\sin\theta \\ \sin\theta & \cos\theta \end{pmatrix}\begin{pmatrix} x-x_0 \\ y-y_0 \end{pmatrix} + \begin{pmatrix} x_0 \\ y_0 \end{pmatrix} \text{이고}$$

$$\begin{pmatrix} x' \\ y' \end{pmatrix} = \begin{pmatrix} \cos\theta & -\sin\theta \\ \sin\theta & \cos\theta \end{pmatrix}\begin{pmatrix} x \\ y \end{pmatrix}$$

여기서 행렬 $\begin{pmatrix} \cos\theta & -\sin\theta \\ \sin\theta & \cos\theta \end{pmatrix} = A$라 두면 A의 행렬식 det(A)=1이다.

3) 대칭이동

정의 8.5

평면 R^2 위의 모든 점 P를 평면 위의 한 직선 l에 의하여 선분 PP'가 수직 이등분 되는 점 P'로 옮기는 이동을 대칭이동이라 하고, 이 직선 l을 대칭축이라 한다.

평면 R^2 위의 점 P$(x,\ y)$가 원점을 지나는 직선 $ax+by=0$에 관한 대칭이동 T에 의하여 P'$(x',\ y')$로 옮겨졌다고 하면 PP'$\perp l$이므로

$$\frac{y-y'}{x-x'} \cdot \left(-\frac{a}{b}\right) = -1$$

따라서

$$y - y' = \frac{b}{a}(x - x') \qquad ⑦$$

그리고 선분 PP'의 중점 M$\left(\frac{x+x'}{2},\ \frac{y+y'}{2}\right)$는 직선 $ax+by=0$ 위에 있으므로

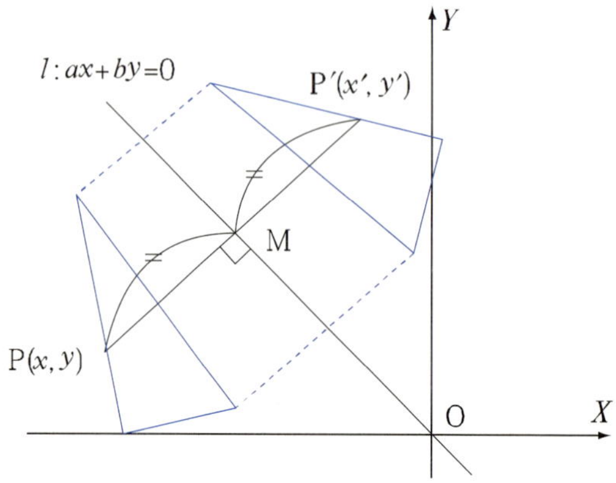

〈그림 8.4〉

$$a \cdot \frac{x+x'}{2} + b \cdot \frac{y+y'}{2} = 0$$

따라서

$$y + y' = -\frac{a}{b}(x + x') \qquad ⑧$$

⑦과 ⑧에서 y를 소거하면,

$$y' = -\frac{1}{2}\left(\frac{(a^2+b^2)x + (a^2-b^2)x'}{ab}\right) \qquad ⑨$$

이것을 ⑦에 대입하여 x'를 구하고, x'를 ⑨에 대입하여 y'를 구하면 대칭축이 $ax+by=0$인 대칭이동 $T:(x,\ y) \to (x',\ y')$는 다음과 같이 주어진다.

$$T: \begin{cases} x' = \dfrac{-1}{a^2+b^2}\ \{(a^2-b^2)x + 2aby\} \\ y' = \dfrac{1}{a^2+b^2}\ \{-2abx + (a^2-b^2)y\} \end{cases}$$

이것을 행렬로 나타내면

$$\begin{pmatrix} x' \\ y' \end{pmatrix} = \begin{pmatrix} -\dfrac{a^2-b^2}{a^2+b^2} & -\dfrac{2ab}{a^2+b^2} \\ -\dfrac{2ab}{a^2+b^2} & \dfrac{a^2-b^2}{a^2+b^2} \end{pmatrix} \begin{pmatrix} x \\ y \end{pmatrix}$$

여기에 있는 행렬을 A라 하면 det(A)=−1.
평행이동, 회전이동, 대칭이동을 행렬로 나타냈을 때 행렬식은 모두 1 또는 −1인 값을 갖는다. 따라서 다음과 같은 정리를 얻는다.

정리 8.1 R^2공간에서의 합동변환 $T:(x,\ y)\rightarrow(x',\ y')$가

$$\begin{pmatrix} x' \\ y' \end{pmatrix}=\begin{pmatrix} a_{11} & a_{12} \\ a_{21} & a_{22} \end{pmatrix}\begin{pmatrix} x \\ y \end{pmatrix}+\begin{pmatrix} a_0 \\ b_0 \end{pmatrix} \qquad ⑩$$

로 주어지면 $\det\begin{pmatrix} a_{11} & a_{12} \\ a_{21} & a_{22} \end{pmatrix}=\pm1$이다.

예제 8.1

R^2 공간에서 합동변환 $T:(x,\ y)\rightarrow(x',\ y')$를

$$\begin{pmatrix} x' \\ y' \end{pmatrix}=\begin{pmatrix} \frac{1}{2} & -\frac{\sqrt{3}}{2} \\ \frac{\sqrt{3}}{2} & a \end{pmatrix}\begin{pmatrix} x \\ y \end{pmatrix}+\begin{pmatrix} 3 \\ -1 \end{pmatrix}$$

로 주어질 때 a를 구하여라. 그리고 세 점 A(0, 0), B(2, 0), C(1, $\sqrt{3}$)은 각각 어떤 점으로 옮겨지는가?

[풀이] [정리 8.1]에 의해 $\det\begin{pmatrix} \frac{1}{2} & -\frac{\sqrt{3}}{2} \\ \frac{\sqrt{3}}{2} & a \end{pmatrix}=1$이므로 a는 $\frac{1}{2}$이고,

$$A'=\begin{pmatrix} x' \\ y' \end{pmatrix}=\begin{pmatrix} \frac{1}{2} & -\frac{\sqrt{3}}{2} \\ \frac{\sqrt{3}}{2} & \frac{1}{2} \end{pmatrix}\begin{pmatrix} 0 \\ 0 \end{pmatrix}+\begin{pmatrix} 3 \\ -1 \end{pmatrix}=\begin{pmatrix} 3 \\ -1 \end{pmatrix}$$

즉, A′=(3, −1). 마찬가지 방법에 의해 B′=(4, $\sqrt{3}-1$), C′=(2, $\sqrt{3}-1$)이다.
즉, △ABC를 원점 O를 중심으로 60°회전해서 x축의 양의 방향으로 3, y축의 양의 방향으로 −1만큼 평행이동하면 △A′B′C′가 된다. 그래서 문제의 합동변환은 회전이동과 평행이동의 합성인 것이다.

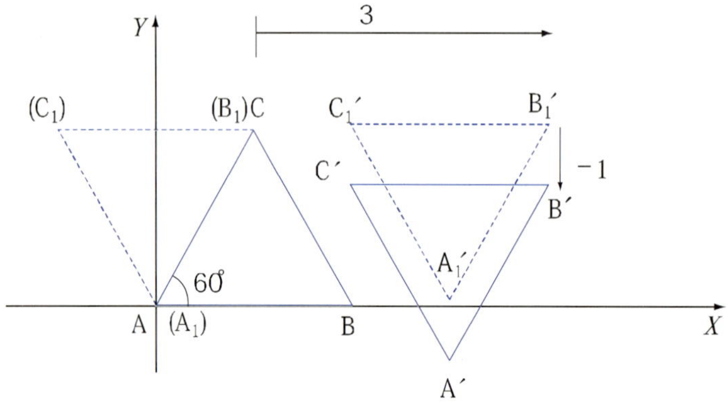

〈그림 8.5〉

4) 기본 변환들 간의 관계

정리 8.2 평면에서의 합동변환 T는 한 직선 위에 있지 않은 세 점 A, B, C의 상(image) T(A), T(B), T(C)에 의해 유일하게 결정된다. 더욱이 합동인 두 삼각형 △ABC와 △PQR의 세 꼭지점 (A, B, C)와 (P, Q, R)이 주어졌을 때, T(A)=P, T(B)=Q, T(C)=R을 만족하는 평면의 합동변환이 존재한다.

증명 [정의 8.2]에서 T(△ABC)=△PQR인 합동변환(등거리변환)이 존재한다. 그러나 이 변환이 T(A)=P, T(B)=Q 그리고 T(C)=R을 만족하는 변환이라 말할 수 없다. 여기서는 이 조건을 만족하는 변환의 존재성(증명은 이 책의 범위를 넘어선다)에 대한 관심보다는 합동변환이 세 점에 의해 유일하게 결정된다는 점에 초점을 둔다. 그러므로 한 직선 상에 있지 않은 세 점에 대해 T(A)=P, T(B)=Q 그리고 T(C)=R을 만족하는 합동변환 T가 있다 하자. 세 점이 한 직선 위에 있지 않고 T가 등거리변환이므로 P, Q, R도 한 직선 상에 있지 않다. X를 R^2 위의 임의의 점이라 하자. 그리고 X에서 A, B, C까지의 거리를 각각 d_1, d_2, d_3이라 하자. T가 등거리변환이므로 T(X)에서 P, Q, R까지의 거리도 각각 d_1, d_2, d_3이다. 그러므로 T(X)는 중심이 P, Q, R이고 반경이 각각 d_1, d_2, d_3인 원들이 만나는 점이다.

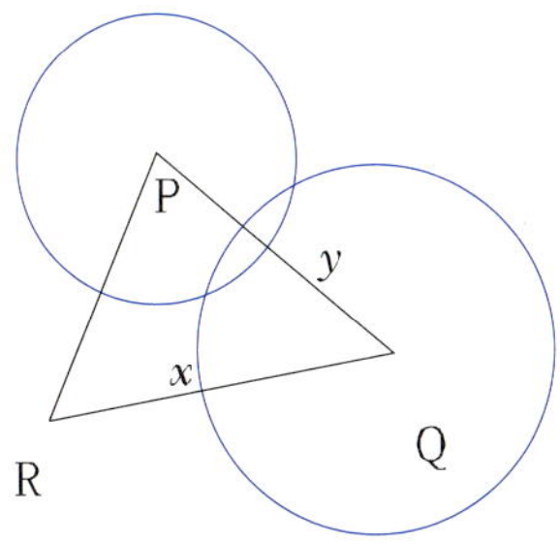

〈그림 8.6〉

위 그림처럼 두 개의 원(중심이 P, Q 이고 반경이 d_1, d_2)이 만나는 점이 두 개이다. 세 번째 원(중심이 R이고 반경이 d_3)과도 만나는 점이 두 개라면 세 번째 원은 두 원이 만나는 점 x, y를 지나야 하므로 점 R은 선분 xy 중점 위에 있게 되어 점 P, Q, R은 한 직선 상에 놓이게 되어 모순이 된다. 그러므로 T(X)는 유일하게 결정된다. ■

정의 8.6

f를 함수라 하자. f의 고정점이란 $f(x)=x$가 되는 정의역의 원소 x들을 말한다.

이제 변환의 고정점으로써 합동변환을 기술하고자 한다.

경우 1 합동변환 T가 한 직선 위에 있지 않는 세 개의 고정점을 가지면, T는 항등변환이다. 위 정리 8.2에서 한 직선 위에 있지 않는 세 점 A, B, C의 상에 의해 유일하게 결정되므로 T(A)=A, T(B)=B, T(C)=C를 만족하는 합동변환T와 항등변환은 일치한다.

경우 2 합동변환 T가 서로 다른 두 점 P, Q를 고정점으로 갖는다 하자. 그땐 B=T(A)≠A되는 점 A가 존재한다. 그땐 T가 등거리 변환이므로 아래 그림과 같이 점 P, Q는 선분 AB의 수직이등분선 상에 놓이게 된다. 수직이등분선 L을 중심선으로 하는 대칭이동을 R_L이라하자.
그땐 R_L(A)=B, R_L(P)=P, R_L(Q)=Q이므로 R_LT(A)=A이고 R_LT는 P, Q도 고정점으로 갖는다. 경우 1에 의해 R_LT는 항등변환이 되고, $T=R_L^{-1}=R_L$이다.
즉, T는 축 L을 중심으로 대칭이동과 같다.

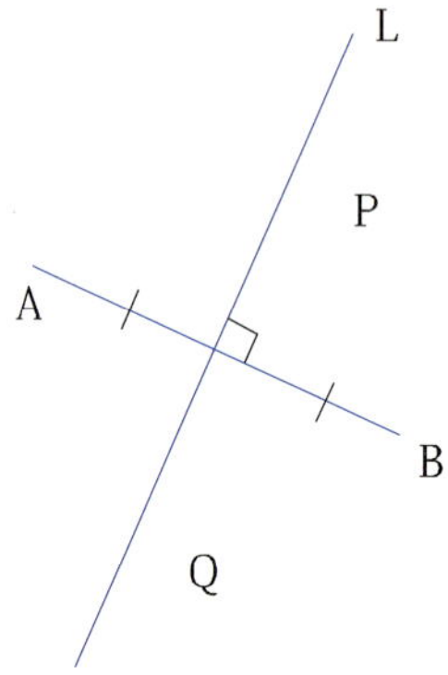

〈그림 8.7〉

경우 3 합동변환 T가 하나의 고정점 P를 갖는다 하자. 그땐 B=T(A)≠A되는 점 A가 존재한다. T가 등거리변환이므로 P는 선분 AB의 수직이등분선위에 있다. 경우 2와 같이 수직이등분선 L을 중심선으로 하는 대칭이동을 R_L이라 하자. 그땐 $R_L(P)=P$이고 $R_L(B)=A$이다. 그러므로 $R_LT(P)= R_L(P)=P$, $R_LT(A)= R_L(B)=A$이다. 즉, 점 P와 A가 R_LT의 고정점이므로 경우 2로 귀착된다.

따라서 R_LT가 세 개의 고정점을 갖는다면 $R_L=T$기 되고, 그렇지 않는다면 $Y=R_LT(X)\neq X$인 점 X가 존재한다. 그땐 경우 2에서 A, P는 XY의 수직이등분선 위에 있고, 이 선을 연장한 직선 M에 대한 대칭이동을 R_M이라 두면 $R_LT=R_M$이 되고 결국 $T=R_LR_M$이 된다. 즉, 두 개의 대칭이동의 합성변환이 된다.

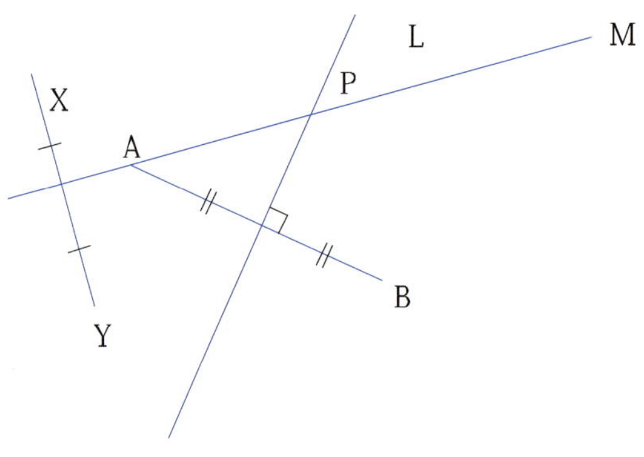

〈그림 8.8〉

경우 4 합동변환 T가 고정점을 갖지 않는다고 하자. B=T(A)≠A되는 점 A를 택하고 L을 선분 AB의 수직이등분선 L에 대한 대칭이동을 R_L이라 두면 R_LT(A)=A가 되어 R_LT은 하나의 고정점을 갖는다. 그러므로 경우 3으로 귀착되어 T는 많아야 2개의 대칭이동의 합성으로 표현된다.

위 4가지 경우의 결론으로 다음 정리가 성립한다.

정리 8.3 모든 합동변환은 많아야 세 개의 대칭이동의 합성이다.

위 정리에 의해 2개 또는 3개의 대칭이동(Reflection)의 합성을 알게 되면 모든 평행이동, 회전이동을 포함한 합동변환을 분류할 수 있게 된다.

정리 8.4 L과 M이 점 P에서 만나는 두 개의 직선이라 하자. 그땐 R_LR_M은 점 P를 중심으로 직선 M에서 L로의 각의 두 배로 회전하는 회전이동과 같다.

증명 X가 P와는 평면에서의 다른 임의의 점이라 하자.

R_M(X)=Y라두고, R_L(Y)=Z라 두자.

그땐 PX=PY=PZ이고, ∠XPB=∠BPY이며 ∠YPA=∠APZ이다.

따라서 R_LR_M은 점 P를 중심으로 각 2∠BPA 만큼 회전이동한 것과 같다.

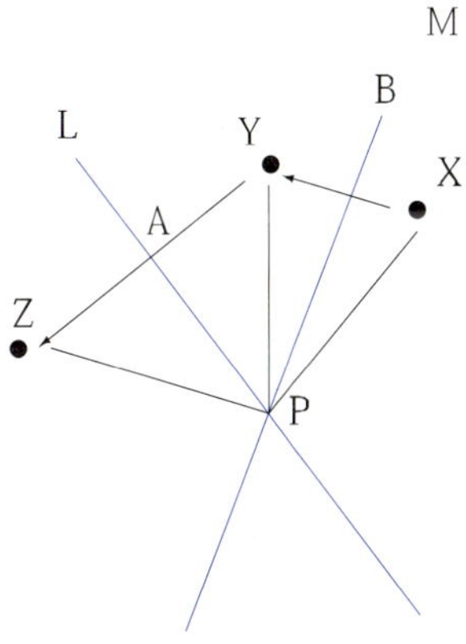

〈그림 8.9〉

■

정리 8.5 직선 L과 M이 서로 평행한 두 개의 직선이라 하자. 그땐 $R_L R_M$은 M에서 L방향으로 두 직선간의 거리의 두 배만큼 평행이동한 것과 같다.

증명 〈그림 8.10〉과 같이 X에서 Z까지의 거리는 두 직선간의 거리의 두배이다. 그러므로 [정리 8.5]가 성립함을 쉽게 알 수 있다.

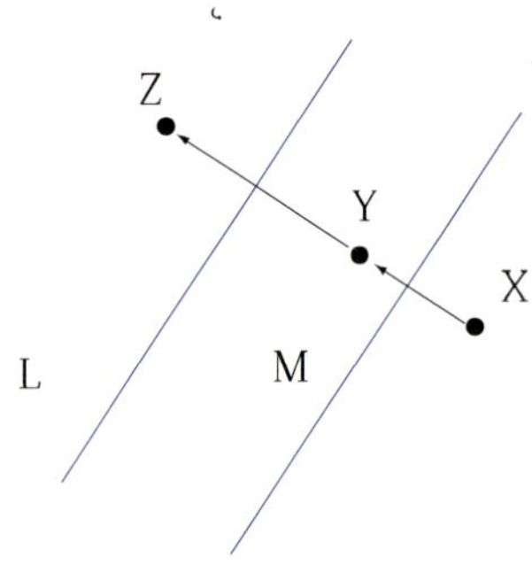

〈그림 8.10〉

■

참고 위 증명에 의해 알 수 있는 것은 합동변환 T가 벡터 a만큼의 평행이동이라면 T= $R_L R_M$. 여기서 L과 M은 벡터 a에 수직이고 벡터의 크기의 1/2되는 거리를 갖는 평행한 임의의 두 직선으로 대체할 수 있다.

정리 8.6 세 개의 직선 L, M, N이 평행하면 T= $R_L R_M R_N$은 대칭이동이다.

증명 위 참고에 의해 $R_M R_N = R_L R_{L'}$이 되는 평행한 직선 L′으로 대체할 수 있다. 그러므로 $T = R_L R_L R_{L'} = R_{L'}$이 되어 정리가 성립한다. ■

정리 8.7 두 직선 M과 N이 평행하고 이들이 직선 L과 만난다고 하자. $R_L R_M R_N$은 $R_{L'} T_c$로 나타낼 수 있다. 여기서 L′은 L에 평행한 어떤 직선이고 T_c는 L에 평행한 어떤 벡터 c의 방향으로 평행이동이다.

증명 M과 N이 평행이므로 [정리 8.5]에 의해 $R_M R_N$은 하나의 벡터 a(크기가 두 직선 M, N거리의 두 배이고, 방향은 직선과 수직)만큼의 평행이동 T_a이다. c를 직선 L에 대한 벡터 a의 수직 projection이라 하고 $b = a - c$라 하자. 그리고 L′은 b길이의 1/2만큼 $-b$ 방향으로 L을 이동시킨 직선이라 하자. $a = b + c$이므로 $T_a = T_b T_c$로 표현되고, b가

L에 수직이므로 T_b는 $R_L R_{L'}$으로 표현된다. 여기서 L′은 L에 평행하고 L로부터 b길이의 1/2만큼 떨어진 직선이다. 따라서 $R_L R_M R_N = R_L T_a = R_L T_b T_c = R_L R_L R_{L'} T_c = R_{L'} T_c$이므로 정리가 성립한다. 이를 그림으로 표현하면 벡터 a, b, c는 위 그림과 같이 되고 △PQR과 △XYT_c(X)는 합동이고 XPRT_c(X)는 직사각형이며 XPQY는 평행사변형이다. 이제 X를 평면상의 임의의 점일때 Y= $R_M R_N$(X)라 두고, Z= R_L(Y)라 두자. 그땐 선분 YR=RZ이다. $ZR = RY$ 이고, $RR' = \frac{1}{2} YT_c(X)$이므로 $R'T_c(X) = ZR'$이다. 그러므로 Z= $R_{L'}(T_c(X))$이다. 즉, $R_L R_M R_N = R_{L'} T_c$이다. ■

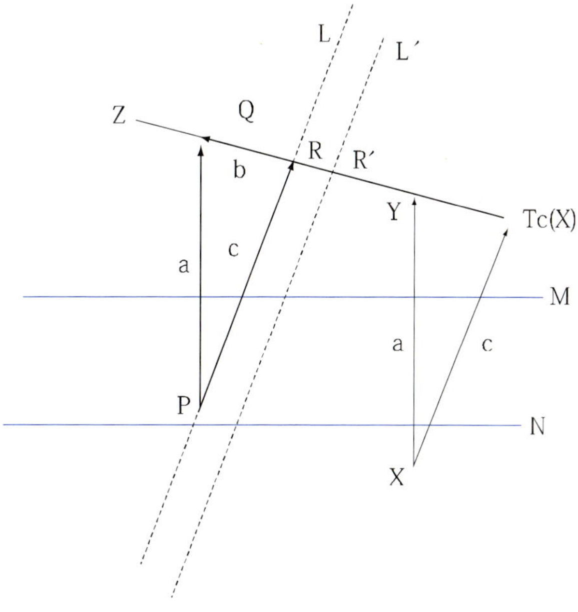

〈그림 8.11〉

참고 a가 벡터라 하고 a에 수직이 아닌 직선 L에 대해 $R_L T_a$ 형태의 변환을 미끄럼평행이동(glide translation)이라한다. [정리 8.7]의해 미끄럼평행이동은 대칭축에 평행한 방향(벡터 c)으로 평행이동을 한 후 대칭이동(L′)을 합성변환으로 표현된다. 여기서 물론 $R_{L'} T_c = T_c R_{L'}$이다.

정리 8.8 세 개의 직선 M, N 그리고 L이 서로 평행하지 않고 한 점에서 만나지 않을 때 $R_L R_M R_N$은 미끄럼평행이동이 된다.

증명 M과 N이 평행하지 않으므로 [정리 8.4]에 의해 $R_M R_N$은 회전이동이 된다. 이것은 점 P를 중심으로 M과 L이 이루는 각의 2배를 회전이동 시키므로, M을 N에 평행한 직선 M'이 되도록 M과 L을 M′과 L′으로 대체할 수 있다(그림 8.12 참조). [정리 8.7]에 의해 $R_L R_M R_N = R_{L'} R_{M'} R_N = R_{L'} T_a$, 여기서 a는 N에 수직인 어떤 벡터이다. ■

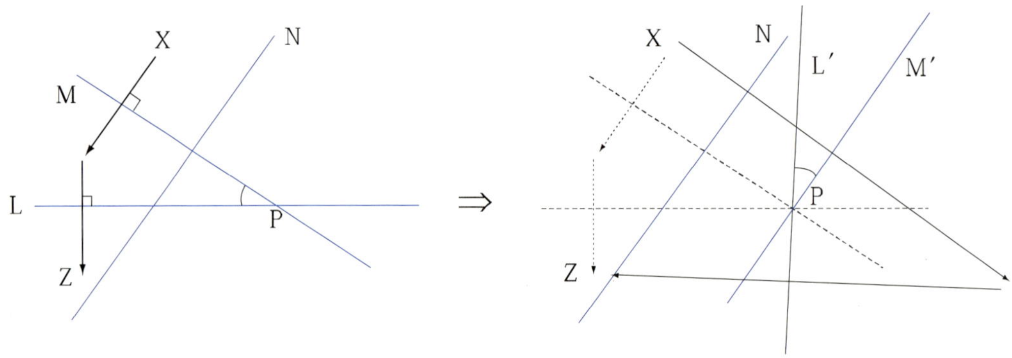

〈그림 8.12〉

정리 8.9 세 개의 직선 M, N 그리고 L이 서로 평행하지 않고 한 점에서 만날 때 $R_L R_M R_N$은 대칭이동이다.

위 정리의 증명은 연습문제로 남긴다. 지금까지의 논의를 정리하면 다음과 같이 결론을 내릴 수 있다.

정리 8.10 평면에서의 합동변환은 항등변환외 다음과 같은 네 가지 형태가 있다.

(a) 대칭이동
(b) 회전이동
(c) 평행이동
(d) 미끄럼평행이동

▶ 연습문제 8.1

※ 아래 문제(1~4)들이 옳은지를 밝히시오.

1. 합동변환은 직선을 직선으로 이동시킨다.

2. T가 합동변환이고 점 A, B, C가 한 직선위에 있다 하자 점 A가 B와 C 사이에 있으면, T(A)도 T(B)와 T(C) 사이에 있다.

3. T가 합동변환이고 점 A, B, C가 한 직선위에 있지 않다 하자. 그 땐 T(A), T(B), T(C)도 일직선상에 있지 않다.

4. T가 평면에서의 변환이라 하자. 특정한 삼각형 △ABC가 T에 의해 합동인 삼각형으로 이동하였다면 T를 등거리변환이라 할 수 있는가?

5. [정리 8.9]를 증명하시오.

8.2 닮음 변환

정의 8.7

평면 R^2 위의 정점 A 와 다른 점 P 에 대하여 AP 또는 그 연장 위에 점 P′을 잡아서

AP′: AP = k : 1 (k≠0 인 상수)

되도록 P 를 P′에 대응시키는 변환을 닮음변환(similarity transformation)이라 한다. 이때 정점 A 를 닮음의 중심, 일정한 비의 값 k를 확대비(또는 닮음비)라 한다.

평면 R^2 위의 점 $P(x, y)$가 정점 $A(x_0, y_0)$를 닮음의 중심으로 하는 닮음변환에 의하여 점 $P'(x', y')$에 옮겨진다고 하면

$$\frac{\mathrm{AP'}}{\mathrm{AP}}=\frac{x'-x_0}{x-x_0}=\frac{y'-y_0}{y-y_0}=k$$

따라서 정점 $\mathrm{A}(x_0,\ y_0)$을 닮음의 중심

으로 하는 닮음변환 $T:(x,\ y)\to(x',\ y')$는 다음과 같이 주어진다.

$$T:\ \begin{cases} x'=kx+(1-k)x_0 \\ y'=ky+(1-k)y_0 \end{cases}$$

이것을 행렬로 나타내면

$$\begin{pmatrix} x' \\ y' \end{pmatrix}=\begin{pmatrix} k & 0 \\ 0 & k \end{pmatrix}\begin{pmatrix} x \\ y \end{pmatrix}+(1-k)\begin{pmatrix} x_0 \\ y_0 \end{pmatrix}$$

이다. 여기서 $k=1$이면 합동변환이고, $k\neq 1,\ k>0$이면 닮음변환이다.

닮음변환에 의해서 도형은 그 크기와 위치가 변하지만 모든 선분의 길이(두 점 사이의 거리)의 비와 각의 크기가 보존되므로 그 모양은 불변이고 다만 일정한 비로 확대 또는 축소된다.

▶ 연습문제 8.2

1. 세 점 A(0, 0), B(2, 0), C(3, 2)를 꼭지점으로 하는 △ABC의 변환 $x'=3x+1,\ y'=3y-1$에 의한 상 △A'B'C'를 구하여 그 모양이 보존됨을 확인하고, 이 변환에서 불변인 성질을 말하시오.

2. 두 직선의 교각은 닮음변환에 의하여 불변임을 변환식을 써서 밝히시오.

8.3 Affine 변환

1) Affine 변환의 정의

한 도형을 평행광선에 의한 투영으로 다른 평면에 비춰 옮기는 변환을 생각해 보자.

이 변환은 합동변환이나 닮음변환을 일반화한 것으로서 기하학적으로는 평행선을 평행선으로 옮기는 평면 위에서의 연속변환이라 정의되고, 해석적으로는 다음과 같이 정의한다.

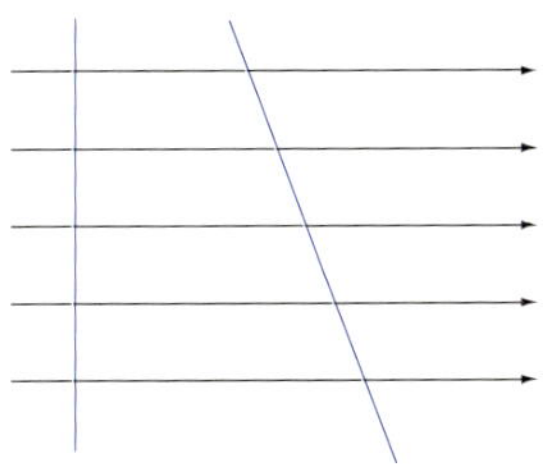

〈그림 8.13〉

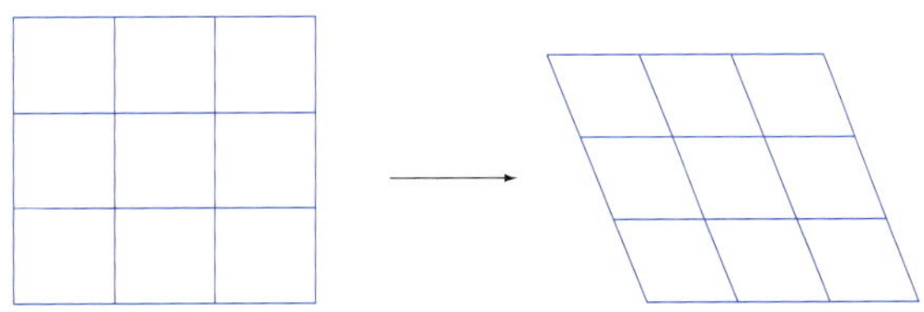

〈그림 8.14〉

정의 8.8

평면 R^2 위에서의 점 P$(x,\ y)$를

$$T:\ \begin{cases} x' = ax + by + e \\ y' = cx + dy + f \end{cases} \quad (\text{단}, ad - bc \neq 0\text{인 상수}) \qquad ⑪$$

에 의하면 점 $\mathrm{P}'(x',\ y')$로 옮겨지는 변환 $T: (x,\ y) \to (x',\ y')$를 affine 변환이라 한다.

위의 변환식 ⑪을 행렬로 나타내면 아래와 같이 된다.

$$\begin{pmatrix} x' \\ y' \end{pmatrix} = \begin{pmatrix} a & b \\ c & d \end{pmatrix}\begin{pmatrix} x \\ y \end{pmatrix} + \begin{pmatrix} e \\ f \end{pmatrix},\ (\text{단 } \det\begin{pmatrix} a & b \\ c & d \end{pmatrix} \neq 0\ )$$

예제 8.2

〈그림 8.15〉에서 정사각형 ABCD는 평행사변형 A'B'C'D'로 affine 변환되었다. 이러한 변환을 행렬로 나타내어라.

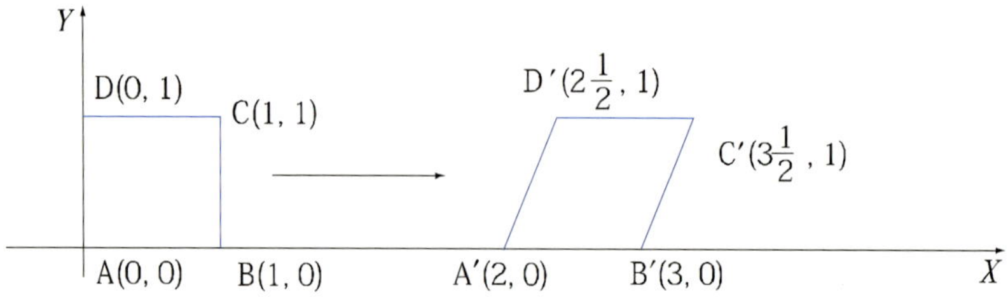

〈그림 8.15〉

[풀이] 구하고자 하는 변환을 다음과 같이 두면

$$\begin{pmatrix} x' \\ y' \end{pmatrix} = \begin{pmatrix} a & b \\ c & d \end{pmatrix}\begin{pmatrix} x \\ y \end{pmatrix} + \begin{pmatrix} e \\ f \end{pmatrix} \qquad ⑫$$

$A(0,\ 0) \to A'(2,\ 0)$이므로 $\begin{pmatrix} 2 \\ 0 \end{pmatrix} = \begin{pmatrix} a & b \\ c & d \end{pmatrix}\begin{pmatrix} 0 \\ 0 \end{pmatrix} + \begin{pmatrix} e \\ f \end{pmatrix}$에서

$$e = 2, \quad f = 0.$$

$B(1,\ 0) \to B'(3,\ 0)$이므로 $\begin{pmatrix} 3 \\ 0 \end{pmatrix} = \begin{pmatrix} a & b \\ c & d \end{pmatrix}\begin{pmatrix} 1 \\ 0 \end{pmatrix} + \begin{pmatrix} 2 \\ 0 \end{pmatrix}$에서

$a + 2 = 3, \quad c = 0.$ 따라서 $a = 1, \quad c = 0.$

$C(1,\ 1) \to C'(3\frac{1}{2},\ 1)$이므로 $\begin{pmatrix} \frac{7}{2} \\ 1 \end{pmatrix} = \begin{pmatrix} a & b \\ c & d \end{pmatrix}\begin{pmatrix} 1 \\ 1 \end{pmatrix} + \begin{pmatrix} 2 \\ 0 \end{pmatrix}$에서

$$a + b + 2 = \frac{7}{2}, \quad c + d = 1.$$

따라서 $b = \frac{1}{2}, \quad d = 1.$

따라서 ⑫는

$$\begin{pmatrix} x' \\ y' \end{pmatrix} = \begin{pmatrix} 1 & \frac{1}{2} \\ 0 & 1 \end{pmatrix}\begin{pmatrix} x \\ y \end{pmatrix} + \begin{pmatrix} 2 \\ 0 \end{pmatrix} \qquad ⑬$$

그러면 $D=(0,\ 1)$이므로 $\begin{pmatrix} x' \\ y' \end{pmatrix} = \begin{pmatrix} 1 & \frac{1}{2} \\ 0 & 1 \end{pmatrix}\begin{pmatrix} 0 \\ 1 \end{pmatrix} + \begin{pmatrix} 2 \\ 0 \end{pmatrix} = \begin{pmatrix} 2\frac{1}{2} \\ 1 \end{pmatrix}$이 되어

$D' = (2\frac{1}{2},\ 1)$과 일치한다. 그래서 ⑬이 구하고자 하는 affine 변환이다.

2) affine 변환의 성질

affine변환에 의하여 불변인 도형의 성질을 affine적 성질이라 한다. affine적 성질은 다음과 같이 네 가지가 있다.

성질 1 직선은 직선으로 옮긴다.

증명 직선

$$l: Ax + By + C = 0 \tag{14}$$

이 affine 변환 ⑩에 이해 옮겨진 도형 l'가 직선임을 보이자. 여기서 $e = f = 0$이라 둘 수 있다.

$$T: \begin{cases} x' = ax + by \\ y' = cx + dy \end{cases} \quad (\text{단, } D = ad - bc \neq 0 \text{ 상수}) \tag{15}$$

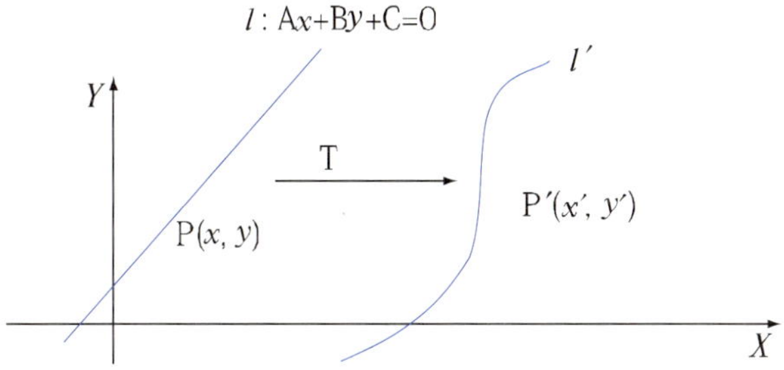

〈그림 8.16〉

이것을 x와 y에 관한 연립일차방정식으로 보고 풀면

$$\begin{cases} x = \dfrac{1}{D}(dx' - by') \\ y = \dfrac{1}{D}(-cx' + ay') \end{cases} \tag{16}$$

⑯을 ⑭에 대입해서 정리하면

$$(Ad - Bc)x' + (Ba - Ab)y' + C \cdot D = 0 \tag{17}$$

따라서 점 P'(x', y')가 그리는 도형은 직선이다. ■

성질 2 평행인 두 직선은 평행인 직선으로 옮겨진다.

증명 평행인 두 직선을

$$l_1 : Ax + By + C_1 = 0$$

$$l_2 : Ax + By + C_2 = 0$$

라 하고 이 위에 있는 점을 각각 $P_1(x, y)$, $P_2(x, y)$라 하자. affine 변환 ⑮에 의하여 상(image) $P_1'(x', y')$와 $P_2'(x', y')$이 그리는 도형은 앞 ⑰과 같이하여

$$l_1' : (Ad - Bc)x' + (Ba - Ab)y' + C_1 \cdot D = 0$$

$$l_2' : (Ad - Bc)x' + (Ba - Ab)y' + C_2 \cdot D = 0$$

이고, 이들은 $l_1' \,//\, l_2'$이다.

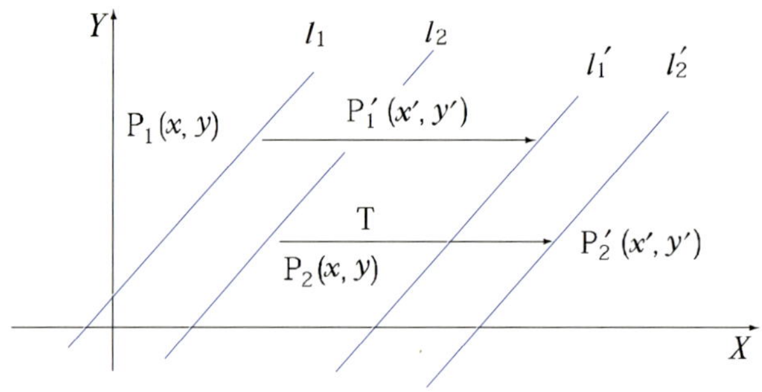

〈그림 8.17〉 ■

성질 3 같은 직선 위에 있는 두 선분의 길이의 비는 불변이다.

증명 두 점 $A(x_1, y_1)$와 $B(x_2, y_2)$을 잇는 선분 AB를 $m : n$으로 내분하는 점을 $P(x_0, y_0)$라 하면,

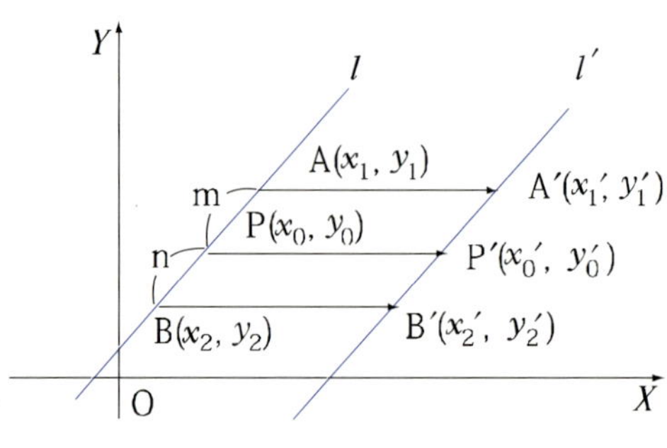

〈그림 8.18〉

$$x_0 = \frac{nx_1 + mx_2}{m+n}, \quad y_0 = \frac{ny_1 + my_2}{m+n} \tag{18}$$

affine 변환 ⑮에 의한 이들의 상 $A'(x_1', y_1')$, $B'(x_2', y_2')$, $P'(x_0', y_0')$도 성질 1에 의하여 어떤 직선 l' 위에 있게 된다.
그리고 이들의 관계는 ⑮에 의하여

$$\begin{cases} x_1' = ax_1 + by_1 \\ y_1' = cx_1 + dy_1 \end{cases} \tag{19}$$

$$\begin{cases} x_2' = ax_2 + by_2 \\ y_2' = cx_2 + dy_2 \end{cases} \tag{20}$$

$$\begin{cases} x_0' = ax_0 + by_0 \\ y_0' = cx_0 + dy_0 \end{cases} \tag{21}$$

⑱을 ㉑에 대입하면

$$x_0' = a \cdot \frac{nx_1 + mx_2}{m+n} + b \cdot \frac{ny_1 + my_2}{m+n}$$

$$= \frac{1}{m+n} \{n(ax_1 + by_1) + m(ax_2 + by_2)\}$$

$$= \frac{1}{m+n}(nx_1' + nx_2') \qquad \text{(⑲와 ⑳에 의해)}$$

마찬가지로 하면

$$y_0' = \frac{ny_1' + my_2'}{m+n}$$

을 얻게 되어 점 P′도 선분 A′B′를 $m : n$으로 내분한다. ■

성질 4 각의 크기는 보존되지 않는다.

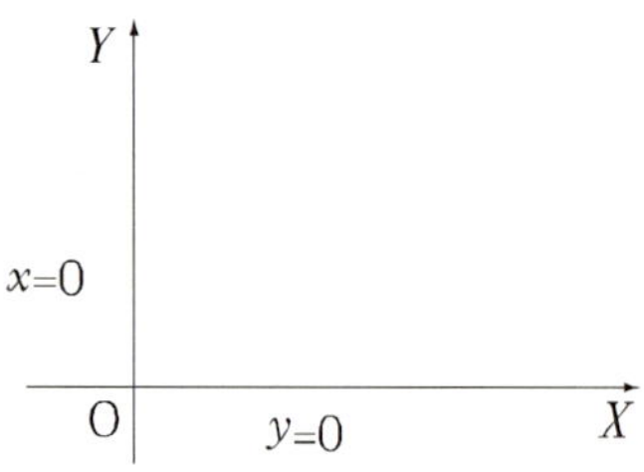

〈그림 8.19〉

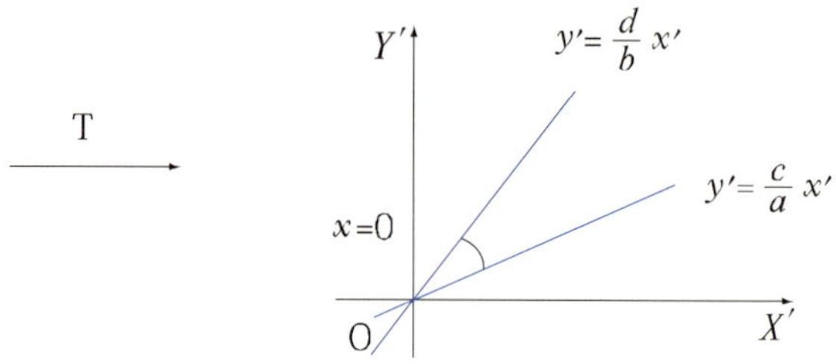

〈그림 8.20〉

증명 평면 R^2 위에 있는 두 직선 $x=0$과 $y=0$이 이루는 각은 90°이다. 그러나 affine 변환에 의하여 이들 두 직선은 각각

$$\begin{cases} x' = by \\ y' = dy \end{cases} \qquad \begin{cases} x' = ax \\ y' = cx \end{cases}$$

로 옮겨지고 앞 두 식에서 y를 소거하고 뒤의 두 식에서 x를 소거하면 $y' = \frac{d}{b}x'$, $y' = \frac{c}{a}x'$ 가 된다.

$$\text{즉,} \quad x = 0 \xrightarrow{\quad T \quad} y' = \frac{d}{b}x'$$

$$y = 0 \xrightarrow{\quad T \quad} y' = \frac{c}{a}x'$$

이 되므로 $y' = \frac{d}{b}x'$와 $y' = \frac{c}{a}x'$가 이루는 각을 90°가 아닐 수 있다. 따라서 각은 보존이 되지 않는다. ■

▶ 연습문제 8.3

1. 세 점 A(0, 0), B(1, 0), C(0, 1), D(1, 1)은 affine 변환

$$T : \begin{cases} x' = x+y-1 \\ y' = x+1 \end{cases}$$

에 의하여 어떤 점으로 옮겨지는가를 조사하고 각각 네 점을 이어서 affine적 성질을 조사하시오.

2. 두 개의 affine 변환

$$T_1 : \begin{cases} x' = x+2y+3 \\ y' = 2x+5y-1 \end{cases} \qquad T_2 : \begin{cases} x' = x-y \\ y' = x+2 \end{cases}$$

에 대하여 $T_1 \circ T_2$와 T_1^{-1}을 구하여라.

3. 원 $x^2+y^2=r^2$은 affine 변환에 의하여 타원으로 옮겨짐을 밝히시오.

8.4 사영 변환

1) 사영 변환의 정의

공간에서 한 도형 F를 한 점 O로부터 평면 π 위에 투영하는 그림(1소실점 투시도)을 그리는 작도는 다음 두 가지 원리에 의한다.

① 한 점 O와 도형 F 위의 각 점을 직선(이 직선을 사선이라고 함)으로 맺는다.
② 각 사선을 평면으로 끊어 그 교점을 구한다.

정의 8.9

그림 F 위의 각 점과 점 O를 사선으로 맺는 것을 점 O에서 도형 F를 사영한다고 하고, 사선을 평면 π로써 끊어서

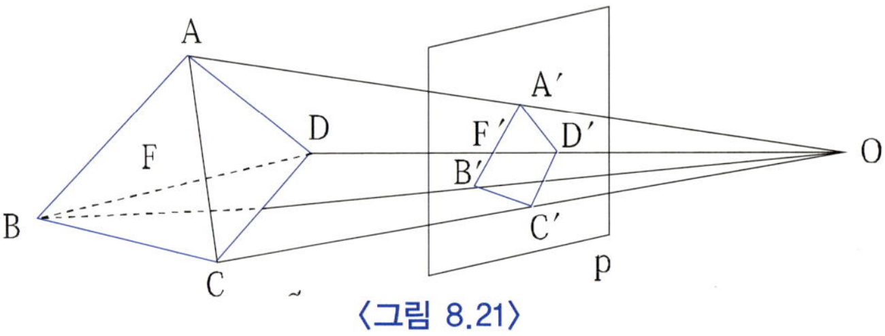

〈그림 8.21〉

그 교점을 만드는 것을 π로써 절단한다고 한다. 이때 얻어지는 도형 F′를 F의 중심 사영이라 한다.

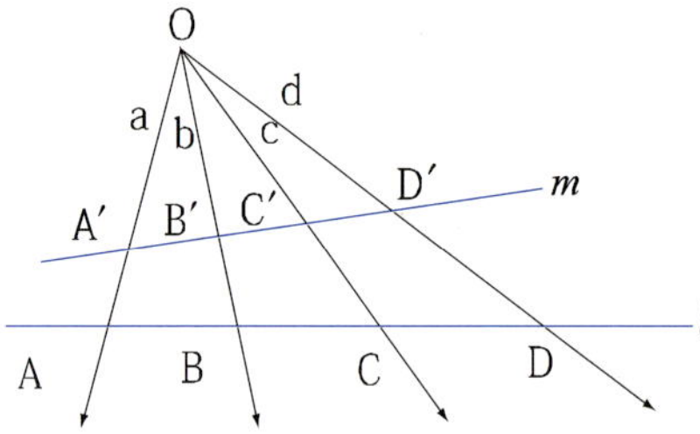

〈그림 8.22〉

공간에서 생각한 이 사실은 그림에서와 같이 평면 위에서 한 직선 l 위의 점렬 A, B, C, ...를 l 밖의 한 점 O에서 사영하면 직선군(공점선), a, b, c, …를 얻을 수 있고, 역으로 O를 지나는 공점선 a, b, c, …를 l로써 절단하면 공선점렬 A, B, C, …를 얻게 된다. 따라서 사영과 절단에 있어서의 대응은 전단사함수이다.

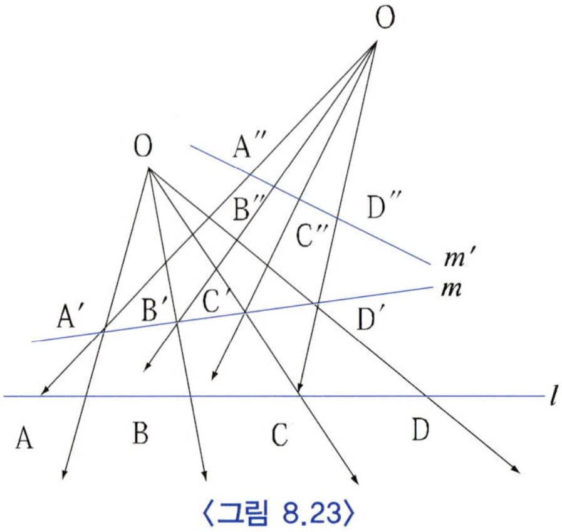

〈그림 8.23〉

정의 8.10

어떤 도형에 사영 및 절단을 몇 번 반복하여 차원이 같은 새로운 도형으로 변환하는, 즉 변환 T: A, B, C, D → A', B', C', D'의 반복을 사영 변환(projective transformation)이라 한다.

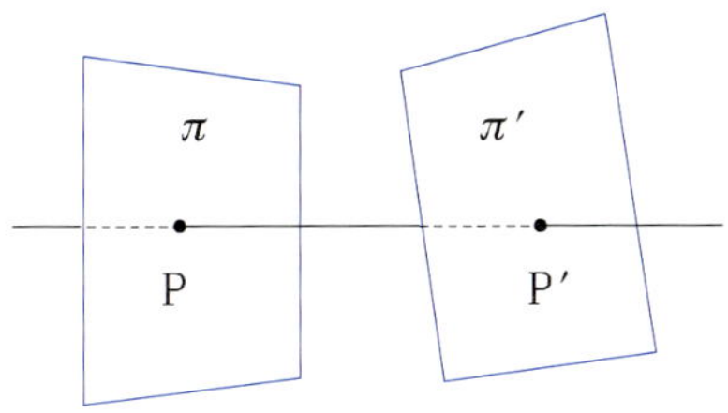

〈그림 8.24〉

참고 기하학적으로 두 평면 π, π' 와 이들 밖의 한 점 O가 주어졌을 때, π 위의 한 점 P에 대하여 직선 OP와 π'과의 교점 P'을 대응시키는 변환 T: P →P'를 O를 중심으로 하는 사영변환이라 한다.

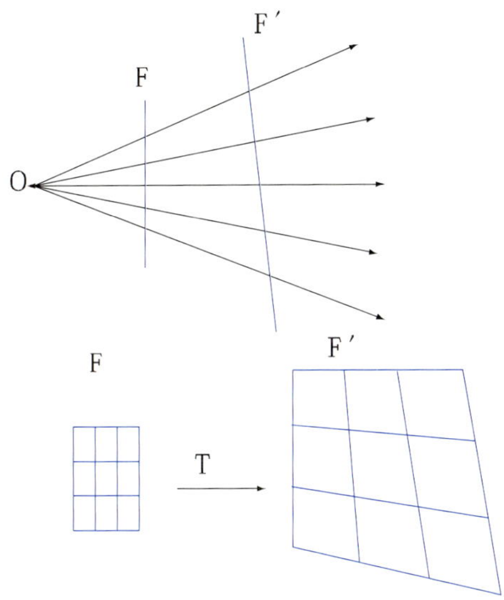

〈그림 8.25〉

이때 두 평면 π와 π'은 반드시 평행은 아니다. 사영변환은 다음 그림과 같이 중심투사에 의한 평면 위에 그림자 만들기로도 실험할 수 있다.

2) 사영변환의 성질

사영변환으로 옮길 수 있는 두 도형을 서로 사영적이라고 하고 사영변환에 의해서 변하지 않는 도형의 성질을 사영적 성질이라 한다.

성질 1 사영변환에 의하면 직선은 직선으로 옮겨진다.

증명 〈그림 8.26〉과 같이 점 O가 두 평면 π, π' 위에 있지 않을 때 π를 O에서 π'에 사영하면 π 위에 있는 직선 l과 중심 O가 이루는 평면을 α라 하자.

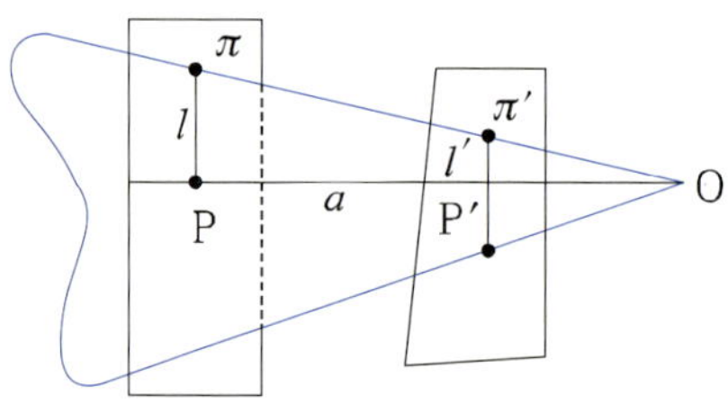

〈그림 8.26〉

직선 l 위의 임의의 점 P는 두 평면 α와 π'이 만나서 결정되는 교선 l' 위에 있는 점 P'에 대응한다. 따라서 π 위의 직선 l은 사영변환에 의하여 평면 π' 위의 직선 l'로 옮겨진다. ■

성질 2 한 직선 위의 네 점 A, B, C, D의 복비(조화비) $\dfrac{AC}{BC} : \dfrac{AD}{BD}$는 불변이다.

증명 네 점 A, B, C, D의 사영변환에 의한 상을 각각 A', B', C', D'라 하고 〈그림 8.27〉에서

$$\begin{aligned} &OA = a, \quad OB = b, \\ &OC = c, \quad OD = d, \\ &OA' = a', \quad OB' = b', \\ &OC' = c', \quad OD' = d'. \end{aligned}$$

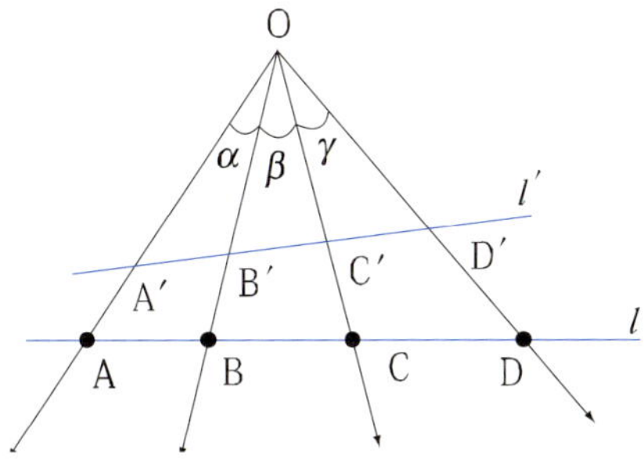

〈그림 8.27〉

그리고 $\angle AOB=\alpha$, $\angle BOC=\beta$, $\angle COD=\gamma$로 두면

$$\frac{AC}{BC} : \frac{AD}{BD} = \frac{\triangle OAC}{\triangle OBC} : \frac{\triangle OAD}{\triangle OBD}$$

$$= \frac{\frac{1}{2}ac\sin(\alpha+\beta)}{\frac{1}{2}bc\sin\beta} : \frac{\frac{1}{2}ad\ \sin(\alpha+\beta+\gamma)}{\frac{1}{2}bc\ \sin(\beta+\gamma)}$$

$$= \frac{a\sin(\alpha+\beta)}{b\sin\beta} : \frac{a\ \sin(\alpha+\beta+\gamma)}{b\ \sin(\beta+\gamma)}$$

$$= \frac{\sin(\alpha+\beta)}{\sin\beta} : \frac{\sin(\alpha+\beta+\gamma)}{\sin(\beta+\gamma)} \qquad ㉒$$

마찬가지 방법에 의해

$$\frac{A'C'}{B'C'} : \frac{A'D'}{B'D'}$$

$$= \frac{\frac{1}{2}a'c'\sin(\alpha+\beta)}{\frac{1}{2}b'c'\sin\beta} : \frac{\frac{1}{2}a'd'\ \sin(\alpha+\beta+\gamma)}{\frac{1}{2}b'c'\sin(\beta+\gamma)}$$

$$= \frac{\sin(\alpha+\beta)}{\sin\beta} : \frac{\sin(\alpha+\beta+\gamma)}{\sin(\beta+\gamma)} \qquad ㉓$$

㉒와 ㉓에서

$$\frac{AC}{BC} : \frac{AD}{BD} = \frac{A'C'}{B'C'} : \frac{A'D'}{B'D'}$$

■

성질 3 사영변환에 있어서 두 직선의 평행선은 보존되지 않는다.

증명 〈그림 8.28〉과 같이 π 위에 있는 평행인 두 직선은 사영변환에 의해서 시점 O의 위치에 따라 서로 만나는 두 직선으로 옮겨지기도 하고, 만나는 두 직선이 평행인 두 직선으로 옮겨지기도 한다. 따라서 사영변환에서는 평행이란 개념은 아무런 의미가 없다.
사영변환 $T: P(x, y) \to P'(x', y')$의 변환은

$$T: \begin{cases} \rho x' = px + qy \\ \rho y' = rx + sy \end{cases} \quad (\text{단, } ps - qr \neq 0, \ \rho \neq 0).$$

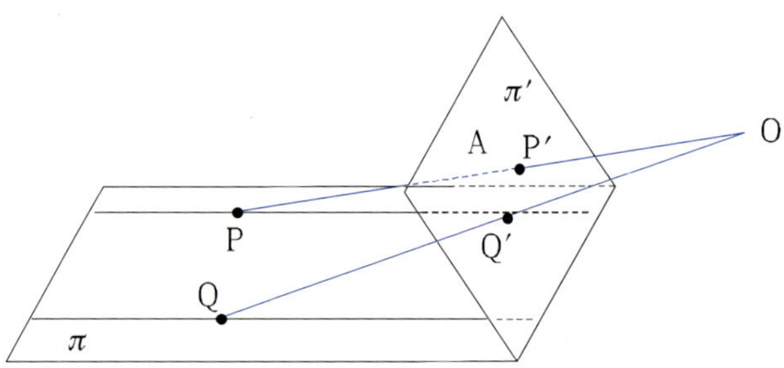

〈그림 8.28〉

이것을 행렬로 나타내면

$$\rho \begin{pmatrix} x' \\ y' \end{pmatrix} = \begin{pmatrix} p & q \\ r & s \end{pmatrix} \begin{pmatrix} x \\ y \end{pmatrix} \quad (\text{단, } \det \begin{pmatrix} p & q \\ r & s \end{pmatrix} \neq 0, \ \rho \neq 0).$$ ■

▶ 연습문제 8.4

1. 다음 명제는 Euclid적, affine적, 사영적 성질 중의 어느 것에 속하는지 알아보시오.
   ① 도형 ABCD는 사각형이다.
   ② 맞변이 평행이다.
   ③ 모든 각이 직각이다.
   ④ 대각선은 서로 다른 것을 이등분한다.

8.5 위상 변환

정의 8.11

도형 F에서 도형 F'에로의 변환 f가
① F 위의 점과 F' 위의 점은 1대1 대응이다.
② 변환 f와 그 역변환 f^{-1}은 다같이 연속변환이다.

위의 두 조건을 만족하는 변환 f를 **위상변환**(topological transformation)이라 하고 위상변환에 의하여 불변인 성질을 **위상적 성질**이라 한다.

두 개의 도형 F와 F'이 적당한 위상변환에 의하여 한쪽에서 다른 한쪽으로 옮길 수 있을 때 F와 F'은 **위상동형**(homeomorphic)이라 하고 F≈F'로 나타낸다.

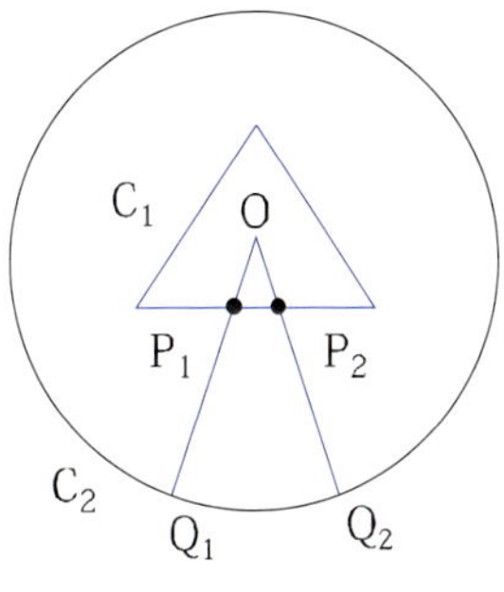

〈그림 8.29〉

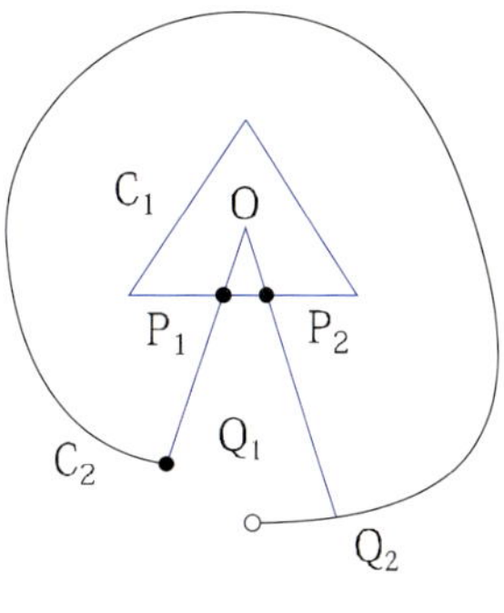

〈그림 8.30〉

예제 8.3

〈그림 8.29〉에서 보면 변환 f는 1대1이고 f와 f^{-1}는 연속이므로 '삼각형 C_1는 원 C_2로 위상변환되었다'고 말하고, C_1과 C_2는 위상동형이다. 즉 $C_1 \approx C_2$. 그러나 〈그림 8.30〉에서 보면 함수 f는 1대 1이나 연속이 아니다. 그래서 C_1과 곡선 C_2는 위상동형이 아니다.

예제 8.4

모든 다면체는 구와 위상동형이다.

정의 8.12

원과 위상동형인 도형을 단일폐곡선(simple closed curve), 선분과 위상동형인 도형을 단일개곡선(simple open curve)이라고 한다.

이러한 사실을 선분 $I=[a,\ b]$에서 평면에서의 변환으로 설명할 수도 있다. 선분 I에서 평면에서의 연속변환 f가 존재하고 f에 의한 I의 상을 C라 하면,

$$C= f(t) \mid a \le t \le b \ \}$$

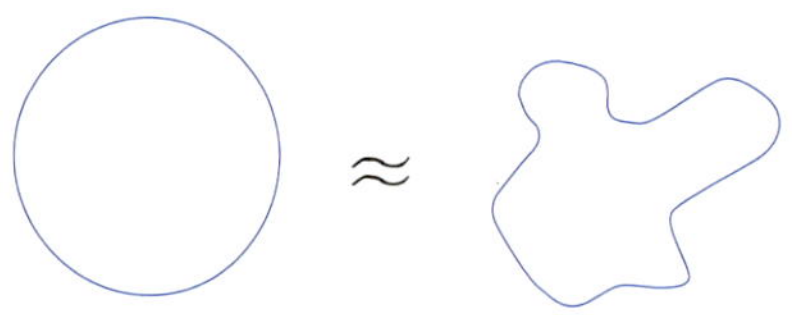

〈그림 8.31〉

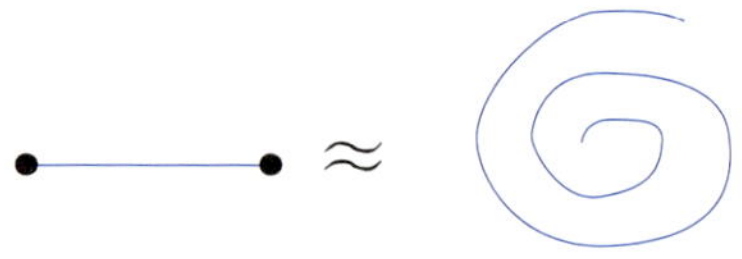

〈그림 8.32〉

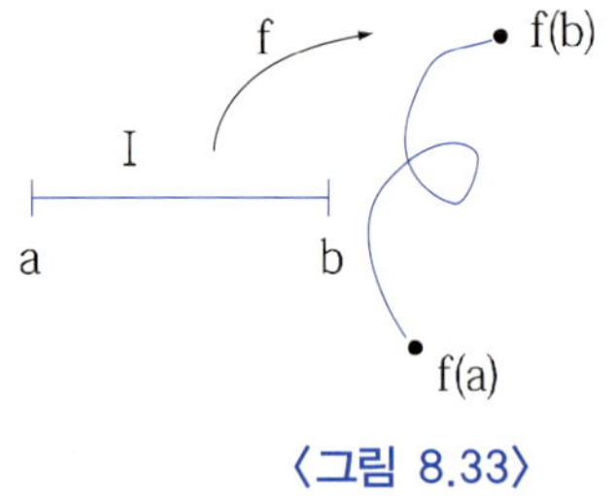

〈그림 8.33〉

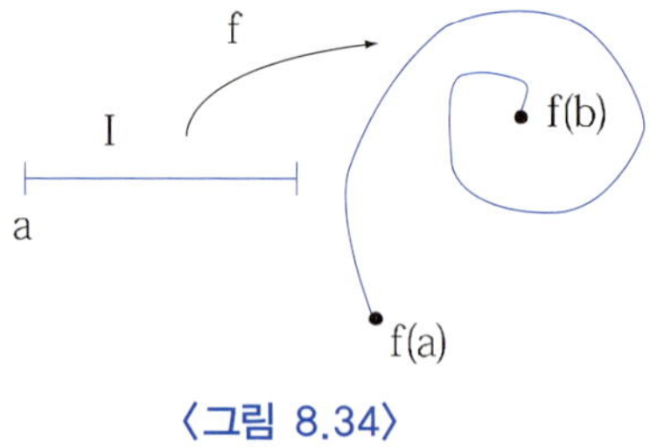

〈그림 8.34〉

① $f(a) \neq f(b)$일 때, C를 개곡선이라 하고, 특히 f가 1대1이면 C를 단일개곡선이라 한다. 이때 점 $f(a)$를 시점, 점 $f(b)$를 종점이라 부른다.

② $f(a) = f(b)$일 때 C를 폐곡선이라 하고, 특히 f가 두 끝점 a와 b를 제외하고는 1대1이면, C를 단일 폐곡선이라 한다.

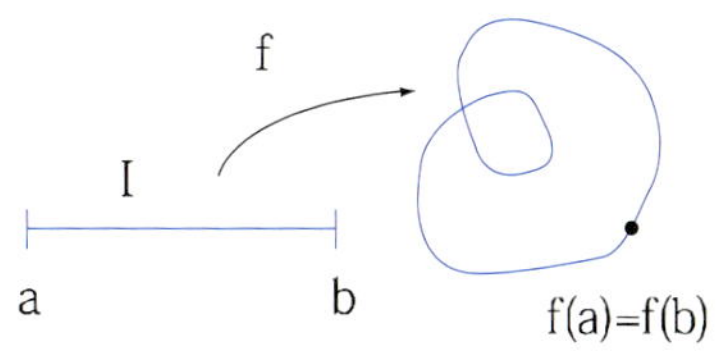

〈그림 8.35〉

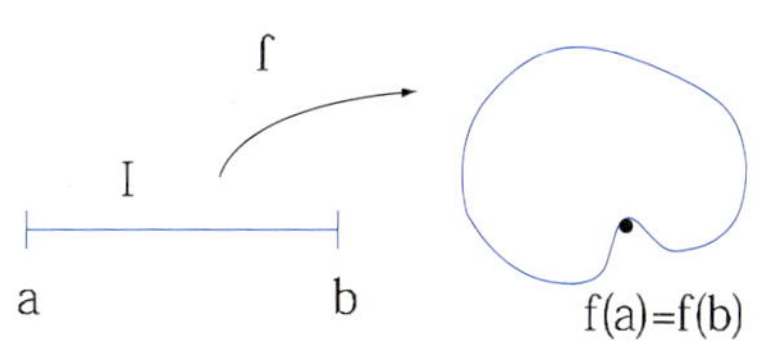

〈그림 8.36〉

두 도형 F와 F'가 위상동형이라는 것은 F를 F'로 옮기는 위상변환이 존재하는 것을 밝히면 충분하다. 그러나 F와 F'사이의 위상변환을 찾는 것은 쉬운 일이 아니다. 이를테면 정삼각형과 원 사이의 위상변환을 찾는 일은 곤란하다. 이처럼 두 도형사이의 위상변환을 찾지 못했다고 해서 두 도형은 위상동형이 아니라고 말할 수 없다. 그래서 다음과 같은 여러 가지 방법은 위상동형의 여부를 판정하는데 도움을 준다.

1) 성분의 개수

도형을 이루고 있는 연결된 부분의 개수를 도형의 성분의 개수라 한다. 연결된 도형은 연결변환에 의해서 연결된 도형으로 옮겨지므로 성분의 개수는 **위상적 불변량**이다.

예제 8.5

문자 '아'와 '마'는 위상동형이므로 두 문자의 **성분의 개수**는 모두 2로서 같다. 그러나 문자 '아'와 숫자 '8'은 성분의 개수가 각각 2와 1로써 위상도형이 될 수 없다. 영어의 알파벳은 대부분 성분의 개수가 1이고 한글은 성분의 개수가 많은 문자임을 알 수 있다.

2) 분할점

어떤 도형에서 한 점 P를 제거하면 도형이 몇 개의 부분으로 나누어진다. 이러한 점을 도형의 **분할점**(point of partition)이라 한다.

예제 8.6

〈그림 8.37〉의 원 위에 있는 점 P를 제거하여도 이 도형은 하나의 도형이다. 그래서 원에는 분할점이 하나도 없다. 그러나 〈그림 8.38〉의 도형 위에 있은 점 Q를 제거하면 이 도형은 두 개로 분할된다. 그래서 이 도형의 분할점은 하나이다.

〈그림 8.37〉

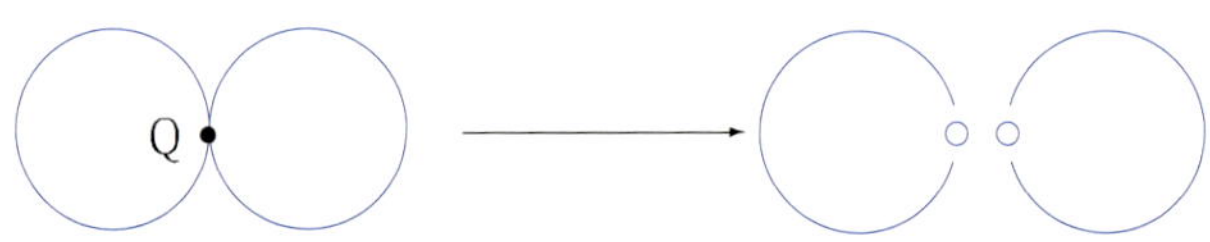

〈그림 8.38〉

예제 8.7

문자 '마'와 '바'는 성분의 개수는 다 같이 2개이나 분할점의 개수가 각각 한 개, 세 개로 같지 않으므로 위상동형이 아니다.

3) 점의 차수

도형 F가 유한개의 호(선분과 동형인 곡선)로써 이루어진 도형이라 할 때, 어떤 점에 모여 있는 호의 개수를 도형의 **점의 차수**(order)라 한다.

예제 8.8

〈그림 8.39〉에서 점 A의 차수는 1이고, 점B의 차수는 2, 점C의 차수는 3, 점 D의 차수는 4이다. 그래서 차수의 개념을 이용하면 두 문자 '마'와 '바'는 위상동형이 아님을 알 수 있다.

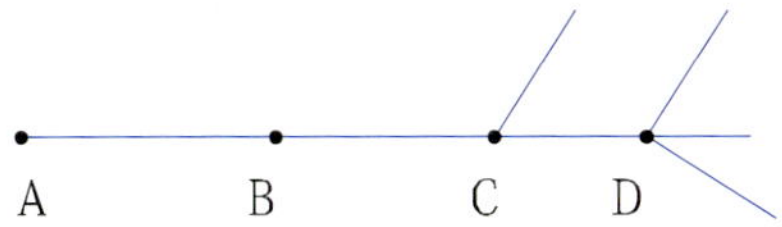

〈그림 8.39〉

4) 분할면의 개수

평면 위의 곡선도형은 평면을 몇 개의 부분으로 분할한다. 이것은 곡선의 위상적 불변량이다.

예제 8.9

다음 세 개의 도형은 평면을 모두 네 개의 부분으로 분할하고 있음을 알 수 있다.

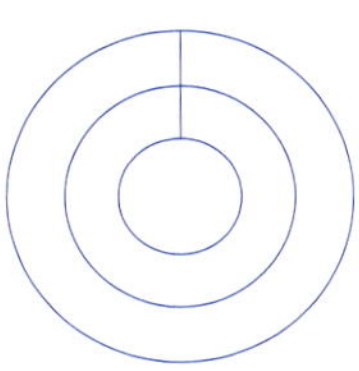

〈그림 8.40〉

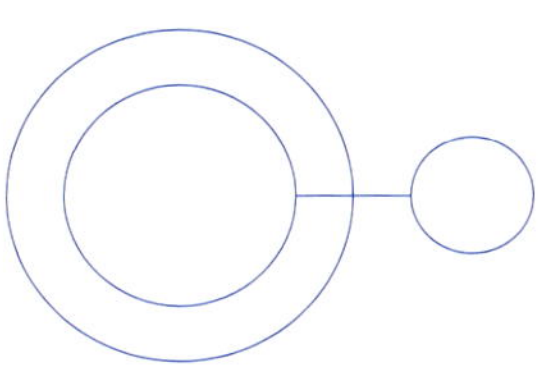

〈그림 8.41〉

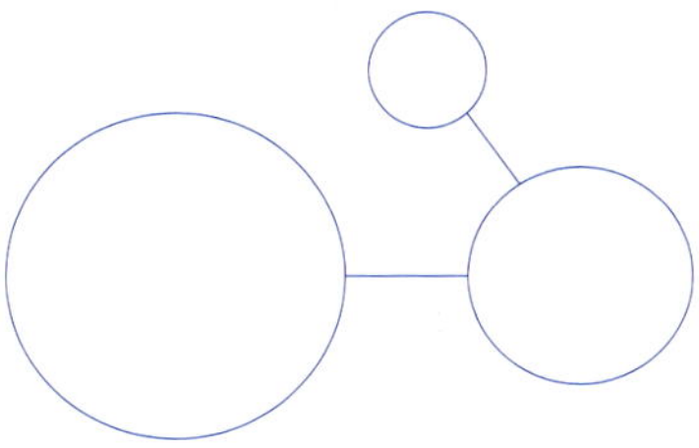

〈그림 8.42〉

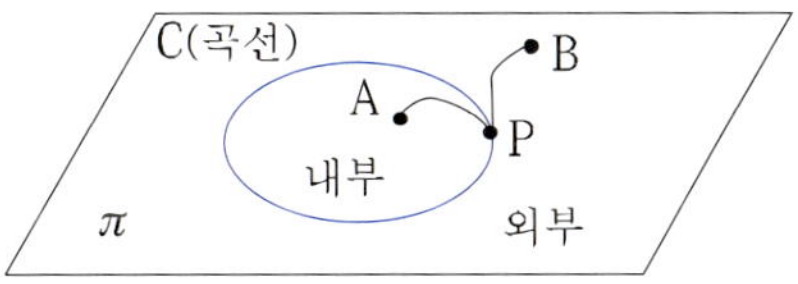

〈그림 8.43〉

참고 원과 동형인 단일 폐곡선은 평면을 세부분(내부, 외부, 곡선 자체)으로 나눈다. 이 증명을 처음 시도한 사람인 Jordan(1833~1922)의 이름을 따서 Jordan 곡선이라고도 한다. 평면 π 위의 단일 폐곡선 C에 의해서 π가 두 영역(region)을 나누어진다(〈그림 8.43〉 참조).

▶ 연습문제 8.5

1. 〈그림 8.44〉에 있는 평면도형에 대하여 다음 각각의 성질은 위상적 성질인가, Euclid적 성질인지 조사하시오.

   ① 삼각형 α의 면적은 원 β의 면적보다 작다.

   ② 점 P는 원 C 위에 있다.

   ③ 삼각형 α에서 두 변의 합은 다른 한 변과 같다.

   ④ 곡선 l 위에서 점 B는 두 점 A와 C 사이에 있다.

   ⑤ 곡선 l과 원 C는 60°의 각으로 만난다.

   ⑥ 점 B를 지나는 곡선은 l, m, n 등 세 개다.

   ⑦ 곡선 l은 점 Q쪽에서 볼 때 오목하다.

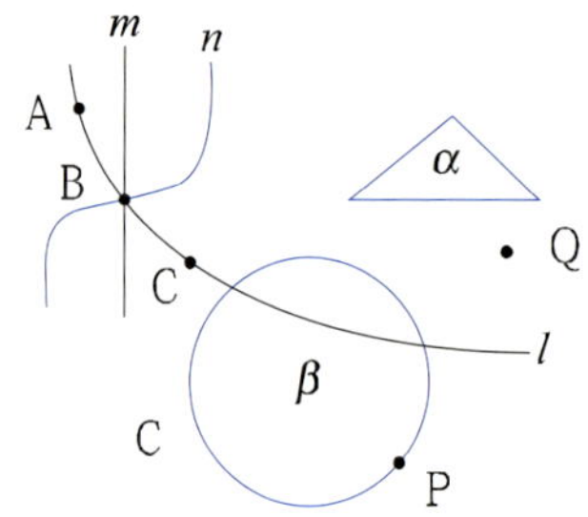

〈그림 8.44〉

2. 0~9까지의 숫자를 위상동형인 숫자끼리 묶어서 분류하시오.

Chapter 9

도형에서의 몇 가지 주제

9.1 한붓그리기

8장에서 우리는 위상변환을 고찰한 바 있다. 위상변환은 전기의 배선, 전자회로, 교통망 등 우리의 일상생활의 문제해결과 밀접한 관련이 있다. Euler(1707~1783)는 1763년 다음과 같은 문제를 제출하고 그 첫머리에 <다음과 같은 문제가 아마 Leibniz(1646~1716)의 위치해석학[1] 문제일 것이다>라고 서술하였다. 오일러의 문제는 <Könisberg시에는 크나이프호프라는 섬이 있다. 이 섬에 의해 강은 〈그림 9.1〉처럼 2개 지류로 나누어진다. 7개의 다리가 이 지류에 걸쳐 있다. 이 다리 모두를 1번만 건너서 걸을 수 있을까>라는 것이었다. 이 문제는 위상 변환을 적용하는 예가 될 것이며 여기서는 한붓그리기와 관련된 내용들을 다룬다.

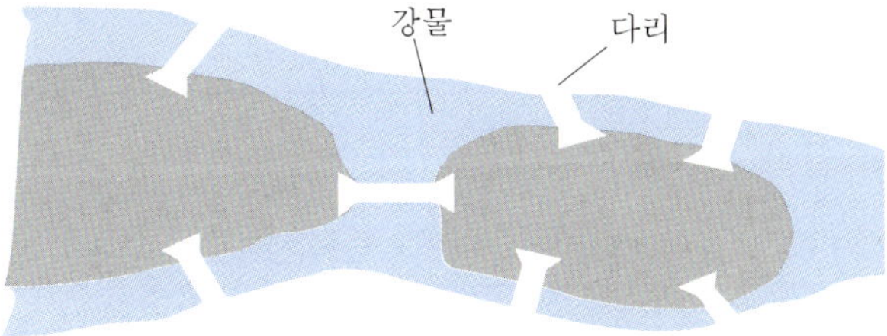

〈그림 9.1〉

1) Topology라는 위상기하학은 공간 속의 점·선·면·위치에 대해 양이나 크기와는 다른 현상·위치를 나타내는 법칙을 연구하는 학문이다. 그 이전에 G.W. 라이프니츠는 1679년 C. 호이겐스에게 보낸 편지 속에서 대수학이 양을 취급하는데 반해, 직접 기하학적 위치를 취급하는 해석학의 한 분야가 필요하다는 생각을 서술하고, 이 분야를 위치해석학(analysis situs)이라고 명명하였으나 구체적 문제는 전혀 언급하지 않았다. 위치해석학이라는 말은 20세기 초까지 오랫동안 통용되었으나 오늘날에는 쓰이지 않는다.

1) Euler의 표수

정의 9.1

어떤 도형 F의 꼭지점의 수를 E_0, 호의 수를 E_1, 영역의 수를 E_2라 할 때

$$\chi(F) = E_0 - E_1 + E_2$$

를 도형 F의 Euler 표수(characteristic)라고 한다.

정리 9.1 어떤 도형을 분할하는 방법에 관계없이 그 도형의 Euler의 표수는 일정하다.

예제 9.1

평면도형인 오각형을 〈그림 9.2〉와 같이 분할하면 $\chi(F) = E_0 - E_1 + E_2$=5−7+3=1이고. 〈그림 9.3〉과 같이 호를 하나 더 첨가시켜 분할해도 $\chi(F')$=6−9+4=1이 된다. 따라서 모든 평면도형의 Euler의 표수는 항상 1이다.

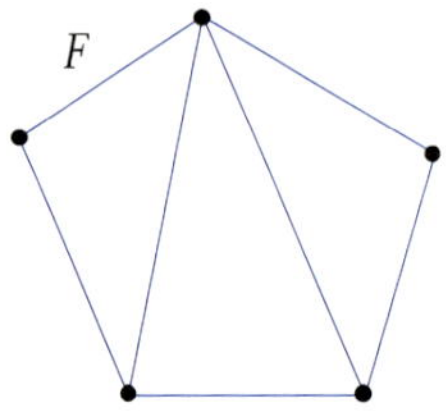

〈그림 9.2〉

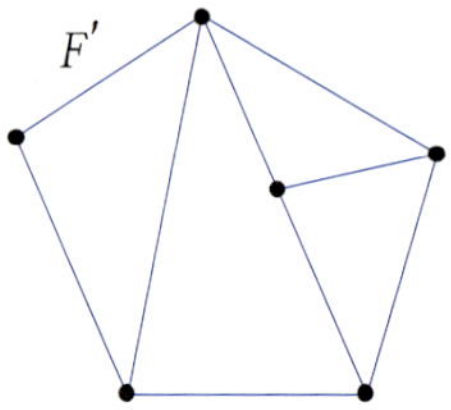

〈그림 9.3〉

예제 9.2

구를 〈그림 9.4〉와 같이 분할하면 $\chi(S)$=6−12+8=2이고, 〈그림 9.5〉와 같이 분할해도 $\chi(S')$=7−15+10=2이다. 따라서 구를 어떻게 분할하든지 Euler의 표수는 항상 2이다.

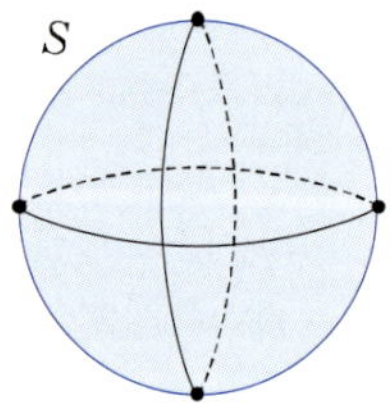

〈그림 9.4〉

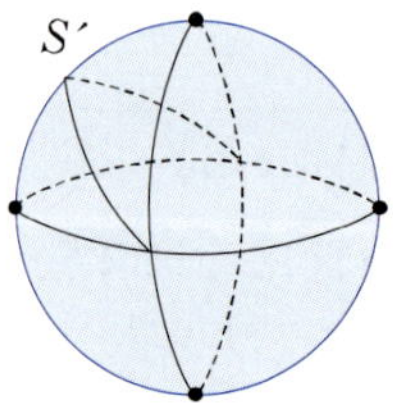

〈그림 9.5〉

예제 9.3

원환체(torus)를 〈그림 9.6〉과 같이 분할해도 $\chi(T)=2-4+2=0$이고, 〈그림 9.7〉과 같이 분할해도 $\chi(T')=4-8+4=0$ 이다. 따라서 원환체를 어떻게 분할하든지 Euler의 표수는 항상 0이다.

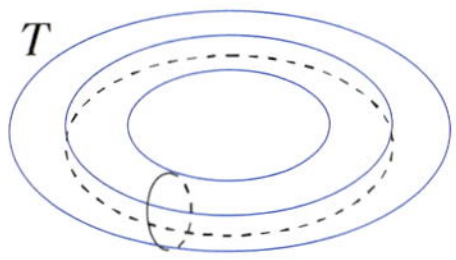

〈그림 9.6〉

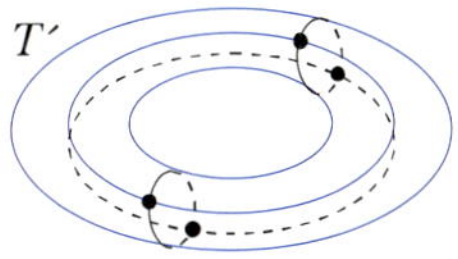

〈그림 9.7〉

2) 그물망

정의 9.2

유한 개의 호로 구성되어 Euler의 표수가 1인 도형을 그물 또는 망사조직이라 한다.

예제 9.4

그물에는 다음과 같은 세 종류가 있다.

① 열린 그물: 나뭇가지 〈그림 9.8〉

② 닫힌 곳이 있는 그물: 철도 안내도 〈그림 9.9〉

③ 닫힌 그물: 지도 〈그림 9.10〉

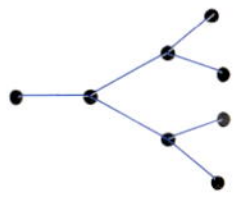

〈그림 9.8〉

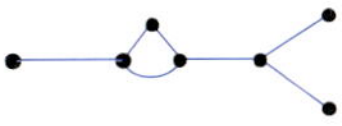

〈그림 9.9〉

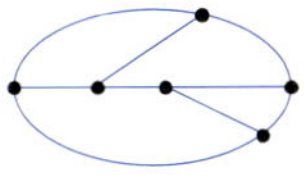

〈그림 9.10〉

정의 9.3

그물에서 짝수 개의 호가 모여 있는 꼭지점을 **짝수 꼭지점**, 홀수 개의 호가 모여 있는 꼭지점을 **홀수 꼭지점**이라 한다.

3) 한붓그리기

정의 9.4

그물을, 한번 붓을 댄 다음에는 중간에는 떼지 않고 그리고 같은 선을 다시 지나가는 일이 없이 그리는 것을 **한붓그리기** 또는 **단번그리기**, **일필그리기**라고도 한다.

앞에서 언급한 일곱 개의 다리문제는 다음과 같이 위상변환된다.

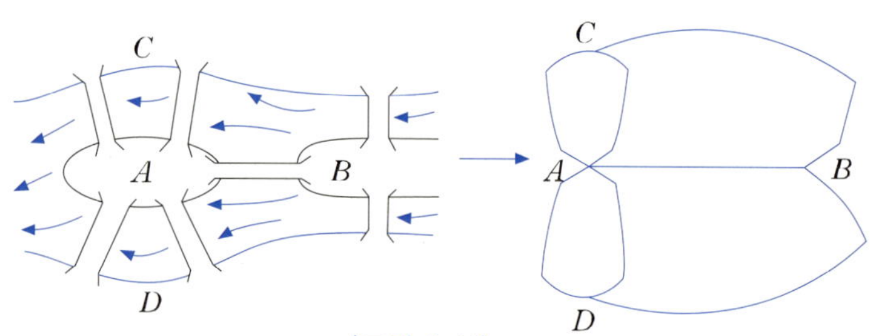

〈그림 9.11〉

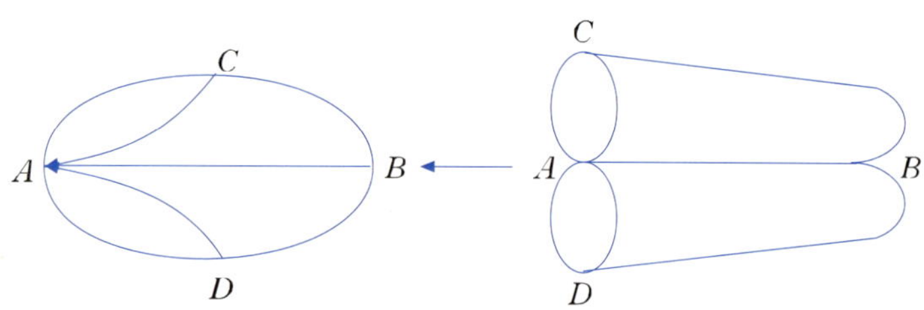

〈그림 9.12〉

Euler는 〈그림 9.11〉을 위와 같이 단계적으로 위상변환시켜 〈그림 9.12〉와 같이 '닫힌 그물'을 만들었다. 이 그물을 보고 단번에 그릴 수 있느냐 없느냐의 문제로 귀착시켜 다음과 같은 정리를 유도하였다.

정리 9.2 (Euler의 그물에 관한 정리)

① 모든 그물은 항상 짝수 개의 홀수 꼭지점을 갖는다.

② **한붓그리기가 가능한** 그물은 다음 두 가지뿐이다.

(i) 짝수 꼭지점으로만 된 그물(어느 꼭지점에서 시작하든 끝나는 점은 처음 점과 일치한다.)

(ii) 홀수 꼭지점이 두 개 있는 그물(어느 한 홀수 꼭지점에서 시작하면 다음 홀수 꼭지점에서 끝난다.)

③ 2개보다 많은 홀수 꼭지점, 즉, 4, 6, 8, ..., $2n$개를 갖는 그물은 한붓그리기가 불가능하다.

④ 일반적으로 홀수 꼭지점을 $2n$개 갖는 그물은 n번으로 그릴 수 있다.

(i) $n=1$, 즉 홀수 꼭지점이 두 개이면 한 번으로 그릴 수 있다.

(ii) $n=2$, 즉 홀수 꼭지점이 네 개이면 두 번으로 그릴 수 있다.

(iii) $n=3$, 즉 홀수 꼭지점이 여섯 개이면 세 번으로 그릴 수 있다.

이상에서 〈그림 9.12〉는 홀수 꼭지점이 A, B, C, D 네 개이므로 두 번만으로 그릴 수 있다.

연습문제 9.1

1. 다음 두 그래프는 우체부가 배달하러 가야하는 도로를 나타낸다. 도로의 길이는 모두 같고, 우체국은 어느 꼭지점이건 상관없다고 가정하자. 우편 배달부가 지나야 하는 총 도로의 길이를 최소화하는 방법을 찾아라. 어떤 도로를 두 번 지나야한다면 어떤 것을 택해야 하는지 알아보시오.

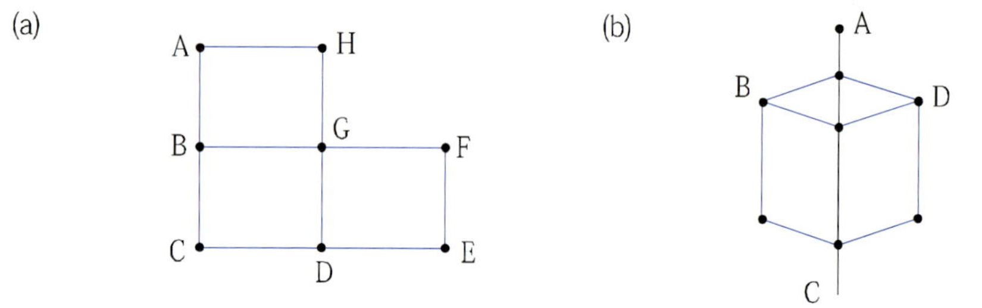

〈그림 9.13〉

2. 한붓그리기에서는 꼭지점을 여러 번 거쳐가도 상관없다. 그러나 헤밀턴 순환로(Hamilton cycle)는 모든 꼭지점을 오직 한 번씩만 지나는 회로를 말하며, 모든 꼭지점을 오직 한번씩만 지나지만 시작점으로는 돌아오지 않는 경우에는 헤밀턴 path라 부른다. 배달할 것의 도로 연결상태가 아래와 같다면 어떤 경로로 배달하는 것이 좋겠는지 알아보시오.

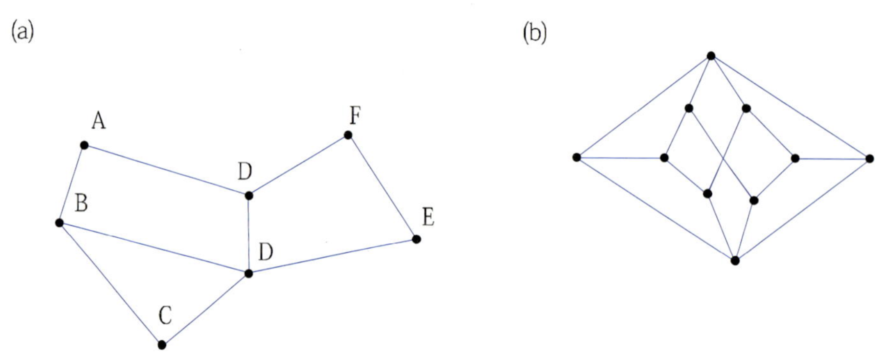

〈그림 9.14〉

9.2 각의 3등분

원의 면적과 같은 정사각형을 작도하는 문제, 2배 크기인 정육면체를 작도하는 문제와 더불어 임의의 각을 3등분하는 문제는 고대 그리스 수학자들도 풀지 못한 '3대 작도 난제'로 알려져 있다. 이들 문제는 2천년 넘게 해결되지 못한 난제로 남아있었으나 19세기에 이르러 이들 문제는 모두 불가능한 것으로 해결되었다. 특히 임의의 각 3등분 문제는 '3차 방정식의 근의 작도'에 대한 연구를 한 프랑스의 수학자 반트젤(Wantzel,1814~1848)에 의해 작도 불가능이 증명되었다. 이러한 문제들의 엄밀한 수학적 증명은 이 책의 범위를 넘어선다. 그래서 여기서는 각 3등분의 불가능성에 대해 개괄적으로 설명하고자 한다.

1) Euclid 도구와 작도

Euclid 도구란 눈금없는 곧은 자와 컴퍼스를 말하며 작도(construction)란 Euclid 도구로서 Euclid의 공준과 공리(7장 참조)에 의해 주어진 조건에 맞는 도형을 그리는 것을 말한다.

보조정리 9.3 주어진 단위길이로부터 Euclid 도구를 사용해서 작도가 가능한 길이의 크기는 **대수적인 수**이다.

증명 주어진 단위길이 AB로부터 대수적인 수 $\sqrt{2}$ 와 $\sqrt{3}$ 등을 작도할 수 있다. 역으로 대수적인 수라고 작도가 다 가능한 것은 아니다. 즉, $\sqrt[3]{2}$ 와 $\sqrt[3]{3}$ 등은 대수적인 수이지만 Euclid 도구로서 작도가 가능하지 않다. 물론 초월수 π, e, log2, sin20° 등도 작도불가능하다. 아무튼 '작도가능한 수는 대수적 수이다.'는 의미이다.

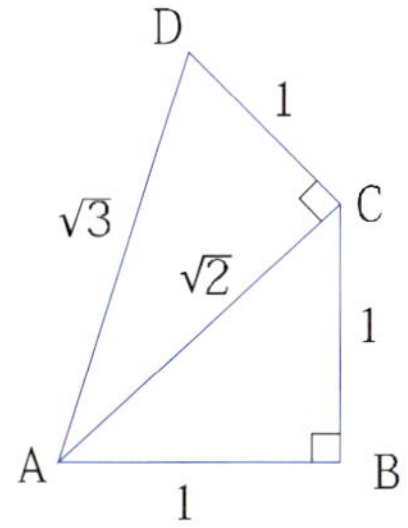

〈그림 9.13〉

정리 9.3 주어진 단위길이로부터 Euclid 도구를 사용해서 유리계수를 가지나 유리근을 전혀 갖지 않는 **3차방정식의 근**의 길이는 작도할 수 없다.

증명 유리수 계수를 갖는 3차 방정식이 2차와 1차로, 즉 $(ax+b)(cx^2+dx+e)=0$으로 인수분해된다면 3차 방정식의 근들은 [보조정리 9.1]의 설명에 의해 작도가능한 대수적 수가된다. 그런데 3차 방정식이 유리근을 전혀 갖지 않으면 $\sqrt[3]{u}$를 포함하는 근을 갖게 된다. 예를 들면 $x^3+9x-6=0$의 근 중의 하나는 $\sqrt[3]{9}-\sqrt[3]{3}$이 된다. 그러므로 $\sqrt[3]{u}$을 포함하는 작도문제는 '크기가 u($u=2$일 때는 고대 그리스 작도문제가 됨) 배인 정육면체 작도'문제와 일치한다. ■

2) 각 3등분의 불가능성

고대로부터 많은 수학자들이 각 3등분에 대해 관심을 가져왔으나 모두 실패하고 오직 근사치의 작도만 해결하였을 뿐이었다. 이러한 의문은 17세기 약관의 나이에 죽은 수학자Galois(1811~1832)의 체이론에서 해결되었다. 여기서 우리는 각 3등분의 불가능성을 엄밀하게 이해하려는 것이 아니라 대략적인 아이디어를 갖게 할 것이다. 우선 삼각함수의 3배각 공식과 3차방정식의 해법을 다룬다.

정리 9.4 임의의 각의 3등분은 Euclid 도구로서는 작도가 불가능하다.

증명 어떤 특별한 각의 3등분이 Euclid 도구로는 작도가 불가능하니 일반적으로 각의 3등분은 불가능하다는 결론을 얻고자 한다.
cosine의 3배각 공식으로부터 다음과 같은 등식을 얻는다.

$$\cos\theta = 4\cos^3\left(\frac{\theta}{3}\right) - 3\cos\left(\frac{\theta}{3}\right) \qquad ①$$

$\theta=60°$로 두면,

$$\frac{1}{2} = 4\cos^3 20° - 3\cos 20°$$

그리고 $\cos 20° = x$로 두면,

$$x^3 - \frac{3}{4}x - \frac{1}{8} = 0 \qquad ②$$

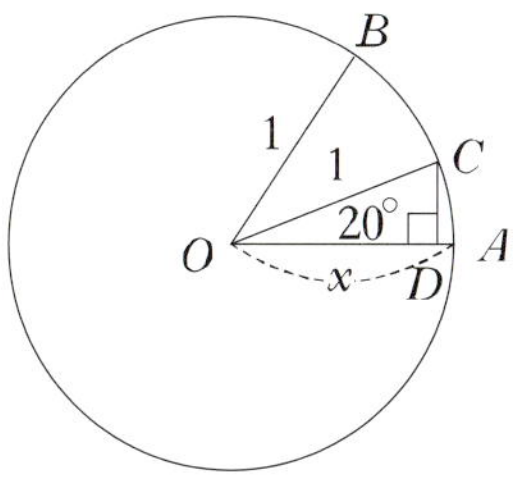

〈그림 9.14〉

〈그림 9.16〉와 같이 단위원을 그리고 반경 OC가 ∠AOB=60°를 3등분하였다고 가정하자. 그러면 점 C에서 단위길이 OA에 수선의 발 D를 내릴 수 있으며, OD=cos 20°=x이다. 다시 생각해 보면 단위길이 OA 위에 길이 x인 선분 OD를 작도할 수 있으면 점 D를 구할 수 있다는 뜻이고, 점 D가 구해지면 이 점에서 OA에 수선을 그어 호 AB와 만나는 점 C를 정할 수 있다. 따라서 각 3등분선 OC가 구해진다는 것이다. 따라서 각 3등분 문제는 x의 값이 작도 가능한 수인지 아닌지 하는 문제로 귀결된다.
그런데 ②에 있는 3차방정식은 유리근을 갖지 않는다. 이 방정식은 무리근을 갖되 세제곱근이 든가 아니면 초월수의 근일 것이다. 이러한 사실은 [정리 9.3]으로부터 그 값을 단위 길이로부터 작도할 수 없다는 말이다. 즉, x=cos 20°= OD를 구할 수 없으니 점 D도 구할 수 없고, 따라서 점 C도 구할 수 없다. ■

각 60도는 작도가 불가능하다. 특별한 각 90°, 45°, 135°을 제외한 일반적인 각은 Euclid 도구로서는 작도가 불가능하다.

3) Euclid 도구와 그 외 도구로서의 각 3등분

앞에서 우리는 Euclid 도구만으로는 각 3등분이 불가능하다는 것을 알았다. 여기서는 Euclid 도구에다 그 외 다른 도구를 첨가하면 각 3등분이 가능한 두 가지 방법을 소개한다.

(1) Verging Method

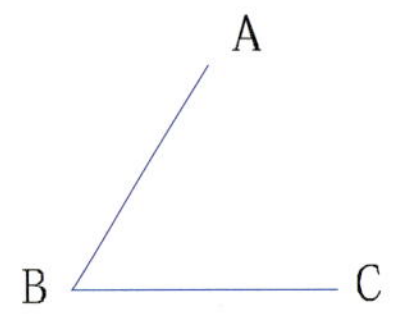

〈그림 9.15〉

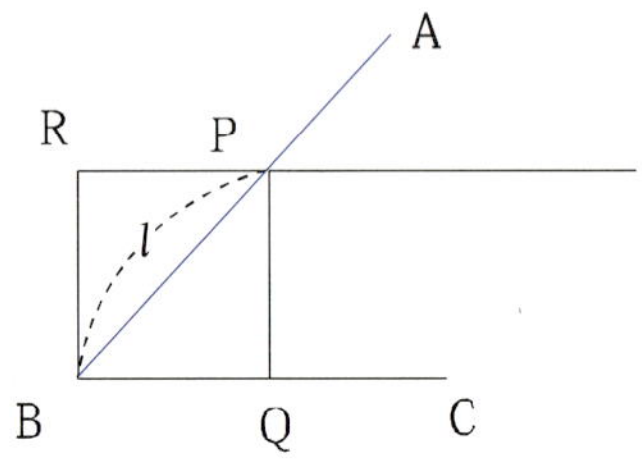

〈그림 9.16〉

〈그림 9.17〉와 같이 임의의 각 ABC가 주어졌다고 하자. 그러면 반직선 BA 위에 임의의 한 점 P를 잡아서 이 점에서 반직선 BC에 수선의 발 Q를 내리고 〈그림 9.18〉과 같이 직사각형 PQBR를 만든다. 이 직사각형의 대각선 BP의 길이를 l이라 하고, 〈그림 9.19〉과 같이 한 직선 위에 DE=EF=l되게 세 점 D, E, F를 잡는다. 이 직선을 〈그림 9.20〉과 같이 점 D는 PQ 위에, 점 F는 RP의 연장 위에 오도록 하고, 그 연장이 점 B를 통과하도록 놓으면 $\angle DBC=\frac{1}{3}\angle ABC$ 이다.

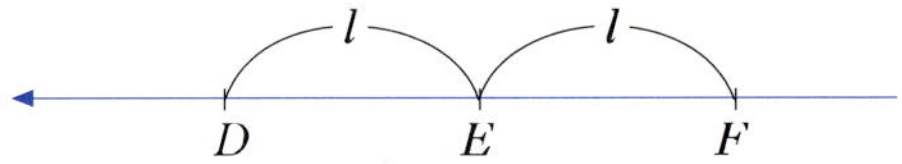

〈그림 9.17〉

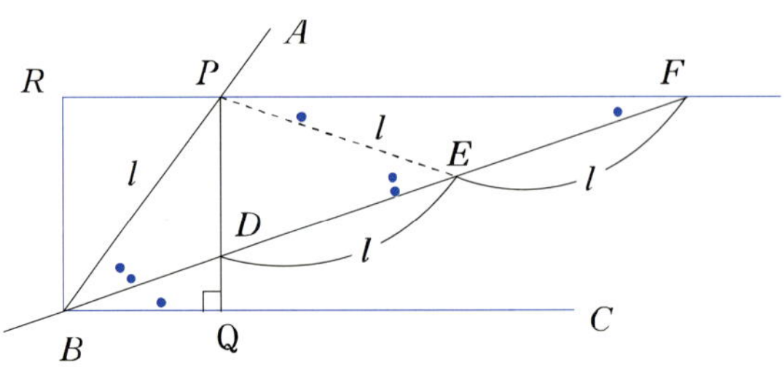

〈그림 9.18〉

(2) Tomahawk를 이용한 방법

〈그림 9.21〉와 같이 RS=ST=TU 되게 하고 SV⊥RU, 또 선분 SU가 반원의 직경이 되게 하는 도구 Tomahawk(인디언들이 쓰는 손도끼)를 만든다. 이 도구를 〈그림 9.17〉에 있는 ∠ABC 위에 놓으면 〈그림 9.22〉와 같이 된다.

이때 반직선 BA는 점 R을 지나게 그리고 반직선 BC는 반원에 접하도록, 꼭지점 B는 SV 위에 있도록 한다. 그러면 ∠ABS = ∠SBT = ∠TBC이다.

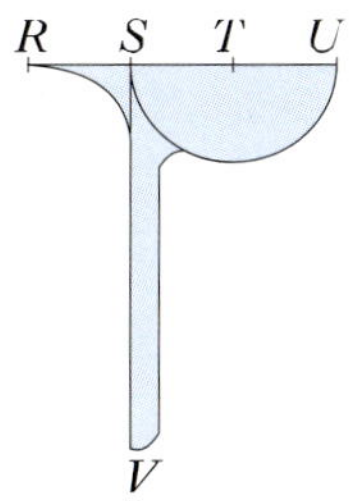

〈그림 9.19〉

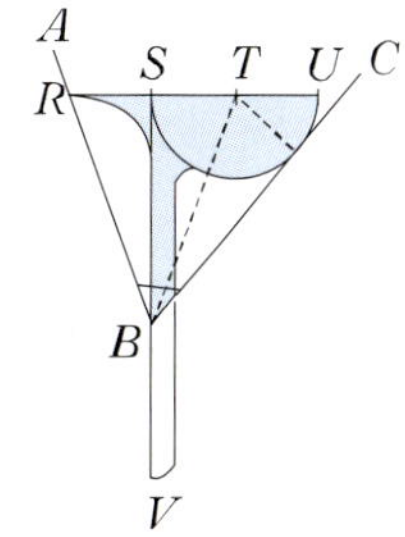

〈그림 9.20〉

▶ 연습문제 9.2

1. Euclid 도구로서 주어진 단위 길이에서 모든 유리수를 작도할 수 있음을 설명하시오.

2. Euclid 도구로서 각 30°와 60°를 작도하시오.

3 주어진 단위길이로부터 Euclid 도구를 사용하여 $\sqrt[4]{2}$와 $\sqrt[8]{2}$을 작도하시오.

4 3차 방정식 $x^3 - \frac{3}{4}x - \frac{1}{8} = 0$과 $x^3 + 9x - 6 = 0$은 유리수 근을 갖지 않음을 밝히시오.

5. 3차방정식의 근의 대수적 해법에 대해서 조사하시오.

9.3 Euler의 정다면체 정리

Leonhard Euler (1707~1783)의 정다면체 정리는 "정다면체는 4, 6, 8, 12, 20면체뿐이다"하는 것인데 이는 Euclid가 기하학원론에서 이들 5종이 있음을 밝힌 바 있으나 후에 Euler가 이를 증명하였다.

정의 9.5

다면체란 다각형의 면들이 변과 꼭지점에서 연결되어 둘러싸인 폐곡면을 말한다.

〈그림 9.21〉에 있는 입체는 다면체이나, 〈그림 9.22〉에 있는 입체는 다면체가 아니다. 왜냐하면 면 A는 아래 빗금친 그림과 같아서 다각형이 아니기 때문이다. 그러나 〈그림 9.23〉과 같이 네 개의 모서리(점선 부분)을 첨가시키면 다면체가 된다.

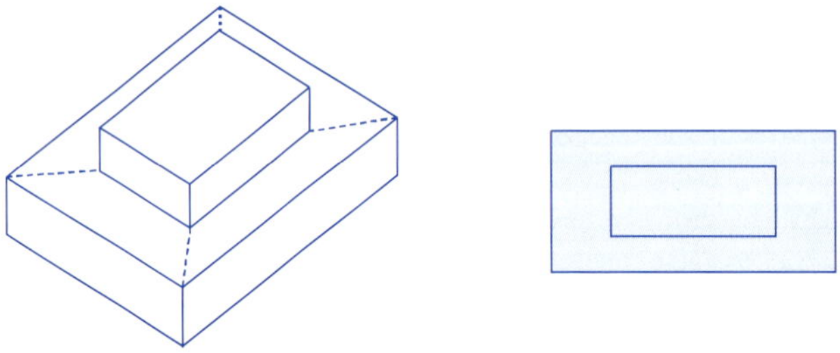

〈그림 9.21〉

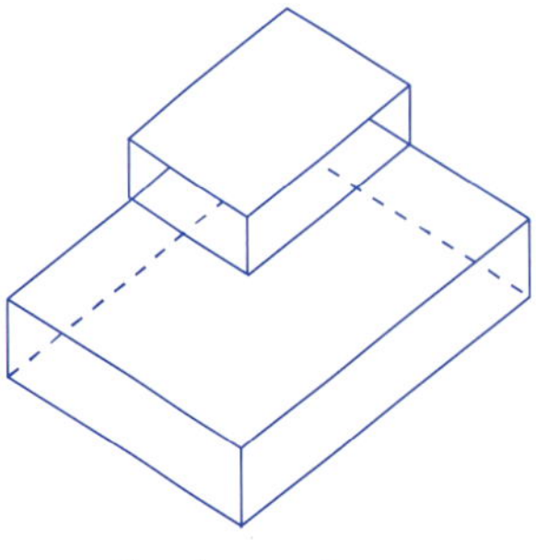

〈그림 9.22〉

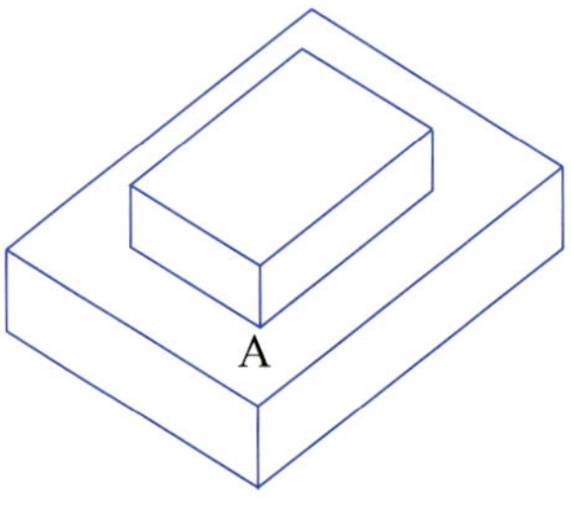

〈그림 9.23〉

정리 9.5 다면체의 면(face), 꼭지점(vertex), 모서리(edge)의 수를 각각 f, v, e라 하면,

$$f+v-e=2$$

이다. 이것을 Euler의 다면체 정리라 한다.

증명 f개의 면이 한 변을 공유하도록 차례로 번호를 붙여서 α_1, α_2, …, α_f 라고 하자. 면 α_1의 다각형의 꼭지점과 변의 수를 각각 v_1, e_1이라 하고, 면 α_2의 다각형의 꼭지점과 변의 수에서 α_1과 공통인 것을 제외한 수를 각각 v_2, e_2라 하자. 면 α_3의 다각형의 꼭지점과 변의 수에서 α_1, α_2와 공통인 것을 제외한 나머지 것들을 각각 v_3, e_3라 하고 같은 방법을 차례로 계속하면, 면 α_f의 꼭지점과 변은 모두 다른 면과 공통이므로

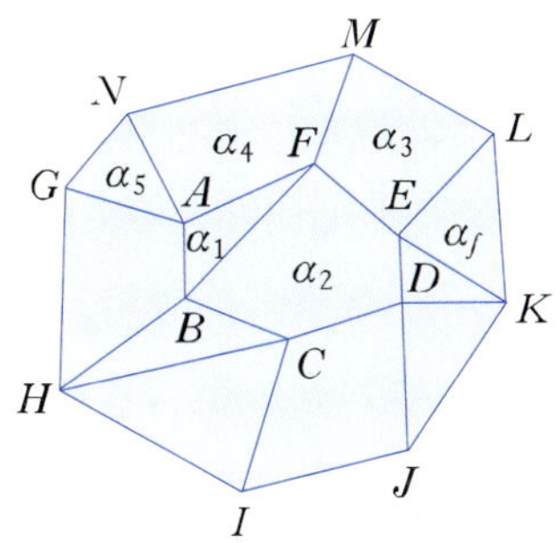

〈그림 9.24〉

$$v_1=e_1,\ v_2=e_2-1,\ v_3=e_3-1,\ldots,$$

$$v_{f-1}=e_{f-1}-1,\ \ v_f=ef=0$$

인 f개의 관계식을 얻고, 이들을 각각 더하면

$$\begin{aligned} & v_1+v_2+\ldots+v_{f-1}+v_f \\ &= e_1+(e_2-1)+(e_3-1)+\ldots+(e_{f-1}-1)+e_f \\ &= e_1+e_2+\ldots+e_{f-1}+e_f-(f-2) \end{aligned}$$

그런데

$$v_1+v_2+\ldots+v_{f-1}+v_f=v,\ \ e_1+e_2+\ldots+e_{f-1}+e_f=e$$

이므로 $v=e-(f-2)$. 즉, $f+v-e=2$. ■

예제 9.5

〈그림 9.24〉에 있는 입체는 다면체이므로 $f+v-e$=9+14−21=2가 성립하나, 〈그림 9.25〉은 다면체가 아니므로 $f+v-e$=11+16−24=3이 되어 Euler의 다면체 정리가 성립되지 않는다. 그러나 〈그림 9.23〉은 다면체정리 $f+v-e$=14+16−28=2가 성립한다.

정의 9.6

다면체에서 각 면이 모두 합동인 정다각형이고 각 꼭지점에 모인 면의 수가 모두 같은 것을 **정다면체**(regular polyhedron)라 한다.

〈그림 9.27〉에 있는 다면체는 각 면이 모두 합동인 정삼각형이고, 각 꼭지점에 모인 면의 수가 모두 네 개로 같으므로 정팔면체가 된다. 그러나 〈그림 9.28〉은 각 면이 모두 정삼각형이나 각 꼭지점에 모인 면의 수가 일정하지 않다. 즉, 꼭지점 A, E에는 면이 세 개, 꼭지점 B, C, D에는 면이 네 개 모여 있다. 그래서 이 입체는 정육면체가 아니고 그냥 육면체이다(연습문제의 존슨다면체 참조).

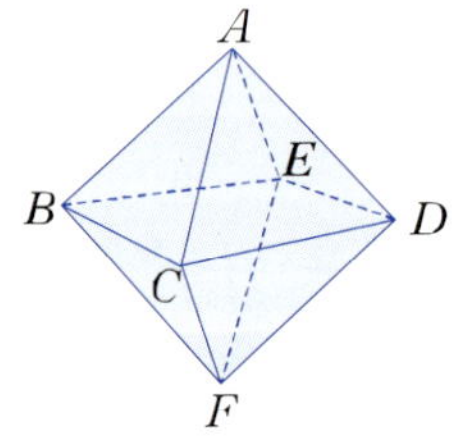

〈그림 9.25〉

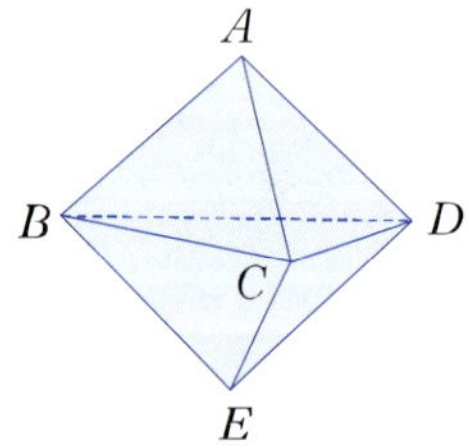

〈그림 9.26〉

정리 9.6 볼록 정다면체에는 정4, 정6, 정8, 정12, 정20면체의 다섯 종류뿐이다.

증명 정다면체의 면의 수를 f개, 꼭지점의 수를 v, 모서리의 수를 e라 하고, 각 면이 정 m각형이고, 각 꼭지점에 모인 면의 수를 n이라 하면,

$$mf = 2e, \quad nv = 2e$$

이고, 여기서

$$f=\frac{2}{m}e\,,\quad v=\frac{2}{n}e \qquad ①$$

을 Euler의 다면체 정리 $f+v-e=2$에 대입하면

$$e\left(\frac{2}{m}+\frac{2}{n}-1\right)=2 \qquad ②$$

$\frac{2}{m}+\frac{2}{n}-1=\frac{2}{e}>0\quad(\because\ e>0)$이므로 ②은 다음과 같이 나타낼 수 있다.

$$\frac{2}{m}+\frac{2}{n}>1 \qquad ③$$

그런데 $n\geq 3$이므로

$$\frac{2}{m}>1-\frac{2}{n}\geq 1-\frac{2}{3}=\frac{1}{3}.\ \ \text{즉, }\frac{2}{m}>\frac{1}{3}.$$

그런데 $m\geq 3$이므로 $3\leq m<6$. 따라서 $m=3,4,5$.

여기서 m=3이면 ③에서 $\frac{2}{3}+\frac{2}{n}>1$이고 $3\leq n<6$. 그래서

$$n=3,4,5.$$

또 $m=4$이면 ③에서 $\frac{2}{4}+\frac{2}{n}>1$ 이고 $3\leq n<4$.

따라서 $n=3$.

그리고 $m=5$이면 ③에서 $\frac{2}{5}+\frac{2}{n}>1$이고 $3\leq n<\frac{10}{3}$.

그래서 $n=3$.

(i) $m=3,\ n=3$이면 ②에서 $e\left(\frac{2}{3}+\frac{2}{3}-1\right)=2$이고 $e=6$. ①에 의해

$$f=\frac{2}{3}\times 6=4,\ v=4.$$

(ii) $m=3,\ n=4$이면 ②에서 $e=12$이고, ①에 의해 $f=8,\ v=6$.

(iii) $m=3,\ n=5$이면 ②에서 $e=30$이고, ①에 의해 $f=20,\ v=12$.

(iv) $m=4,\ n=3$이면 ②에서 $e=12$이고, ①에 의해 $f=6,\ v=8$.

(v) $m=5,\ n=3$이면 ②에서 $e=30$이고, ①에 의해 $f=12,\ v=20$.

이상을 정리해보면 다음 표와 같다.

m	n	e	f	v	정다면체
3	3	6	4	4	정4면체
3	4	12	8	6	정8면체
3	5	30	20	12	정20면체
4	3	12	6	8	정6면체
5	3	30	12	20	정12면체

■

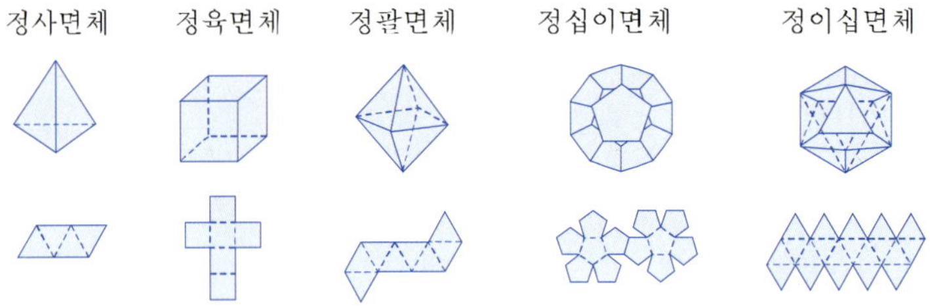

〈그림 9.29〉

정십이면체와 정이십면체는 서로 면과 꼭지점을 바꿔 넣은 다면체라는 것을 알 수 있다. 이와 같은 다면체를 **"쌍대 다면체"** 라고 부르는데, 정육면체와 정팔면체도 쌍대가 된다. 또 정사면체는 각 면의 중심을 이으면 다시 정사면체가 생기므로 그 자신이 쌍대가 된다.

▶ 연습문제 9.3

1. 각 면이 모두 합동인 다면체를 존슨다면체라고 한다. 92종류의 존슨다면체를 조사하시오.

9.4 황금 분할

1) 역사적 고찰

그리스 수학자 Pythagoras(B.C. 582?~497)는 정오각형과 정십각형을 작도하고, 특히 별모양의 정오각형을 자신의 학교 배지로 사용하였다. 그로부터 약 700년 후 수학자 Lucian(AD 2?)은 이 별표 모양의 정오각형에는 어떤 비(ratio)가 존재하지 않겠느냐 하는 예언을 하였다. 그 후 AD 460년 경에 Proclus(410~485)가 그 비를 중말비분할(extreme and mean ratio)이라고 언급하고, 그 값 $\dfrac{\sqrt{5}-1}{2}$을 구하였다.

그러나 Lucian과 Proclus보다 훨씬 앞서 Euclid는 그의 기하학원본 제6권에서 중말비에 대해 정의한 것을 보면, 이 비는 기원전부터 수학자들에게 관심의 대상이었던 것으로 보인다. 그리고 Proclus보다 약 100년 후에 Italia 수학자 Pacioli(1445?~1509?)는 이것은 신이 내려준 비라 하여 '신의 비(divine proportion)라고 하였고, 독일의 천문학자 · 수학자 Kepler(1571~1630)는 서정적으로 표현해서 황금분할(golden section)이라고 했다.

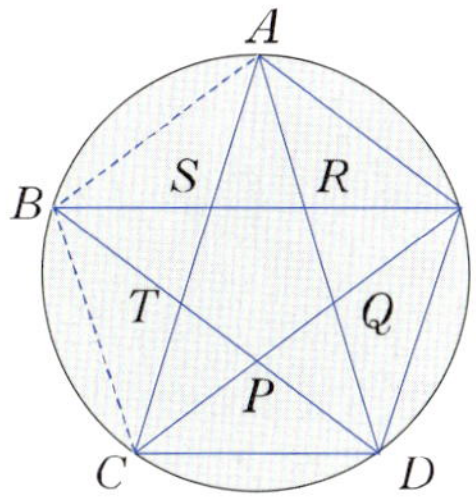

〈그림 9.30〉

그렇다면 Proclus가 이 비의 값을 어떻게 구했는가? 우선 $\theta=72°$로 두면 $3\theta=360°-2\theta$이다. 양변에 cosine을 취하면 $\cos 3\theta=\cos(360°-2\theta)$. 즉 $\cos 3\theta=\cos 2\theta$.
여기서 cosine의 2배각, 3배각 공식을 쓰면

$$4\cos^3\theta-3\cos\theta=2\cos^2\theta-1$$

$\cos\theta=t$로 두면, $4t^3-2t^2-3t+1=0$.

이것을 인수분해하면

$$(t-1)(4t^2+2t-1)=0$$

여기서 $t=\cos 72^\circ \neq 1$ 이고 $t=\dfrac{-1+\sqrt{5}}{4}$ 를 얻는다.

즉,

$$\cos 72^\circ = \frac{-1+\sqrt{5}}{4} \qquad ①$$

그리고

$$\cos 108^\circ = \cos(180^\circ - 72^\circ) = -\cos 72^\circ = \frac{1-\sqrt{5}}{4} \qquad ②$$

한편 〈그림 9.30〉에 있는 △BCA에서 cosine의 제2법칙을 적용하면

$$AC^2 = BA^2 + BC^2 - 2 \cdot BA \cdot BC \cdot \cos\angle ABC$$

그런데 ∠ABC=108°이고, 또 BA = BC = a로 두면

$$AC^2 = 2a^2 - 2a^2\cos 108^\circ$$

②를 사용하면,

$$\mathrm{AC} = \frac{\sqrt{5}+1}{2}a \qquad ③$$

그리고 〈그림 9.30〉에 있는 △ABT는 이등변 삼각형이므로

$$\mathrm{AB} = \mathrm{AT} = a \qquad ④$$

③과 ④에서

$$\mathrm{AT} : \mathrm{AC} = a : \frac{\sqrt{5}+1}{2}a = 1 : \frac{\sqrt{5}+1}{2} \qquad ⑤$$

이것을 계산하면

$$\fallingdotseq 1 : 1.618 \qquad ⑥$$

그리고 ⑤에서

$$\text{AT} : \text{AC} = a : \frac{2}{\sqrt{5}-1}a = \frac{\sqrt{5}-1}{2} : 1 \qquad ⑦$$

이것을 계산하면

$$\fallingdotseq 0.618 : 1 \qquad ⑧$$

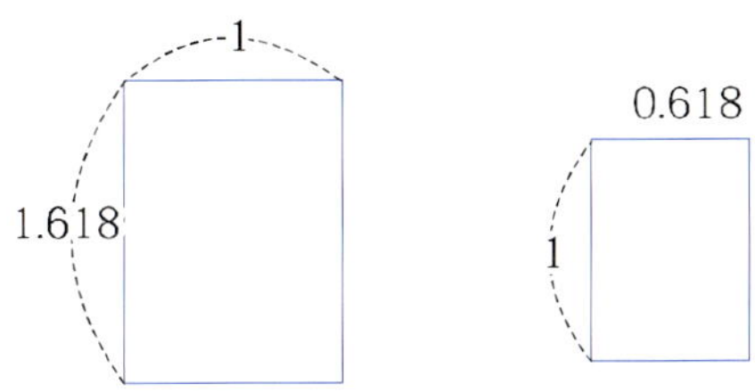

〈그림 9.31〉

따라서 황금분할이 비는 ⑥과 ⑧에서 1: 1.618 또는 0.618: 1이다. 〈그림 9.31〉에서 보면 직사각형에서 가로를 1로 보았을 때 세로가 1.618이고 세로를 1로 보면 가로가 0.618이다.

2) Fibonacci의 수열

Italia 수학자 Fibonacci(1175~1250)의 「Liber Abaci」(산반서)에 다음과 같은 문제가 있다.

한 쌍의 토끼는 두 달 후부터 매달 한 쌍씩 새끼토끼를 생산하는데, 이 새끼토끼는 두 달 후에 또 한 쌍의 새끼토끼를 계속 생산한다고 한다. 그러면 1년 후에는 모두 몇 쌍의 토끼가 있겠는가?

두 달이 지나면 한 쌍의 새로운 토끼 쌍이 불어난다. 그러므로 한달 씩 지나면 총 토끼의 쌍은 다음과 같다.

$$1,\ 1,\ 2,\ 3,\ 5,\ 8,\ 13,\ 21,\ \ldots.$$

이것을 'Fibonacci의 수열'이라 하며, 다음과 같은 네 가지 성질을 가진다.

(a) $u_{n+1} = u_{n-1} + u_n$

(b) $u_{n+1} \cdot u_{n-1} = u_n^2 + (-1)^n$

(c) 이웃하는 두 항은 서로소(relatively prime)이다.

(d) $\lim_{n \to \infty} \frac{u_{n-1}}{u_n} = \frac{\sqrt{5}-1}{2}$(황금분할의 비)

증명 (a) 2개월 전의 토끼쌍은 모두 한 쌍의 토끼를 낳게 되므로 1개월 전의 토끼쌍과 2개월전의 토끼쌍을 더한 것이 이번달의 토끼쌍이 된다. 그러므로 (a)가 된다.

(b) n이 홀수와 짝수일 때를 나누어서 생각한다. 식 (b)는 다음과 같이 나타낼 수 있다.

$$u_{2n+1} \cdot u_{2n-1} = u_{2n}^2 + 1 \quad ⑧$$

$$u_{2n} \cdot u_{2n-2} = u_{2n-1}^2 - 1 \quad ⑨$$

이제 위 식을 수학적 귀납법으로 증명한다. 먼저 n이 1, 2, 3 등 작은 수에서는 위 두 식이 성립함을 쉽게 알 수 있다. 그리고

$$\begin{aligned} u_{2n+2} \cdot u_{2n} &= (u_{2n+1} + u_{2n}) \cdot (u_{2n+1} - u_{2n-1}) \\ &= u_{2n+1}^2 - u_{2n+1}u_{2n-1} + u_{2n}(u_{2n+1} - u_{2n-1}) \\ &= u_{2n+1}^2 - (u_{2n}^2 + 1) + u_{2n}^2 = u_{2n+1}^2 - 1 \end{aligned}$$

위에서 첫 번째 등식은 (a)에 의해서 성립하고, 세 번째 등식은 ⑧과 (a)에 의해 성립한다. 이와 유사하게

$$\begin{aligned} u_{2n+3} \cdot u_{2n+1} &= (u_{2n+2} + u_{2n+1}) \cdot (u_{2n+2} - u_{2n}) \\ &= u_{2n+2}^2 - u_{2n+2}u_{2n} + u_{2n+1}(u_{2n+2} - u_{2n}) \\ &= u_{2n+2}^2 - (u_{2n+1}^2 - 1) + u_{2n+1}^2 = u_{2n+2}^2 + 1 \end{aligned}$$

성립하므로 모든 자연수 n에 대하여 (b)가 성립함을 알 수 있다.

(c) Euclid의 호제법을 사용하면 $(u_{n+1}, u_n) = (u_n, u_{n-1}) = \ldots = (2,1) = 1$

(d) $\lim_{n \to \infty} \frac{u_{n-1}}{u_n} = t$ 라 두면, 식 (a)에 u_{n-1}을 나누면, $\frac{u_{n+1}}{u_n} = 1 + \frac{u_{n-1}}{u_n}$이 되고, 여기에 $\lim_{n \to \infty}$을 걸면 $\frac{1}{t} = 1 + t$이므로 $t^2 + t - 1 = 0$을 풀면 $t = \frac{\sqrt{5}-1}{2}$이 된다. ■

3) 황금분할의 여러 가지 정의

황금분할의 정의를 여러 가지 관점에서 내릴 수 있으나 결과는 마찬가지이다.

정의 9.7

두 개의 양 중에서 큰 것에 대한 작은 것의 비가 두 개의 합에 대한 큰 것의 비와 같은, 두 개의 부분 사이의 비, 또는 평면사각형의 두 변의 길이사이의 비를 말한다.

설명 두 개의 양을 a와 $b(a<b)$라 하면 $a:b=b:a+b$이다. 그러므로 $b^2=a(a+b)$에서 $a^2+ab-b^2=0$. a에 관해서 풀면 $0<a<b$이므로 $a=\frac{-1+\sqrt{5}}{2}b$. 따라서 $a:b=\frac{-1+\sqrt{5}}{2}b:b \fallingdotseq 0.618:1$ ■

정의 9.8

두 부분의 제곱이 차가 그들의 곱과 같은 두 부분 사이의 비를 말한다.

설명 두 부분을 a와 $b(a<b)$라 하면, $b^2-a^2=ab$이고, $a^2+ab-b^2=0$는 앞과 같이하여 $a:b \fallingdotseq 0.618:1$을 얻는다. ■

선분 AB위에 점 C를 잡았을 때 긴 선분 AC가 짧은 선분 CB와 전체 선분 AB의 비례중앙이면 점 C는 선분 AB를 중말비분할 또는 황금분할로 나누었다고 하고, CB: AC 또는 AC: AB를 황금비라고 한다.

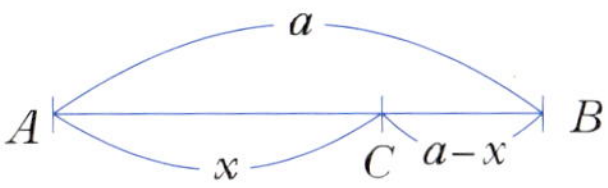

〈그림 9.32〉

정의 9.9

선분 AB 위에 점 C를 잡아 $AC^2=AB\cdot CB$가 되게 하였을 때 점 C는 선분 AB를 황금분할로 나누었다고 하고 AC: AB를 황금비라고 한다.

4) 황금분할의 작도와 응용

[작도] 선분 AB가 주어졌을 때 이 위에 점 C를 잡아 $AC^2 = AB \cdot CB$되게 점 C를 구해보자.

① 선분 AB를 B쪽으로 연장한다.

② 점 B에서 AB에 수직인 직선을 세운다.

③ 수직선 위에 점 P를 PB=AB가 되게 잡고 선 PB의 중점 O를 잡는다.

④ 점 O를 중심으로 선분 OB를 반경으로 하는 원을 그린다.

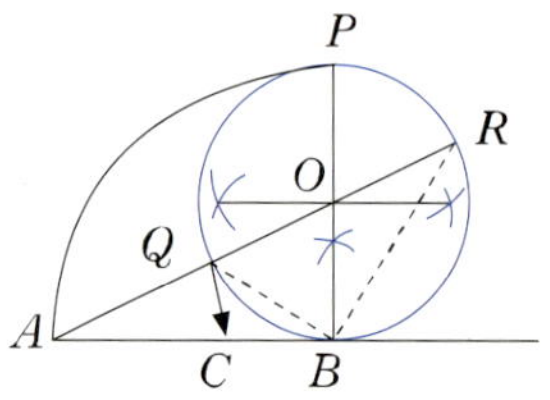

〈그림 9.33〉

⑤ 두 점 A와 O를 잇는 직선이 원 O와 만나는 점을 Q, R이라 한다.

⑥ 선분 AB 위에 점 C를 AC=AQ가 되게 잡으면 점 C는 선분 AB를 황금분할의 비로 나누고 있다.

증명 〈그림 9.32〉에서 △ABQ ∽△ARB이므로

AB: AQ=AR: AB이고, 여기서 $AB^2 = AQ \cdot AR$.

$AB^2 = AQ \cdot (AQ + QR)$, $AQ = AC$ 이고 $QR = PB = AB$이므로

$AB^2 = AC \cdot (AC + AB)$, $AC^2 = AB \cdot (AB - AC)$, $AC^2 = AB \cdot CB$. 따라서 점 C는 선분 AB를 황금분할의 비로 나눈다. ■

[비의 값] 〈그림 9.32〉에서 AB= a, AC= x로 두면 CB= $a-x$이므로

$x^2 = a(a-x)$, $x^2 + ax - a^2 = 0$에서 $0 < x < a$이므로

$$x = \frac{-1+\sqrt{5}}{2}a$$

따라서 AC: AB= $x : a = \frac{-1+\sqrt{5}}{2}a : a \fallingdotseq 0.618 : 1$.

[황금비 $\frac{\sqrt{5}-1}{2}$의 작도]

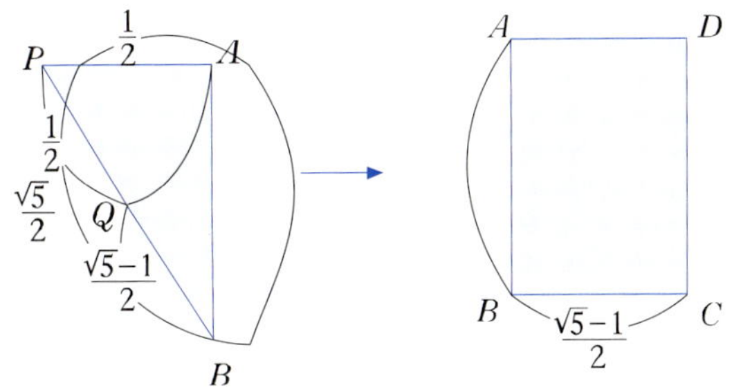

〈그림 9.34〉

PB= $\sqrt{1^2+(\frac{1}{2})^2} = \frac{\sqrt{5}}{2}$ 이므로 BQ = PB−PQ = $\frac{\sqrt{5}}{2} - \frac{1}{2} = \frac{\sqrt{5}-1}{2}$이고,

$\frac{\sqrt{5}-1}{2}$을 '가로'로 하고, '1'을 세로로 하는 직사각형 ABCD를 그린다.

직사각형의 가로, 세로의 비가 황금분할의 비 0.618: 1이면 시각적으로 아름답게 보인다고 한다. 그래서 이것이 미적 구성의 기본관계가 되어 옛날부터 건축, 공예품, 장식품 등에 중시되어 많이 이용되었다.

▶ 연습문제 9.4

1. Lucas 수열에 대해 조사하고 Fibonacci 수열의 일반항과 Lucas 수열의 일반항 간의 관계를 조사하시오.

9.5 정다각형의 작도

Euclid 기하학원론 제 4권에 "두 밑각이 나머지 한 각의 두 배가 되는 이등변삼각형을 작도하라."라는 문제가 있다.

이것은 〈그림 9.35〉와 같이 꼭지각이 36°이고 두 밑각이 72°인 이등변 삼각형의 작도문제이다. 이것만 해결되면 정오각형과 정십각형의 작도가 가능한 것이다.

그리고 제4권의 내용을 좀 더 살펴보면 정3, 정4, 정5, 정6각형 그리고 정15각형의 작도에 대해 언급되어 있다.

그들의 호를 이등분함으로써 정2^n, 정3×2^n, 정5×2^n, 정15×2^n각형을 작도할 수 있다.

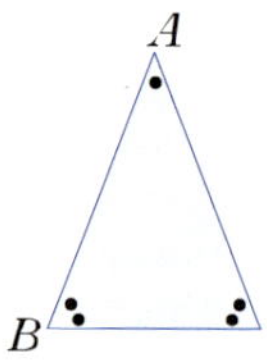

〈그림 9.35〉

18세기 이전까지 위의 정다각형 이외의 작도에 대해서는 별다른 진전이 없었으나 독일의 수학자 Gauss(1777~1855)는 $f(n)=2^{2^n}+1$ 수 중에서 소수인 정다각형의 작도는 가능함을 보였다. $n=0, 1, 2, 3, 4$에 대해, $f(0)=3$, $f(1)=5$, $f(2)=17$, $f(3)=257$, $f(4)=67{,}537$인 정다각형은 작도가능하다는 말이다.

Gauss는 정17각형을 작도하는데 자신의 인생을 바치다시피 하였으며. 독일 수학자 Richelot(1808~1875)는 1832년에 정257각형에 관한 연구결과를 발표하였고, Lingen 출신의 독일 수학자 Hermes(1846~1912) 교수는 1894년에 정67,537각형을 작도하는데 10년을 보냈다.

여기서는 정5각형, 10각형, 15각형의 작도에 대해 중점으로 살펴보겠다.

예제 9.6

원에 내접하는 정5각형을 작도하고 그것을 증명하시오.

[작도] 〈그림 9.36〉과 같이 직경 PQ의 수직이등분선이 원 O와 만나는 점을 A라 하고, 반경 PO의 중점 M을 중심으로 하고, 선분 AM을 반경으로 하는 원을 그려 OQ와 만나는 점을 N이라 한다. 그러면 선분 AN이 오각형의 한 변이 된다.

증명 원 O의 반경을 2a, AN= x로 두면 △AMO에서

$AM^2 = a^2 + (2a)^2 = 5a^2$ 이므로

$AM^2 = \sqrt{5}\,a.$

또한 △AON에서

$$\begin{aligned} x^2 &= OA^2 + ON^2 \\ &= OA^2 + (MN - MO)^2 \\ &= OA^2 + (MA - MO)^2 \\ &= (2a)^2 + (\sqrt{5}\,a - a)^2 \\ &= (10 - 2\sqrt{5}\,)a^2 \end{aligned}$$

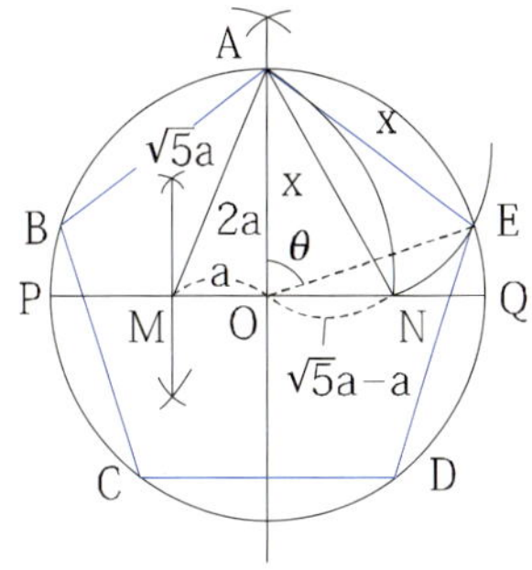

〈그림 9.36〉

그리고 ∠AOE=θ라 두면

$$x^2 = OA^2 + OE^2 - 2 \cdot OA \cdot OE \cdot \cos\theta$$

위에서 $x^2 = (10 - 2\sqrt{5}\,)a^2$ 이므로

$$(10 - 2\sqrt{5}\,)a^2 = (2a)^2 + (2a)^2 - 2 \cdot 2a \cdot 2a\cos\theta.$$

여기서 우리는 $\cos\theta = \dfrac{\sqrt{5}-1}{4}$을 얻는다. ①

한편 θ'=72°로 두면 $3\theta' = 360° - 2\theta'$이다. 양변에 cosine을 취하면 $\cos 3\theta' = \cos(360° - 2\theta')$. 즉 $\cos 3\theta' = \cos 2\theta'$.

여기서 cosine의 2배각, 3배각 공식을 쓰면

$$4\cos^3\theta' - 3\cos\theta' = 2\cos^2\theta' - 1$$

$\cos\theta' = t$로 두면, $4t^3 - 2t^2 - 3t + 1 = 0.$

이것을 인수분해하면

$$(t-1)(4t^2 + 2t - 1) = 0$$

여기서 $t = \cos 72° \neq 1$이고 $t = \dfrac{-1+\sqrt{5}}{4}$를 얻는다.

즉,

$$\cos 72° = \frac{-1+\sqrt{5}}{4} \qquad ②$$

①과 ②에서 θ는 72°이므로 오각형 ABCDE는 정오각형이 됨을 알 수 있다. ■

정리 9.7 n, r, s가 양의 정수이고 $n=rs$라 하자.
정n각형이 작도가능하면 정r각형, 정s각형도 작도가능하다.

증명 정 n각형을 $A_1A_2A_3 \ldots A_n$이라하면, s는 n의 약수이므로 꼭지점 A_1에서 s번째 있는 꼭지점을 A_{s+1}, 또 여기서 그 다음 s번째 있는 꼭지점을 A_{2s+1}이라 하면

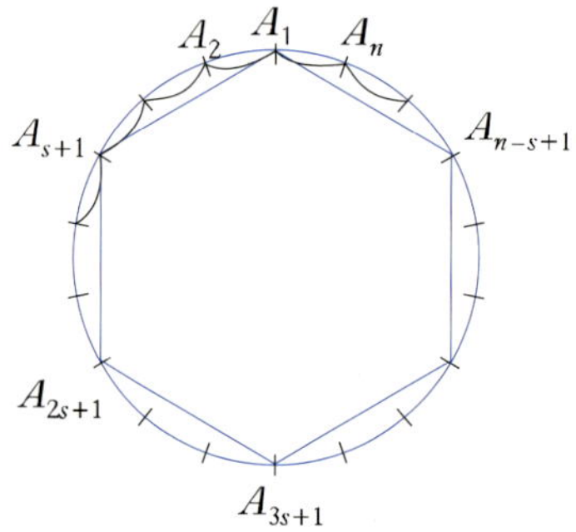

〈그림 9.37〉

$A_1A_{s+1}A_{2s+1} \cdots A_{n-s+1}$은 정 r각형이다. 마찬가지 방법에 의해 정s각형도 작도할 수 있다. ■

정리 9.8 r과 s가 서로소인 양의 정수일 때 정r각형과 정s각형이 작도가능하면 정 rs각형도 작도가능하다.

증명 $(r, s)=1$이므로 $rp+sq=1$되는 정수 p와 q가 존재한다. 양변을 rs로 나누고 360°를 곱하면

$$\frac{360°}{s}p+\frac{360°}{r}q=\frac{360°}{rs}$$

p와 q중 하나는 음수이므로 q를 음수라 하자.

$$\frac{360°}{s}p-\frac{360°}{r}(-q)=\frac{360°}{rs}$$

그런데 정r각형과 정s각형이 작도 가능하다고 가정되어 있으므로 중심각 $\frac{360°}{s}$와 $\frac{360°}{r}$의

작도가 가능하고, $\dfrac{360°}{s}$의 p배에서 $\dfrac{360°}{r}$의 $-q$배를 빼면 정rs각형의 한 중심각 $\dfrac{360°}{rs}$를 구할 수 있다. 따라서 정rs각형의 작도가 가능하다. ■

예제 9.7

원에 내접하는 정십오각형을 작도하여라.

[풀이] 정삼각형과 정오각형의 작도가 가능하고, (3,5)=1이므로 정15각형의 작도가 가능하다. 실제로 어떻게 작도할 수 있는지를 살펴본다. (3,5)=1이므로 다음식이 성립한다.

$$5\times 2+3\times(-3)=1$$

양변을 5×3=15로 나누고, 360°를 곱하면

$$\frac{360°}{3}2-\frac{360°}{5}3=\frac{360°}{15}$$

그래서 정삼각형이 중심각의 두 배에서 정오각형의 중심각의 3배를 빼면 정15각형의 한 중심각을 작도할 수 있다.

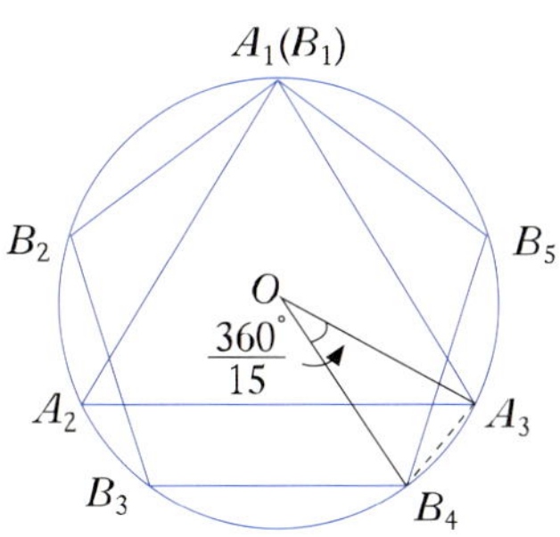

〈그림 9.38〉

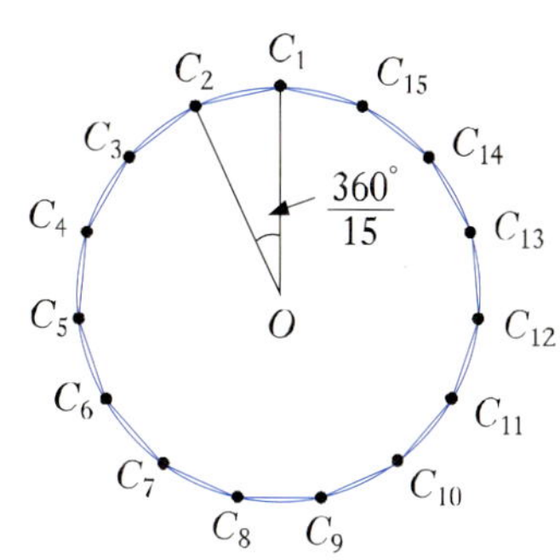

〈그림 9.39〉

▶ 연습문제 9.5

1. 한 변이 주어졌을 때 정오각형을 작도하고, 그것을 증명하시오.

2. 원에 내접하는 정삼각형을 작도하시오.

참고문헌

강시중(1981). 수학교육론, 교육출판사

고동욱(1996). 수와 논리, 한국방송통신대학교 출판부

고바야시 쇼시찌(1999). 유클리드 기하에서 현대 기하로, 청문각

기우항, 박진서(1982). 사영기하학, 학문사

김선유, 박종서, 노은환(2000). 대학수학, 형설출판사

김연식 외(1983). 수학과 교육(1), 한국방송통신대학

김응태, 박승안(1991). 정수론, 경문사

김치영, 남정완(1992). 집합위상입문, 형설출판사

남형채 외(1993). 교양수학, 형설출판사

서성보 외(1997). 현대수학기초론, 경문사

신현용(2009) 정수론, 교우사

이우영, 신항균 역(1995). 수학사, 경문사

이효삼(2002) 정수의 이해, 경문사

한경희(2000) 이야기 수학, 도서출판 다림

허 민, 오혜영 역(1994). 수학의 위대한 순간들, 경문사

수학사랑 – http://www.mathlove.co.kr/

http://user.chollian.net/~dj727/math/mathhistory.htm

http://library.thinkquest.org/C006354/history.html

http://my.dreamwiz.com/21240262/math01/report07.htm

연습문제 해답

제1장

<<연습문제 1.2>>

1. (a) $A \cup (B \cap C) = (A \cup B) \cap (A \cup B)$, (b) $A \cap \varnothing = \varnothing$,
   (c) $(A \cap B^C)^C = A^C \cup B$, (d) $(U \cup B) \cap (A \cup \varnothing) = A$
2. 생략
3. (a) A_3, (b) A_{12}, (c) A_n, (d) A_{nm}
4. (a) $\{5, 6, 7, \cdots\}$, (b) A_2, (c) A_9, (d) A_1
5. (b), (c), (e) : 분할
6. (c), (d)
7. 생략
8. (a) $[2, 4]$, (b) $\{4\}$, (c) $[5, 11]$, (d) $\varnothing$
9. (a) A_2, (b) A_4, (c) A_5, (d) A_8, (e) A_n, (f) A_{nm}

<<연습문제 1.3>>

1. (a) 그녀는 아름답고 솔직하다. (b) 그녀는 아름답거나 솔직하다.
   (c) 그녀는 아름답지 않은 것은 아니다. (d) 그녀는 아름답지 않거나 솔직하다.
   (e) 그녀는 아름답지 않거나 솔직하지 않다.
2. (a) $p \wedge q$, (b) $\sim q$, (c) $p \wedge \sim q$, (d) $p \vee q$, (e) $q \wedge \sim p$
3. (a) 지금 눈이 오거나 바람이 분다.
   지금 눈이 오고 바람이 분다.
   지금 눈이 오지 않는다.
   지금 눈이 오면 바람이 분다.
   지금 눈이 오면 바람이 불고 바람이 불면 눈도 온다.
   (b) $2<3$이거나 $2=3$이다.

$2<3$이고 $2=3$이다.

$2\geq 3$이다.

$2<3$이면 $2=3$이다.

$2<3$이면 $2=3$ 또한 $2=3$이면 $2<3$이다.

4. (a) 오늘 바람이 불면 비가 온다. 그리고 비가 오면 바람이 분다.
   (b) 오늘 바람이 불지 않으면 비가 오지 않는다.
   (c) 오늘 바람이 불지 않으면 비가 오고 비가 오지 않고 또한 비가 오지 않으면 바람이 불지 않는다.
   (d) 오늘 바람이 불지 않고 비가 오지 않으면 바람이 분다.
5. (a) T, (b) F, (c) F, (d) F
6. 생략
7. 생략
8. 생략
9. 생략
10. 생략

<<연습문제 1.4>>

1. (a), (b), (c), (d) ; 명제함수
2. (a) T, (b) F, (c) T, (d) F, (e) T, (f) F

<<연습문제 1.5>>

1. (a) 역 : A가 동물이면 A는 사람이다.
   이 : A가 사람이 아니면 A는 동물이 아니다.
   대우 : A가 동물이 아니면 A는 사람이 아니다.
   (b) 역 : n이 홀수이면 n^2이 홀수이다.
   이 : n^2이 홀수가 아니면 n도 홀수가 아니다.
   대우 : n이 홀수가 아니면 n^2도 홀수가 아니다.
2. 생략
3. 생략
4. 생략

제2장

<<연습문제 2.1>>

1. $x=-1,\ y=\frac{7}{3}$
2. 생략
3. (a) $A\times B=\{(1,\ 4),\ (1,\ 5),\ (2,\ 4),\ (2,\ 5),\ (3,\ 4),\ (3,\ 5),\ (4,\ 4),\ (4,\ 5)\}$
   (b) $A\times A=\{(1,\ 1),\ (1,\ 2),\ (1,\ 3),\ (1,\ 4),\ (2,\ 1),\ (2,\ 2),\ (2,\ 3),\ (2,\ 4),\ (3,\ 1),\ (3,\ 2),\ (3,\ 3),\ (3,\ 4),\ (4,\ 1),\ (4,\ 2),\ (4,\ 3),\ (4,\ 4)\}$
   (c) $B\times A=\{(4,\ 1),\ (5,\ 1),\ (4,\ 2),\ (5,\ 2),\ (4,\ 3),\ (5,\ 3),\ (4,\ 4),\ (5,\ 4)\}$
   (d) $B\times B=\{(4,\ 4),\ (4,\ 5),\ (5,\ 4),\ (5,\ 5)\}$
   (e) $\{(4,\ 4)\}$
   (f) $\{(4,\ 4)\}$
4. (a) $\{(a,\ 1),\ (a,\ 2),\ (b,\ 1),\ (b,\ 2),\ (c,\ 1),\ (c,\ 2)\}$
   (b) $\{(a,\ 1),\ (a,\ 2),\ (b,\ 1),\ (b,\ 2),\ (c,\ 1),\ (c,\ 2)\}$
   (c) $\{(a,\ 1),\ (a,\ 2),\ (a,\ 3),\ (b,\ 1),\ (b,\ 2),\ (b,\ 3),\ (c,\ 1),\ (c,\ 2),\ (c,\ 3)\}$
   (d) $\{(a,\ 1),\ (a,\ 2),\ (a,\ 3),\ (b,\ 1),\ (b,\ 2),\ (b,\ 3),\ (c,\ 1),\ (c,\ 2),\ (c,\ 3)\}$

<<연습문제 2.2>>

1. (a) 관계가 성립한다.
   (b) 관계가 성립한다.
2. 두 가지 모두 관계가 성립한다.

<<연습문제 2.3>>

1. 생략
2. (a) 생략 (b) $R=\{(a,\ b),\ (b,\ b),\ (b,\ c),\ (c,\ a),\ (c,\ d),\ (d,\ c)\}$
3. (a) $R=\{(1,\ 3),\ (1,\ 5),\ (2,\ 3),\ (2,\ 5),\ (3,\ 5),\ (4,\ 5)\}$ (b) 생략
4. $R=\{(1,\ 1),\ (1,\ 3),\ (1,\ 5),\ (2,\ 2),\ (2,\ 4),\ (3,\ 3),\ (3,\ 5)\ (4,\ 4),\ (5,\ 5),\ (3,\ 1),\ (5,\ 1),\ (4,\ 2),\ (5,\ 3)\}$

<<연습문제 2.4 (a)>>

1. $(2,\ 2)\not\in R$ 이므로 반사관계가 아니다.
2. 반사관계를 만족한다.
3. 반사관계를 만족한다.
4. 반사관계를 만족한다.

<<연습문제 2.4 (b)>>

1. 대칭관계는 만족하고, $(5,\ 5) \not\in R$이므로 반사관계를 만족하지 않는다.
2. $R=\{(1,\ 1),\ (2,\ 1),\ (3,\ 1),\ (4,\ 1),\ (2,\ 2),\ (4,\ 2),\ (3,\ 3),\ (4,\ 4)\}$이므로 반사관계는 만족하지만 대칭관계는 성립하지 않는다.
3. 생략

<<연습문제 2.4 (c)>>

1. 반대칭관계를 만족한다.
2. (a)만 반대칭관계를 만족한다.
3. 반대칭관계를 만족한다.

<<연습문제 2.4 (d)>>

1. 추이관계를 만족한다.
2. $(2,\ 4) \in R$이고 $(4,\ 2) \in R$이지만 $(2,\ 2) \not\in R$이므로 추이관계를 만족하지 않는다.
3. 생략
4. 생략

<<연습문제 2.4 (e)>>

1. (a), (c) : 동치관계를 만족한다.
2. 생략
3. 생략
4. 생략

<<연습문제 2.4 (f)>>

1. 반사관계가 아니므로 반순서관계가 아니다.
2. (a) $R=\{(3,\ 3),\ (6,\ 2),\ (9,\ 1)\}$ (b) $R^{-1}=\{(3,\ 3),\ (2,\ 6),\ (1,\ 9)\}$
3. (a) 반사, 대칭, 추이관계를 만족한다.
   (b) 대칭관계를 만족한다.
   (c) 반사관계는 아니고, 대칭, 반대칭, 추이관계를 만족한다.
   (d) 반사, 반대칭, 추이관계를 만족한다.
4. 동치관계이다.
5. $(2,\ 2) \not\in R$이므로 반사관계를 만족하지 않으므로 반순서관계가 아니다.
6. $A=\{1,\ 2,\ 4,\ 8\}$에서 '$p(x,\ y)$를 x는 y의 약수이다'로 두면 A의 모든 원소에 대하여 약수 배수관계를 만족하므로 전순서 관계임을 알 수 있다.

제3장

<<연습문제 3.2 (a)>>

1. ③
2. (a) $f(x)=x^2+3,\ x \in R$

   (b) $g(x)=\begin{cases} 0, & x: \text{even} \\ 1, & x: \text{odd} \end{cases}$
3. (a) $f(-3)=9$ (b) 9 (c) $(x-1)^2$ (d) $(x+3)^2$
4. 생략
5. (a) $f(x)=x^2+1$ (b) $f(x)=|x|$

   (c) $f(x)=2x+3$ (d) $f(x)=2x$

<<연습문제 3.2 (b)>>

1. 생략
2. 생략
3. (b), (c) : 전단사 함수
4. 치역 [−7, 28], 그림 생략
5. 함수 $f:[0, 1] \rightarrow [0, 3]$에서 $f(x)=3x$로 정의하면 f는 전단사 함수가 된다. 그러므로 정의에 의해 [0, 1]과 [0, 3]은 대등함을 알 수 있다.

<<연습문제 3.2 (c)>>

1. $f(g(x))=2x^3+5$, $g(f(x))=2(x+3)^3+2$
2. (a) $f \circ g(x)=f(g(x))=x^2+2$ $g \circ f(x)=g(f(x))=(x+3)^2-1$

   (b), (c) 생략

<<연습문제 3.2 (d)>>

1. $f^{-1}(0)=\{1, 3\}$, $f^{-1}(3)=\{-2, 0\}$, $f^{-1}(-4)=\{-1\}$, $f^{-1}(5)=\{-4, 2\}$
2. 생략
3. (b), (c) : 함수이다.
4. (a) 36, (b) 16, (c) 33, (d) 3

제4장

<<연습문제 4.1>>

1. 아라비아 숫자가 들어오면서 동양의 전통과 서양의 전통이 뒤섞였기 때문이다. 서양은 '천(Thousand), 백만(Million), 십억(Billion)'처럼 세 자리마다 구분되는 수 개념을 가지고 있다. 서양 사람들은 자신들의 언어 습관에 따라 세 자리씩 끊어서 읽고, 또 세 자리마다 쉼표를 찍는다. 쉼표 대신 점을 찍기도 한다. 우리나라는 1882년에 미국과 맺은 '조・미 수호 통상조약'에 처음으로 아라비아 숫자를 사용했다고 한다. 그 뒤부터 숫자를 쓸 때는 서양을 따라 세 자리마다 쉼표를 찍고, 읽을 때는 종전처럼 네 자리씩 끊어서 읽게 되었다.
2. 백십삼 마리 또는 백열세 마리

<<연습문제 4.2>>

2. (a) 1과 4, 5와 6 (b) 극대원 : 1과 4 극소원 : 5와 6
   (c) 최대원과 최소원은 없다
   (d) A={2,3}의 상계의 집합 {1,2,3}
   A={2,3}의 하계의 집합 {3,5,6}
   Sup(A)={2}
   Inf(A)={3}
   (e) B={5,6}의 상계의 집합 {1,2,3,4}
   Sup(B)={3}
   Inf(B)= $\varnothing$

<<연습문제 4.4>>

1.(a)[−2, 10] (b) [−46, 26] (c) [6, 2]

<<연습문제 4.5>>

1. $f(a+b)=[\dfrac{a+b}{1}]=[\dfrac{a}{1}]+[\dfrac{b}{1}]=f(a)+f(b)$

$f(ab)=[\dfrac{ab}{1}]=[\dfrac{a}{1}]\cdot[\dfrac{b}{1}]=f(a)\cdot f(b)$

$a<b \Leftrightarrow [\dfrac{a}{1}]<[\dfrac{b}{1}] \Leftrightarrow f(a)<f(b)$

2. 유리수는 여러 가지 특징을 가지고 있으나 그 대표적인 특징으로는
   (a) 서로 다른 임의의 두 유리수 사이에는 제3의 유리수가 반드시 존재한다. 즉, 조밀성을 갖는다. 그러나 정수는 이러한 특징을 갖지 않는다.

(b) 유리수에는 최소와 최대의 수가 없다.
(c) 유리수는 양의 크기를 나타내는 집합수는 되지만 순서수는 아니다.
(d) 두 유리수 a, b가 있을 때 $a>b$, $a=b$, $a<b$ 중 어느 하나가 반드시 성립한다. 이는 정수에서도 마찬가지이다.

제5장

<<연습문제 5.1>>

1. (a) 덧셈의 교환법칙: 임의의 a, $b\in Z$에 대해, $a+b=b+a$
   덧셈의 결합법칙: 임의의 a, b, $c\in Z$에 대해, $(a+b)+c=a+(b+c)$
   (b) 덧셈에 대해 항등원: 임의의 정수 $a\in Z$에 대해, $a+0=0+a=a$를 만족하는 정수 $0\in Z$이 존재한다.
   각 원소의 역원: 각 정수 $a\in Z$에, $a+(-a)=(-a)+a=0$되는 정수 $-a\in Z$($-a$로 표기함)가 존재한다.
   (c) 곱셈에 대해 교환법칙:
   곱셈에 대한 결합법칙:
   (d) 정수는 곱셈에 대해 항등원이 존재하고, 곱셈에 대해 0을 제외한 정수의 각 원소는 역원을 갖는다.
   (e) 덧셈과 곱셈에 관한 소거법칙이 성립한다.
   즉, $a, b, c\in Z$ $\quad a+b=a+c$이면 $b=c$
   $ab=ac(a\neq 0)$이면 $b=c$
   (f) 덧셈에 대한 곱셈의 배분법칙이 성립한다.
2. 생략
3. 각 자연수 n에 대해, $21n+4$와 $14n+3$가 기약분수임을 보이면 된다.
   즉 $(21n+4)\times s+(14n+3)\times t=1$되는 정수 s, t가 존재함을 보이기 위해 $s=-2$, $t=3$을 두면 된다.

<<연습문제 5.2>>

1. (1) 소인수 분해법: 각 정수를 소인수로 분해하여 공통인 소인수를 최대한 많이 선택하는 방법. (2) 공통인수를 찾는 방법: 인수분해를 하지 않고, 두 수에 공통인 인수를 찾아서 나누기를 하는 방법, (3) 유클리드 호제법.
2. (2322, 654)=6을 아래와 같이 찾을 수 있다.

```
2322 = 654*3 + 360
654 = 360*1 + 294
360 = 294*1 + 66
294 = 66*4 + 30
66 = 30*2 + 6
30 = 6*5
```

3. $2322^* s + 654^* t = d$를 만족하는 정수 s, t를 유클리드 호제법의 역순으로 구한다.

```
2322 = 654*3 + 360      ↑ 2322*20 - 654*49 = 6
654 = 360*1 + 294       ↑ 654*(-11) + 360*(20) = 6
360 = 294*1 + 66        ↑ 360*9 - 294*11=6
294 = 66*4 + 30         ↑ 294*(-2) + 66*(9) = 6
66 = 30*2 + 6           ↑ 66 - 30*2= 6
30 = 6*5
```

4. $a > 0$일 때, $(3a+5,\ 7a+12) = (3a+5,\ a+2) = (a+2,\ a+1) = (a+1,\ 1) = 1$.
5. a, b가 정수일 때, $(a,\ b) = 1$이면, $(a,\ a+b) = 1$이고, $(b,\ a+b) = 1$이다. 그러므로 $(ab,\ a+b) = 1$이다. 한편 $(a+b,\ ab) = 1$이면, $(a+b) \times s + ab \times t = 1$이므로 $au + bv = 1$을 만족하는 정수 u, v가 존재한다. 그러므로 $(a,\ b) = 1$.

<<연습문제 5.3>>

1. $n = p_1^{e_1} p_2^{e_2} p_3^{e_3} \ldots p_r^{e_r}$일 때,

   (a) $\tau(p_i^{e_i}) = (e_i + 1)$이므로 $\tau(n) = \tau(p_1^{e_1})\tau(p_2^{e_2})\ldots\tau(p_r^{e_r})$

   (b) $\sigma(p_i^{e_i}) = (1 + p_i + p_i^2 + p_i^3 + \ldots + p_i^{e_i})$이므로 $\sigma(n) = \sigma(p_1^{e_1})\sigma(p_2^{e_2})\ldots\sigma(p_r^{e_r})$
2. 자연수 m에 대하여 $2^m + 1$이 소수라 하자. m이 2의 외의 인수를 가지면, $m = p \times n (p \geq 3$, 소수)으로 표현된다. 그러므로 $2^m + 1 = (2^n)^p + 1$은 $(2^n + 1)$을 인수로 가지므로 소수가 될 수 없다. 따라서 모순이 되어 m이 2의 외의 인수를 가질 수 없다.
3. $n = pq$로 표시된다고 하자. $2^n - 1 = 2^{pq} - 1 = (2^p - 1)(2^q + 1)$된다. 그러므로 $2^n - 1$가 소수이면 n도 소수이다.

<<연습문제 5.4>>

1. $\overline{Z_m}$에서 두 원소 $\bar{a}$, $\bar{b}$에 대해 $\bar{a} \times \bar{b} = \overline{ab}$가 잘 정의됨을 보이고자 한다. $\bar{a} = \overline{a'}$, $\bar{b} = \overline{b'}$라 두자. $a = a' + mk (k \in Z)$이고, $b = b' + mk' (k' \in Z)$이므로 $ab = a'b' + ml (l \in Z)$를 만족하는 정수 l이 존재한다. 그러므로 $\bar{a} \times \bar{b} = \overline{ab} = \overline{a'b' + ml} = \overline{a'b'} = \overline{a'} \times \overline{b'}$.

2. $\overline{Z_6}$에서 덧셈에 대해 각 원소의 역원: $\bar{0}$의 역원 $\bar{0}$, $\bar{1}$의 역원은 $\bar{5}$, $\bar{2}$의 역원은 $\bar{4}$, $\bar{3}$의 역원은 $\bar{3}$이다.

   곱셈에 대해 역원을 가지는 원소: $\bar{1}$와 $\bar{5}$

   곱셈에 대해 역원을 못가지는 원소: $\bar{0}$, $\bar{2}$, $\bar{3}$, $\bar{4}$

   이들 원소간의 차이: 6과 서로소이면 역원을 가지고, 6과 서로소가 아니면 역원을 갖지 못한다.

3. $\overline{Z_8}$에 대해 (예 5.7)과 같이 덧셈표와 곱셈표를 만들어 보시오.

+	0	1	2	3	4	5	6	7
0	0	1	2	3	4	5	6	7
1	1	2	3	4	5	6	7	0
2	2	3	4	5	6	7	8	1
3	3	4	5	6	7	0	1	2
4	4	5	6	7	0	1	2	3
5	5	6	7	0	1	2	3	4
6	6	7	0	1	2	3	4	5
7	7	0	1	2	3	4	5	6

×	0	1	2	3	4	5	6	7
0	0	0	0	0	0	0	0	0
1	0	1	2	3	4	5	6	7
2	0	2	4	6	0	2	4	6
3	0	3	6	1	4	7	2	5
4	0	4	0	4	0	4	0	4
5	0	5	2	7	4	1	6	3
6	0	6	4	2	0	6	4	2
7	0	7	6	5	4	3	2	1

<<연습문제 5.5>>

1. (a) $2\times3 \equiv 0 \pmod 6$

   (b) $3\times2 \equiv 3\times4 \equiv 0 \pmod 6$ 그러나 $2 \not\equiv 4 \pmod 6$

2. 직접 계산에 의해 $x=5$.

3. $n=1$과 2일 때는, 임의의 소수 p에 대해, 주어진 식이 성립함을 직접적으로 증명할 수 있다. p가 소수이고 2이상의 정수 k에 대하여 $k^p \equiv k(\text{mod } p)$이 성립한다 하자. 그땐 이항전개에 의해 $(k+1)^p = k^p + kC_1k^{p-1} + kC_2k^{p-2} + \ldots. + kC_{p-1}k + kC_p = k^p + p\times m + 1$ $(m \in Z)$

$$\equiv k^p + 1 \pmod p$$

$$\equiv k+1 \pmod p \text{ 가정에 의해}$$

   그러므로 임의의 자연수에 대해 $n^p \equiv n(\text{mod } p)$이 성립함을 알 수 있다.

4. $2^{20}-1=(2^{10}-1)(2^{10}+1)=(2^5-1)(2^5+1)(2^{10}+1)$

   $2^7=128$이므로 $2^{10}+1 = 128\times2^3+1 \equiv 5\cdot2^3+1=41$. 그러므로 $2^{20}-1$은 41의 배수이다.

제6장

<<연습문제 6.1>>

1. (a) $(a,\ b) \in S \times S$의 각 원소에 대하여 $a+b+ab \in S$가 단 하나 대응됨은 분명하다.

   $\therefore\ a+b+ab \neq -1$임을 밝혀주면 충분하다.

   만약 $a+b+ab=-1$이면 $a(1+b)=-(1+b)$이므로 $a=-1$이 되어 모순이다

   (b) $2 * x * 3 = (2 * x) + 3 + (2 * x)3$

   $= 2 + x + 2x + 3 + (2 + x + 2x)3$

   $= 12x + 11 = 7$

   $\therefore\ x = -\dfrac{1}{3}$

<<연습문제 6.2>>

1. (d)
2. 항등원 0, 역원 $\dfrac{-a}{1+a}$
5. 8을 법으로 하는 소수의 집합 {1,3,5,7}은 승법에 관하여 닫혀있고 결합법칙, 항등원 1이 존재하며 자기자신원소를 역원으로 가지므로 군이 된다. 그러나 {1,3,5,7}은 가법에 관해서는 연산이 닫혀 있지 않으므로 군이 되지 않는다.
6. (a) T (b) F (c) T (d) F

<<연습문제 6.3>>

1. (a) 모든 $x \in R$에 대하여 $0+x=x$이므로 $0+0=0$

   분배법칙에 의하여 $0 \cdot x = (0+0) \cdot x = 0 \cdot x + 0 \cdot x$

   소거법칙에 의하여 $0 \cdot x = 0$이다.

   (b) $x+(-x)=0$이므로 $[x+(-x)] \cdot y = 0$이다.

   분배법칙에 의하여 $x \cdot y + (-x) \cdot y = 0$

   $\therefore\ x \cdot y$의 $(R,\ +)$에서의 유일한 역원은 $(-x) \cdot y$이다.

   즉, $(-x) \cdot y = -(x \cdot y)$이다

2. ($\Rightarrow$) $a^2-b^2=(a+b)(a-b)$이면 분배법칙에 의하여 $a^2-b^2=a+ba-ab-b^2$이다

   $\therefore\ ba=ab$ 즉 R이 가환환이다.

   ($\Leftarrow$) 만약 R이 가환환이면, 모든 $a,b \in R$에 대하여 $ab=ba$이다.

   $\therefore (a+b)(a-b) = a^2+ba-ab-b^2 = a^2-b^2$이다.

4. (a)F (b)F (c)F (d)F (e)T (f)T

<<연습문제 6.4>>

4. $\{F_i \mid i \in I\}$를 체 F의 부분체들의 집합족이라 하고 $a(\neq 0) \in \cap F_i$ 이면 모든 $i \in I$에 대하여 $a \in F_i$ 이다. F_i 가 F의 부분체 이므로 $ab = ba = 1$을 만족하는 원소 b가 각 F_i 내에 존재한다. 따라서 체 F의 부분체들의 교집합은 다시 체 F의 부분체가 된다.

<<연습문제 6.5>>

2. $\begin{bmatrix} cos\theta & -sin\theta \\ sin\theta & cos\theta \end{bmatrix}$

4. $\begin{bmatrix} \frac{1}{2} & -\frac{1}{2} & \frac{1}{2} \\ \frac{1}{2} & \frac{1}{2} & -\frac{1}{2} \\ -\frac{1}{2} & \frac{1}{2} & \frac{1}{2} \end{bmatrix}$

<<연습문제 6.6>>

1. (a) $M_{13}=C_{13}=36$ (b) $M_{23}=24$, $C_{23}=-24$ (c) $M_{22}=C_{22}=-48$
2. (a) -66 (b) $k^3-8k^2-22k+79$
4. $x=3$, $y=-1$, $z=2$

제7장

<<연습문제 7.1>>

1. 생략 2. 생략 3. 생략

<<연습문제 7.2>>

1. 생략

<<연습문제 7.4>>

1. 생략 2. 생략 3. 생략

<<연습문제 7.5>>

1. 생략
2. (a) 공준1에 의해 선분 AC, BD를 만들면 삼각형 ABD와 삼각형 ACD는 합동이므로 (명제 7.4 참조) AC=BD이다. 또한 AD=BC이므로 삼각형 ACD와 삼각형 BDC는 합동이다. 그러므로 ∠C=∠D임을 알 수 있다.

   (b)생략
3. 생략　　4. 생략

<<연습문제 7.6>>

1. 생략

제8장

<<연습문제 8.1>>

1. 합동변환 T가 직선 L을 직선으로 이동시키지 않는다고 가정하면 L위의 세 점 A, B, C의 상 T(A), T(B), T(C)가 한 직선 위에 있지 않는 A, B, C를 택할 수 있고, ∠B≠∠T(B)이다. 하지만 합동변환은 각을 보존하므로 모순이다.
2. 합동변환은 등거리 변환이기 때문이다.
3. 합동변환은 삼각형을 합동인 삼각형으로 보내기 때문이다.
4. 아니오(연습문제 8.3-1 참조)
5. 생략

<<연습문제 8.2>>

1. 세 점 A'(1, −1), B(7, −1), C'(10, 5)을 꼭지점으로 가지는 삼각형
2. 생략

<<연습문제 8.3>>

1. T(A)=(−1, 1), T(B)=(0, 2), T(C)=(0, 1), T(D)=(1, 2)
2. $T_1 \circ T_2 : \begin{cases} 3x - y + 7 \\ 7x - 2y + 9 \end{cases}$ 이고 $T_1^{-1} : \begin{cases} 5x - 2y - 17 \\ -2x + y + 7 \end{cases}$
3. 변환식 ⑯을 대입

<<연습문제 8.4>>

1. 생략

<<연습문제 8.5>>

1. 생략
2. 0, 1≈2≈3≈5≈7, 4, 6≈9, 8

제9장

<<연습문제 9.1>>

1. 생략 2. 생략

<<연습문제 9.2>>

1. 주어진 유리수 $\frac{a}{b}$를 생각해 보자. 변 BC의 길이가 a이고 변 AC의 길이가 b인 삼각형 ABC를 그릴 수 있고 C로부터 단위 길이를 가지는 AC 위의 점을 택하여 AB와 평행한 직선을 그린다. 이때 변 CB와 만나는 점을 D라 하면 선분 CD의 길이가 $\frac{a}{b}$임을 알 수 있다.
2. 정삼각형을 그리면 한 각이 60°이고 정삼각형의 한 꼭지점에서 마주보는 변에 수선을 내리면 30°를 작도할 수 있다.
3. 〈그림 9.13〉 처음 $\sqrt{2}$를 작도할 수 있고 두 변이 $\sqrt{2}$를 갖고 사이각이 90°이면 빗변이 $\sqrt[4]{2}$인 삼각형을 작도할 수 있다. 마찬가지 방법으로 $\sqrt[8]{2}$도 작도할 수 있다.
4. 생략 5. 생략

<<연습문제 9.3>>

1. 생략

<<연습문제 9.4>>

1. 생략

<<연습문제 9.5>>

1. 생략
2. 생략

찾아보기

김판수

부산대학교 수학과 및 캐나다 알버타대학교 대학원 졸업(이학박사)
일본 나루토교육대학교 연구교수
현재 부산교육대학교 수학교육과 교수

박종서

동아대학교 수학과 및 동대학원 졸업(이학박사)
미국 Alabama 주립대학교 수학과 연구교수
현재 진주교육대학교 수학교육과 교수

최창우

경북대학교 수학과 및 동대학원 졸업(이학박사)
뉴질랜드 오클랜드교육대학교 연구교수
현재 대구교육대학교 수학교육과 교수

대학수학의 기초

2010년 2월 25일 1판 1쇄 발행
2014년 3월 5일 1판 3쇄 발행

저 자 / 김판수 · 박종서 · 최창우
발행자 / 오판근
발행처 / 교우사

주 소 / 서울특별시 동대문구 약령시로 8 교우빌딩 2층
전 화 / 925-2861(代), 편집부 / 925-2825
팩 스 / 925-2860

E-mail / kyowoo@kyowoo.co.kr
http://www.kyowoo.co.kr

등록 / 1994. 3. 24 제6-0256호

ISBN 978-89-8172-834-2 (93410)

값 20,000 원